大学计算机应用基础
实验指导与模拟测试
（Windows 7 + Office 2010）

主　编　徐　辉
副主编　雷金东　白晓丽　黄武锋　曾晓云

北京理工大学出版社
BEIJING INSTITUTE OF TECHNOLOGY PRESS

内 容 简 介

本书是《大学计算机应用基础（Windows 7 + Office 2010）》一书配套的实验教程，用于辅助学生上机实验。全书共分为4篇，第1篇是根据主教材的内容而精心设计的33个实验，由浅入深地引导学生上机实践，以提高学生的计算机操作能力；第2篇是计算机基础知识训练题；第3篇是计算机等级考试一级笔试模拟试题；第4篇是计算机等级考试一级机试模拟试题。书后附有参考答案，方便学生学习和检查自己的学习效果。

本书可作为本科、高职院校计算机公共基础课上机实验的教材，也可作为其他读者的学习参考书。

版权专有　侵权必究

图书在版编目（CIP）数据

大学计算机应用基础实验指导与模拟测试：Windows 7 + Office 2010 / 徐辉主编. —北京：北京理工大学出版社，2013.11（2021.1重印）
ISBN 978 – 7 – 5640 – 8491 – 2

Ⅰ. ①大… Ⅱ. ①徐… Ⅲ. ① Windows 操作系统 – 高等学校 – 习题集②办公自动化 – 应用 软件 – 高等学校 – 习题集 Ⅳ. ①TP316.7②TP317.1

中国版本图书馆 CIP 数据核字（2013）第 260375 号

出版发行 / 北京理工大学出版社有限责任公司
社　　址 / 北京市海淀区中关村南大街5号
邮　　编 / 100081
电　　话 /（010）68914775（总编室）
　　　　　82562903（教材售后服务热线）
　　　　　68948351（其他图书服务热线）
网　　址 / http：//www.bitpress.com.cn
经　　销 / 全国各地新华书店
印　　刷 / 三河市天利华印刷装订有限公司
开　　本 / 787 毫米 × 1092 毫米　1/16
印　　张 / 16.5　　　　　　　　　　　　　　责任编辑 / 陈　竑
字　　数 / 380 千字　　　　　　　　　　　　 文案编辑 / 胡卫民
版　　次 / 2013 年 11 月第 1 版　2021 年 1 月第 10 次印刷　责任校对 / 周瑞红
定　　价 / 42.00 元　　　　　　　　　　　　 责任印制 / 马振武

图书出现印装质量问题，请拨打售后服务热线，本社负责调换

前　　言

本书是徐辉主编的《大学计算机应用基础（Windows 7 + Office 2010）》一书配套的实验教材，用于辅助学生上机实验，培养学生的计算机操作能力，提高学生的实验操作质量，以达到预期的实验效果。

本书分为 4 个部分：第 1 部分是根据主教材内容设计的实验，共设计了 33 个实验，每个实验由若干个任务组成，由浅入深地引导学生进行上机实验。在实验设计上，除了一部分验证性实验外，还设计了一部分综合实验，将多种知识综合在一起应用。第 2 部分是基础知识训练题，供学生课外练习使用。第 3、4 部分是计算机等级考试一级考试的笔试模拟题和机试模拟题，供复习备考。同时，书后还提供了第 2、3 部分的参考答案，以方便学生学习和检查自己的学习效果，有助于提高学生等级考试的过级率。

本书可作为本科、高职院校计算机公共基础课的实验教材，也可作为其他读者的学习参考书。

本书由徐辉主编，第 1 篇的模块 1、模块 8 由雷金东编写，模块 2 由张旭、张红霞编写，模块 3 由卢守东编写，模块 4 由白晓丽编写，模块 5 由徐辉编写，模块 6 由曾晓云编写，模块 7 由黄武锋编写。第 2 篇的第 1 章由李菲编写，第 2、10 章由雷金东编写，第 3 章由张旭、张红霞编写，第 4 章由卢守东编写，第 5 章由徐辉编写，第 6 章由白晓丽编写，第 7 章由陈绯编写，第 8 章由曾晓云编写，第 9 章由黄武锋编写。第 3 篇由雷金东编写，第 4 篇由李菲编写。全书内容由徐辉统稿和定稿。

本书在编写和出版过程中得到了北京理工大学出版社的大力支持和帮助，在此表示感谢。

由于时间仓促，编者水平有限，书中难免有一些遗漏和不足之处，恳请广大读者批评指正。使用本书的学校或老师可与出版社联系或编者联系（E - mail：xhui28@163.com）。

编　者

目 录

第1篇 实验指导

模块1 Windows 操作 ·················· 3

 实验1 键盘及中英文输入法练习 ······ 3
  一、实验目的 ························· 3
  二、实验相关知识点 ················· 3
  三、实验内容 ························· 3
 实验2 文件与文件夹的基本操作 ······ 5
  一、实验目的 ························· 5
  二、实验相关知识点 ················· 5
  三、实验内容 ························· 5
 实验3 Windows 7 的基本操作 ·········· 6
  一、实验目的 ························· 6
  二、实验相关知识点 ················· 6
  三、实验内容 ························· 6
 实验4 控制面板与常用附件工具的
    使用 ································ 9
  一、实验目的 ························· 9
  二、实验相关知识点 ················· 9
  三、实验内容 ························· 9
 实验5 Windows 7 综合测试 ············ 18
  一、实验目的 ························ 18
  二、实验相关知识点 ················ 18
  三、实验内容 ························ 18

模块2 Word 文字处理 ················ 20

 实验6 Word 文档的基本操作 ········· 20
  一、实验目的 ························ 20
  二、实验相关知识点 ················ 20
  三、实验准备 ························ 20

  四、实验内容 ························ 20
 实验7 文档的排版技巧 ··············· 21
  一、实验目的 ························ 21
  二、实验相关知识点 ················ 21
  三、实验准备 ························ 21
  四、实验内容 ························ 21
 实验8 表格、数学公式和图文
    混排 ······························ 23
  一、实验目的 ························ 23
  二、实验相关知识点 ················ 24
  三、实验内容 ························ 24
  四、实验效果图 ····················· 27
 实验9 Word 综合应用 ················· 29
  一、实验目的 ························ 29
  二、实验相关知识点 ················ 30
  三、实验准备 ························ 30
  四、实验内容 ························ 30

模块3 Excel 电子表格处理 ·········· 32

 实验10 Excel 基本操作 ··············· 32
  一、实验目的 ························ 32
  二、实验相关知识点 ················ 32
  三、实验内容 ························ 32
 实验11 工作表数据的编辑 ··········· 33
  一、实验目的 ························ 33
  二、实验相关知识点 ················ 33
  三、实验内容 ························ 33
 实验12 工作表数据的计算 ··········· 35
  一、实验目的 ························ 35

二、实验相关知识点 …………… 35
　　三、实验内容 …………………… 35
实验13　工作表格式的设置 ………… 37
　　一、实验目的 …………………… 37
　　二、实验相关知识点 …………… 37
　　三、实验内容 …………………… 37
实验14　工作表数据的图表化 ……… 38
　　一、实验目的 …………………… 38
　　二、实验相关知识点 …………… 38
　　三、实验内容 …………………… 39
实验15　工作表数据清单的管理 …… 40
　　一、实验目的 …………………… 40
　　二、实验相关知识点 …………… 41
　　三、实验内容 …………………… 41
实验16　工作表的页面设置与打印
　　　　　输出 …………………… 45
　　一、实验目的 …………………… 45
　　二、实验相关知识点 …………… 45
　　三、实验内容 …………………… 45
实验17　Excel 综合测试 …………… 45
　　一、实验目的 …………………… 45
　　二、实验相关知识点 …………… 45
　　三、实验内容 …………………… 46
实验18　Excel 与 Word 综合应用——
　　　　　邮件合并 ………………… 47
　　一、实验目的 …………………… 47
　　二、实验相关知识点 …………… 48
　　三、实验内容 …………………… 48

模块4　Access 数据库管理 ………… 51

实验19　Access 数据库和数据表的
　　　　　创建和编辑 ……………… 51
　　一、实验目的 …………………… 51
　　二、实验内容 …………………… 51
实验20　Access 2010 查询的创建 … 54
　　一、实验目的 …………………… 54
　　二、实验内容 …………………… 54
实验21　窗体、报表的创建 ………… 56
　　一、实验目的 …………………… 56

　　二、实验内容 …………………… 56
实验22　Access 数据库综合测试 …… 57
　　一、实验目的 …………………… 57
　　二、实验内容 …………………… 57

模块5　网络和 Internet 应用 ………… 59

实验23　Windows 7 局域网的使用 … 59
　　一、实验目的 …………………… 59
　　二、实验相关知识点 …………… 59
　　三、实验内容 …………………… 59
实验24　Internet 资源的访问 ……… 62
　　一、实验目的 …………………… 62
　　二、实验相关知识点 …………… 62
　　三、实验准备 …………………… 62
　　四、实验内容 …………………… 62
实验25　使用 Foxmail 接收和发送
　　　　　电子邮件 ………………… 63
　　一、实验目的 …………………… 63
　　二、实验准备 …………………… 64
　　三、实验内容 …………………… 64
实验26　小型局域网的组
　　　　　建(选做) ………………… 66
　　一、实验目的 …………………… 66
　　二、实验准备 …………………… 67
　　三、实验内容 …………………… 67

模块6　PowerPoint 演示文稿的制作 … 68

实验27　使用 PPT 制作简易的个人
　　　　　简历演示文稿 …………… 68
　　一、实验目的 …………………… 68
　　二、实验相关知识点 …………… 68
　　三、实验内容 …………………… 68
实验28　PPT 演示文稿的美化 ……… 71
　　一、实验目的 …………………… 71
　　二、实验相关知识点 …………… 71
　　三、实验内容 …………………… 71

模块7　信息检索与网页设计 ………… 73

实验29　互联网信息检索 …………… 73

一、实验目的 ………………………… 73
　　二、实验相关知识点 ………………… 73
　　三、实验内容 ………………………… 73
实验 30　网页制作 ……………………… 77
　　一、实验目的 ………………………… 77
　　二、实验相关知识点 ………………… 77
　　三、实验准备工作 …………………… 77
　　四、实验内容 ………………………… 78
实验 31　站点的测试与发布 …………… 84
　　一、实验目的 ………………………… 84
　　二、实验相关知识点 ………………… 84
　　三、实验内容 ………………………… 84

模块 8　图形图像处理 Photoshop …… 89
　实验 32　Photoshop CS6 的基本
　　　　　操作 ………………………… 89
　　一、实验目的 ………………………… 89
　　二、实验相关知识点 ………………… 89
　　三、实验内容 ………………………… 89
　实验 33　Photoshop 综合操作 ……… 120
　　一、实验目的 ………………………… 120
　　二、实验相关知识点 ………………… 120
　　三、实验内容 ………………………… 120

第 2 篇　计算机基础知识训练题

第 1 章　计算机基础知识习题 ………… 131
第 2 章　中文操作系统 Windows 7
　　　　习题 ………………………… 138
第 3 章　文字处理软件 Word 2010
　　　　习题 ………………………… 145
第 4 章　电子表格软件 Excel 2010
　　　　习题 ………………………… 153
第 5 章　计算机网络基础和 Internet
　　　　应用习题 …………………… 161

第 6 章　数据库软件 Access 2010
　　　　习题 ………………………… 168
第 7 章　多媒体技术基础
　　　　习题 ………………………… 175
第 8 章　演示文稿制作软件
　　　　PowerPoint 2010 习题 ……… 179
第 9 章　信息获取与发布
　　　　习题 ………………………… 186
第 10 章　图像处理软件 Photoshop CS6
　　　　入门知识习题 ……………… 190

第 3 篇　计算机等级考试一级笔试模拟试题

全国高校计算机联合考试一级笔试
　模拟题 1 ………………………………… 197
全国高校计算机联合考试一级笔试

模拟题 2 ………………………………… 204
全国高校计算机联合考试一级笔试
　模拟题 3 ………………………………… 211

第 4 篇　计算机等级考试一级机试模拟试题

计算机等级考试(一级)机试模拟题 1 … 221
计算机等级考试(一级)机试模拟题 2 … 225
计算机等级考试(一级)机试模拟题 3 … 229
计算机等级考试(一级)机试模拟题 4 … 233
计算机等级考试(一级)机试模拟题 5 … 236
计算机等级考试(一级)机试模拟题 6 … 240

附录 1　第 2 篇的计算机基础知识训练
　　　　题参考答案 ………………… 244
附录 2　第 3 篇计算机等级考试一级
　　　　笔试模拟试题参考答案 …… 251
参考文献 ………………………………… 253

第1篇 实验指导

模块 1

Windows 操作

实验 1　键盘及中英文输入法练习

一、实验目的

熟悉键盘的基本操作及键位；掌握正确的操作指法及姿势；熟练掌握英文大小写、数字、标点的输入；熟悉汉字输入法的启动及转换；掌握一种汉字的输入方法。

二、实验相关知识点

键盘键位布局与按键功能；坐姿和指法标准；打字训练软件"金山打字通 2013"的使用方法；汉字输入法的选择及转换；全角/半角的转换及中英文字符的转换；特殊符号的输入。

三、实验内容

任务 1　键盘练习

（1）启动"金山打字通 2013"软件。

操作提示：在任务栏上打开"开始"菜单，选择"所有程序"，找到"金山打字通"选项并展开，单击"金山打字通"，或双击桌面上"金山打字通"的快捷方式。

（2）单击"新手入门"按钮，在出现的"昵称登录"对话框中输入自己的名字，以自己的身份登录软件。

（3）在"新手入门"窗口中，单击"打字常识"按钮，依次学习"认识键盘""打字姿势""基本键位""手指分工""Numlock 的使用方法""小键盘基准键位及手指分工"等知识，然后单击"测试"按钮进行过关测试。

（4）在"新手入门"窗口中，依次单击"字母键位""数字键位""符号键位""键位纠错"等按钮，并进行相应的练习操作。

（5）在主界面中，单击"英文打字"按钮，进入"英文打字"窗口。在"英文打字"窗口中依次单击"单词练习""语句练习""文章练习"等选项，并进行相应的练习操作。

（6）在主界面中，单击"拼音打字"按钮，在"拼音打字"窗口中单击"拼音输入法"按钮，学习"使用输入法"的相关知识。

(7) 在"拼音打字"窗口中,依次单击"音节练习""词组练习""文章练习"等按钮,并进行相应的练习操作。

任务 2　英文、符号输入练习

启动记事本应用程序,在不看键盘的前提下,输入下面的一段英文,并以"英文练习.txt"为文件名保存到最后一个硬盘分区的个人文件夹中(个人文件夹名由自己的学号和姓名组成。后续实验简记为"学号 姓名"文件夹)。

When I was growing up, I was embarrassed to be seen with my father. He was severely crippled and very short, and when we would walk together, his hand on my arm for balance, people would stare. I would inwardly squirm at the unwanted attention. If he ever noticed or was bothered, he never let on. It was difficult to coordinate our steps —— his halting, mine impatient —— and because of that, we didn't say much as we went along. But as we started out, he always said, "You set the pace. I will try to adjust to you." Our usual walk was to or from the subway, which was how he got to work. He went to work sick, and despite nasty weather.

任务 3　汉字输入法的设置与中文输入练习

(1) 把系统中其他的中文输入法删除,只保留"微软拼音——新体验2010"和"微软拼音—简捷2010"两种汉字输入法。

(2) 启动写字板应用程序,选择一种汉字输入法后,输入下面的文字,并以"陌上花开.rtf"为文件名保存到最后一个硬盘分区的"学号 姓名"文件夹中。

又是一年春天,花开飘落我指间。

烟花三月天,江南报春晓。正是徽州油菜花盛开的时节。着上春装,带着轻松与欣喜,同朋友们相约去陌上赏花踏青。

烟雨迷蒙中,放眼远眺,一幅如诗如烟的江南秀美图景如画卷一般展现眼前:炊烟袅袅、小桥流水人家,飞檐流角、白墙绿树黄花。烟雨迷蒙中的江南,犹如少年才俊,伫立于满目花海中,古朴而淡雅,安宁而静谧,玲珑雅致里透出勃勃生机。

在我的眼里,这便是江南爽心悦目的早春了。

然而此时的江南,令人惊诧的,不是流水潺潺,不是花红柳绿,更不是姹紫嫣红,而是那划破心海穿透心扉的片片金黄,一眼望不到边际,重重叠叠,铺满了新安江两岸,阵阵微风拂面,送来馨香缕缕。碧水黄花,交相辉映,宏伟壮观的场景与气势让人忍不住地激动与心跳。

(3) 打开写字板应用程序,选择一种汉字输入法,然后分别在半角状态和全角状态下输入数字"123456789",并对两种状态下输入的数字进行比较。

(4) 在写字板应用程序中,新建一个文件,输入下面的符号,然后以"符号输入.rtf"为文件名保存到最后一个硬盘分区的"学号 姓名"文件夹中。

, . ! $ < > ^ _ \ / [ ]
,。！￥《》……——、【】
α β δ φ π ω
Α Β Δ Φ Π Ω
Ⅰ Ⅱ Ⅲ Ⅳ
① ② ③ ④ ⑤

≈ ≡ ≠ ≤ ≥ ∡ ≮ ± × ÷ ∥ ∠ ⊙ ⊆
☆ ★ ◇ ◆ △ ▲ ※ ♂ ♀

实验 2　文件与文件夹的基本操作

一、实验目的

掌握文件和文件夹的建立、删除、复制、移动、重命名及属性设置等基本操作；了解文件操作的常用快捷键；掌握回收站的使用方法；掌握快捷方式的建立方法。

二、实验相关知识点

文件和文件夹的建立、复制、剪切、粘贴、删除和重命名；文件操作快捷键；快捷方式的建立方法。

三、实验内容

任务 1　文件和文件夹基本操作

（1）启动资源管理器，在最后一个硬盘符上建立"学号 姓名"文件夹（如果已经存在该文件夹，则省略这步）。

（2）在"学号 姓名"文件夹中，建立一个名为"实验 2"的文件夹。

（3）在"实验 2"文件夹中，分别建立名为"2-1 文档""2-2 音乐""2-3 视频""2-4 照片"的子文件夹。

（4）在"2-1 文档"文件夹中，分别建立名为"1 个人信息.txt""2 计算机信息.docx""3 班级信息.xlsx""4 简历.pptx"的文件。然后进行以下的操作：

①打开"1 个人信息.txt"文件，输入自己的学号、姓名后保存退出。

②查看所用计算机的基本信息，在"2 计算机信息.docx 文件中输入计算机名字、工作组、操作系统的版本信息后保存退出。

（5）搜索 C 盘中以"s"字母开头的所有 wav 格式文件，然后把其中的两个文件复制到"2-2 音乐"文件夹；搜索 C 盘中的所有 mp3 格式文件，然后把其中的两个文件复制到"2-2 音乐"文件夹。

（6）把"2-1 文档"文件夹中的"4 简历.pptx 文件移动到"2-4 照片"文件夹中。

（7）把"2-4 照片"文件夹改名为"2-4 图片"，在该文件夹中分别建立名为"tu1.png""tu2.jpg""tu3.bmp""tu4.gif"的文件，然后进行以下操作：

①打开"tu1.png"文件，绘制一幅图像后保存退出，并把该文件的属性设为"只读"属性。

②对桌面进行截图，并把图片放到"tu2.jpg"文件中。

> 操作提示：按【Print Screen】键可对桌面进行截图，此时图片已经粘贴到剪贴板中，用画图软件打开"tu2.jpg"文件后直接粘贴出来即可。

③打开"小工具"窗口，对其截图，把图片放到"tu4.gif"文件中，然后将"tu4.gif"的文件属性设为"隐藏"。

> 操作提示：对活动窗口截图的快捷键为【Alt】+【Print Screen】。

（8）临时删除"2-4图片"文件夹中的"tu3.bmp"文件，然后查看回收站，把"tu3.bmp"文件还原到原来的位置。

（9）永久性删除"2-3视频"文件夹。

> 操作提示：选中文件后，按【Delete】键（或者按【Ctrl】+【D】组合键，或者对文件右键单击后，在弹出的快捷菜单中选择"删除"选项）可对文件进行临时性删除，此时系统会出现"确实要把此文件放入回收站吗？"的提示对话框，单击"是"按钮即可。选中文件后，按【Shift】+【Delete】组合键可将文件进行永久性删除，此时系统会出现"确实要永久性地删除此文件吗？"的提示对话框，单击"是"按钮即可。

任务2　快捷方式的创建

（1）为"实验2"文件夹创建一个桌面快捷方式。

（2）在"实验2"文件夹中，为"2计算机信息.docx"文件创建一个快捷方式。

任务3　压缩和解压文件夹

（1）在"实验2"文件夹中，新建一个名为"2-5实验作业.rar"的压缩文件，并把"2-1文档"文件夹中的"3班级信息.xlsx"和"2-4图片"文件夹中的"4简历.pptx"文件添加到该压缩文件中。

> 操作提示：把文件选中后拖动到压缩文件中，即可把其添加到压缩文件中。

（2）解压"2-5实验作业.rar"到"实验2"文件夹中。

（3）把"2-4图片"文件夹压缩为"5照片.zip"文件，并存放到"2-1文档"文件夹中。

（4）把"实验2"文件夹压缩为一个以"实验2.rar"命名的压缩文件，提交"实验2.rar"文件。

实验3　Windows 7 的基本操作

一、实验目的

了解 Windows 7 资源管理器的组成；掌握 Windows 7 窗口、菜单、对话框的基本操作；掌握 Windows 7 任务栏的基本设置；掌握 Windows 7 的桌面设置。

二、实验相关知识点

Windows 7 窗口、对话框、菜单的组成与基本操作；Windows 7 桌面的设置；Windows 7 资源管理器的特点。

三、实验内容

任务1　在资源管理器中查看和排列文件和文件夹

（1）启动 Windows 7 的资源管理器，然后在资源管理器窗口中，以"小图标"的方式显示桌面的图标信息。

操作提示：显示方式可以通过资源管理器窗口工具栏右边的"更改您的视图"工具来进行调整。

（2）在资源管理器窗口中，单击"库"一栏中的"图片"选项，接着双击进入"示例图片"文件夹，然后以"大图标"的方式显示该文件夹中的内容，以"大小"对里面的图片进行排序。

操作提示：在资源管理器窗口中，用右键单击空白的位置，在出现的快捷菜单中选择"排序方式"，然后选择"大小"选项，即可调整内容的排序方式。

（3）在资源管理器窗口中，单击"计算机"中最后的一个分区，然后以"详细信息"的方式显示该分区里面的内容，单击"名称"选项并对里面的内容进行排序。

（4）显示计算机中隐藏的文件、文件夹和驱动器。

操作提示：在资源管理器窗口中，单击"工具"→"文件夹选项"命令，在"文件夹选项"对话框中，单击"查看"选项卡，找到相应的选项进行设置即可。如果资源管理器中没有出现菜单栏，那么可以单击工具栏左边的"组织"按钮，在出现的下拉菜单中选择"布局"选项，然后选中"菜单栏"即可。

（5）隐藏文件的扩展名。

任务 2　查找文件和文件夹

（1）在最后一个硬盘符的"学号 姓名"文件夹中建立一个"实验 3"文件夹。

（2）在计算机中搜索"记事本"应用程序，然后查看该程序所在的位置，接着运行"记事本"程序和在里面输入程序的位置，并以"记事本位置.txt"为文件名保存到"实验 3"文件夹中。

提示："记事本"应用程序的英文名称为"notepad.exe"，搜索时应输入它的英文名称。要查看程序的位置，可以用右键单击该应用程序，然后选择"属性"命令，在"属性"对话框的"位置"栏中查看即可。

（3）在计算机中搜索"写字板"应用程序，然后查看程序所在的位置，接着运行"写字板"程序和在里面输入程序的位置，并以"写字板位置.rtf"为文件名保存到"实验 3"文件夹中。

提示："写字板"应用程序的英文名称为"wordpad.exe"。

（4）在 C 盘的"Windows"文件夹中，搜索大小为 10～100KB 所有 jpg 格式的文件，并把其中的 3 个文件复制到"实验 3"文件夹中。

任务 3　桌面与窗口操作

（1）在桌面上显示"计算机""控制面板"图标，然后隐藏"控制面板"图标。

> **操作提示**：在桌面空白处单击鼠标右键，在弹出的快捷菜单中选择"个性化"命令，在"个性化"窗口中选择左边的"更改桌面图标"选项，然后在出现的"桌面图标设置"对话框中选中或不选中相关的桌面图标复选框，即可显示或隐藏相应的图标。

（2）在桌面的右上角显示"时钟"和"日历"小工具。

> **操作提示**：在桌面空白处单击鼠标右键，在弹出的快捷菜单中选择"小工具"命令，双击"小工具"或者直接把"小工具"拖动到桌面即可。

（3）关闭桌面的"日历"小工具，只保留"时钟"小工具。
（4）打开"计算机""回收站""画图""记事本"，并把窗口最小化，然后按【Alt】+【Tab】组合键切换不同的活动窗口。
（5）按【Windows】+【Tab】组合键，体验 Windows 7 的 Filp 3D 效果。

任务 4　任务栏操作
（1）取消锁定任务栏，然后调整任务栏的大小，最后还原到初始的大小状态。
（2）把任务栏分别放到桌面的右边、上面、左边，并注意观察桌面图标的变化，然后把任务栏放回下面的位置，并锁定任务栏。
（3）把任务栏设为"自动隐藏"，移动鼠标到任务栏上，观察任务栏的变化。最后把任务栏恢复到原来的显示状态。
（4）以"小图标"的方式显示任务栏上的信息，最后把任务栏图标恢复到原来的大小。

任务 5　外观设置
（1）使用 Windows 7 的名为"中国"的 Aero 主题，把桌面背景设为"黄昏的漓江"，然后观察桌面背景的效果。

> **操作提示**：在桌面空白处单击鼠标右键，在弹出的快捷菜单中选择"个性化"命令，然后在"Aero 主题"分类中，单击"中国"主题。

（2）把"中国"一栏中的 6 张图片选中，并设为桌面背景，时间间隔为"10 分钟"，无序播放。

> **操作提示**：在"桌面背景"窗口中，单击"中国"栏的标题可以把该栏中的所有图片选中。

（3）把窗口颜色设为"紫罗兰色"，颜色浓度设为"50%"左右，并启用"透明"效果。

> **操作提示**：在"个性化"窗口中，单击下面的"窗口颜色"选项，进入"窗口颜色和外观"窗口设置即可。

（4）把屏幕保护程序设为"气泡"，等待时间为"5 分钟"。
（5）把主题保存起来，并命名为"我的最爱"。

操作提示：打开"个性化"窗口，在"我的主题"栏中，选中要保存的主题，然后单击该栏右下角的"保存主题"选项，在弹出的对话框中输入主题名字"我的最爱"后，单击"保存"按钮即可。

任务6 磁盘管理操作
（1）打开 C 盘，然后对其进行磁盘清理操作。
（2）打开最后一个磁盘，然后对其进行磁盘碎片整理操作。

任务7 "运行"命令框与 DOS 命令提示符窗口的使用
（1）通过"运行"命令框，分别打开"控制面板"窗口和"计算器"应用程序。

操作提示：在"运行"命令框中，输入"Control"命令可以打开"控制面板"窗口；输入"calc"命令可以打开"计算器"应用程序。

（2）通过 DOS 命令提示符窗口，查看本机的 IP 地址、子网掩码等信息。

操作提示：在 DOS 命令提示符窗口中，输入"ipconfig /all"命令后回车，可以查看计算机的 IP 地址、子网掩码、默认网关等信息。

实验4 控制面板与常用附件工具的使用

一、实验目的
掌握在控制面板中进行系统设置的基本方法；掌握常用附件的使用方法。

二、实验相关知识点
控制面板中常用工具的设置方法；常用附件的使用方法。

三、实验内容

任务1 控制面板的使用
（1）打开"控制面板"窗口，把窗口的查看方式从原来的"类别"改为"大图标"。
（2）在"控制面板"窗口中，打开"日期和时间"属性对话框，调整系统日期和时间，确定后，关闭对话框。
（3）在"控制面板"窗口右上角的搜索框中输入"键盘"，在出现的选项中单击"键盘"，进入"键盘属性"对话框后，调整键盘的"字符重复速度"和"光标闪烁速度"，体验设置前后的变化，然后恢复原来的设置状态。
（4）打开"鼠标属性"对话框，并进行以下操作：
①更改鼠标的主要和次要按钮，体验前后的变化，然后恢复原来的设置状态。
②设置鼠标的"双击速度"为较快的速度，体验前后的变化，然后恢复原来的设置状态。
③更改鼠标"指针方案"为"Windows Aero（大）系统方案"，鼠标"正常选择"的形

状为"Pen_i.cur",选中"启用指针阴影",并将该方案另存为"我的鼠标方案"。

> **操作提示**:①选择"指针"选项卡,在"方案"中选择"Windows Aero(大)系统方案"。②在"自定义"的列表框中选择"正常选择"。③单击"浏览"按钮,找到"Pen_i.cur"并选中。④在"启用指针阴影"复选框前打"√"。⑤单击"另存为"按钮并命名为"我的鼠标方案"。

④将鼠标指针的"移动速度"设置为"快","双击速度"设置为"较慢",显示指针的轨迹,体验前后的变化,然后恢复原来的设置状态。

⑤把鼠标的"滑轮垂直滚动"设置为一次滚动"5"行,体验前后的变化,然后恢复原来的设置状态。

(5) 在"控制面板"窗口中,打开"字体"文件夹窗口,查看安装了哪些字体,删除一些不太常用的中文字体。

(6) 在"控制面板"窗口中,打开"区域和语言选项"对话框,完成以下操作:

①在"格式"选项卡中,单击"其他设置"按钮,了解数字、货币、时间等项目的具体设置情况。

②在"键盘语言"选项卡中,单击"更改键盘"按钮,进入"文本服务和输入语言"对话框中,查看已经安装的输入法,删除不常使用的汉字输入法,并对"语言栏"的外观和行为进行设置,对切换键盘布局的按键进行设置。

(7) 在控制面板中添加一个名为"gxufe"的标准账户,并设置账户密码为"1234",然后更改账户的图片为任意的一张图片。

> **操作提示**:①在"用户账户"窗口中选择"管理其他账户"选项,在"管理账户"窗口中选择"创建一个新账户"命令。②在出现的"命名账户并选择账户类型"窗口的文本框中输入新账户名"gxufe",然后选择账户类型为"标准",单击"创建账户"按钮创建用户。③创建好账户后再选中账户,对其进行"创建密码"和"更改图片"等操作。

(8) 在控制面板中,打开"资源监视器",然后查看CPU、内存、磁盘、网络选项卡的使用情况。

> **操作提示**:①以"大图标"显示控制面板的选项,单击"管理工具"选项。②在"管理工具"窗口中双击"计算机管理"选项。③在"计算机管理"窗口中,单击左边的"性能"选项。④再次单击右边窗口的"打开资源监视器"选项,在"资源监视器"窗口中单击CPU、内存、磁盘、网络选项卡即可查看它们的使用情况。

(9) 在网络上搜索并下载安装最新版本的QQ软件,然后通过控制面板卸载QQ程序。

> **操作提示**:在控制面板中单击"程序"栏中的"卸载程序"选项,进入"程序和功能"窗口,找到QQ程序后单击鼠标右键,选择"卸载"按钮即可删除程序。

任务2 记事本的使用

打开附件中的"记事本"应用程序,然后进行以下的操作:

模块 1　Windows 操作

（1）在最后一个盘的"学号 姓名"文件夹中新建一个"实验4"文件夹。

（2）输入以下的文字，并以"记事本使用——猫鼠新篇.txt"为文件名存放到"实验4"文件夹中。

猫鼠新篇

猫和老鼠，本来是两种水火不相容的敌对动物。一贯以来，猫见了老鼠，会毫不留情地扑上去，捕捉它，吃掉它；而老鼠见了猫，也必然是惶恐不安，并且拼命夺路而逃，这是两者的基本特性。然而，历史在不断发展，事物也在不断变化，今时今日的猫变了，老鼠也变了。

这是我目睹的事实。

有一天晚上，我外出散步回家，在宿舍楼梯脚前发现一只猫和一只老鼠相互对峙着，于是我就停住脚步，留心观察它们的动静。不一会儿，老鼠竟毫无顾忌地迈着"坚定的步伐"，走到垃圾堆旁去寻找食物，并且目不斜视地挑拣着食物，而这只猫却蹲在一旁观望。老鼠"吃饱喝足"，摇着尾巴扬长而去后，这只猫才敢挪步到垃圾堆前，左闻闻，右嗅嗅，好像也想找点残余食物，再侧头"瞄"了一眼老鼠去的方向，悠然自得地摇摇头，仿佛在说："我主人有高级猫粮给我，我才不吃垃圾堆里的东西呢。"然后它静悄悄地离开了垃圾堆，消失在夜幕中。

这一幕，让我看清了猫和老鼠在新的历史时期所产生的新变化。

这就是现时的猫和老鼠：猫变得怕老鼠了，变得畏首畏尾，变得温良谦让，变得没有了"当年敌我阵线分明、英勇杀敌"的英雄气概了；而老鼠也变得更狡猾、大胆、傲慢了，变得趾高气扬了。

现实就是这样，就有这样的事，你不得不信，正像有一个产品广告一样——"包公"也说："问你服不服！"

（3）把整篇文章设为"自动换行"，正文文字的字体为"微软雅黑"，字体大小设为"小四"；标题字体设为"微软雅黑"，字体大小设为"四号"，字形设为"粗体"。

操作提示：通过"格式"菜单中的"字体"命令可以设置字体的效果，选中"格式"菜单中的"自动换行"项，可以让记事本中的文字根据窗口的大小自行换行。

（4）把文章中的"老鼠"替换为"耗子"。

（5）在文章的最后一行插入系统当前的时间和日期，保存文件后退出记事本程序。

任务3　写字板的使用

打开附件中的"写字板"应用程序，然后进行以下的操作：

（1）输入以下的文字，并以"写字板使用——春天的第一个吻.rtf"为文件名存放到"实验4"文件夹中。

春天的第一个吻

题记："这是忍冬的芳香，这是春天的第一个吻。"——巴勃罗·聂鲁达（智利）

查阅邮箱，打开QQ空间，无数的祝福雪片般飞来："元旦快乐！"、"新年快乐！"。有朋友的、同学的、学生的，看着这一份份的祝福，心底升起暖暖的柔情，和着2013第一个明媚的日子，在我温馨的国度一波波荡漾。

　　惜别2012，也惜别那些烦忧和不快乐，今天是属于我的快乐、我的幸福、我的春天的鸣唱。

　　算来今天该是农历的冬月二十，按理说是江南的严冬时节，只是上天很是眷顾这烟花飞絮的江城，给了今日一个9℃的春的体温，一切都慵懒，一切也都恬淡闲适，直入春的韵味。

　　上一周这儿才下了一场雪，不算大，但也让天地万物披上了一层白羽轻纱，楚天浩渺，烟波江上透露出几分寒意。可惜武汉的山不多，也不高，要不然插入几支晶莹的玉笔，在苍茫的宇宙间轻书缓写。听说有在江城求学的八桂子弟，生平第一次见到下雪，高兴得在寝室铺满银屑的阳台上打滚，疯玩了一把，实在是可爱之极。是啊，在我们的人生中，历经的很多第一次足够让我们痴迷陶醉，该其乐时何不乐呢？

　　伫立在六楼阳台，任冬日正午的阳光沐浴身子，想象着春天的心事，很好。其实也可以不想的，静默着看一看下边在地上觅食的小麻雀，犹如精灵一般不时地摆动它们的小脑袋，好似在窥探人们的想法：你若安好，我便顽皮。那不远处婀娜而来的穿红装女孩儿，悄然打破了沉静，小麻雀们翩然而起，却不远飞，待得人一过去，重新又回来探头缩脑。好比池里的一群游鱼，在被一粒石子惊开之后，重新聚起。又好比人一样，因世事的扰乱，各分东西，但总会在分离后选择重聚。

（2）把标题"春天的第一个吻"设为"方正综艺简体"字体，字体大小设为"16"，字体颜色设为"鲜蓝"，背景颜色设为"灰色25%"，居中对齐。

（3）把正文文字设置为"微软雅黑"字体，字体大小设为"12"，首行缩进设为"0.8厘米"，行距设为"1.15"。

> **操作提示**：单击段落栏中的"段落"按钮，在出现的"段落"对话框中可以设置首行缩进、段落的行距和对齐方式。

（4）在题记的后面空一行，插入图片库中"示例图片"文件夹里面的"郁金香.jpg"图片，并把图片设为原来大小的30%，居中对齐。

> **操作提示**：单击工具栏中的"图片"按钮可插入图片，插入图片后右键单击图片，选择"调整图片大小"选项，打开"调整大小"对话框后可以对图片大小进行调整。

（5）在正文的最后插入格式为"××××年×月×日，星期×"的日期，并设置为"方正综艺简体"字体，字体大小设为"12"，靠右对齐。

（6）设置文章的纸张大小为"A4"；方向为"纵向"；页边距为"左15毫米，右12毫米，顶部10毫米，底部10毫米"。

任务4　画图软件的使用

（1）启动画图软件，新建一个宽度为"800像素"，高度为"600像素"的彩色图像文件，并以"画图练习.png"为文件名保存到"实验4"文件夹中。

> **操作提示**：在画图程序中，单击"画图"菜单，在出现的下拉菜单中选择"属性"命令，打开"映像属性"对话框，在"映像属性"对话框中即可设置图片宽度、高度、颜色等信息。

(2) 把图像的背景颜色设置为"浅青绿色"。

操作提示：单击工具栏右边"颜色"栏中的"浅青绿色"色块，可把该色块的颜色设置为"颜色1"的颜色，接着选择工具栏中的"油漆桶"工具，再单击绘图区，即可把背景色的颜色设置为"颜色1"的颜色。

(3) 在绘图区的左边绘制一幅五星红旗的图案，右边绘制一个红心图案。
(4) 在绘图区的左下角输入背景透明、字体颜色为"红色"、字体为"微软雅黑"、字体大小为"14号"、字形为"加粗"、内容为"广西高校"的文字。

注意：①在利用"文字输入框"编辑文字时，当退出文字编辑状态后，留在画布上的"文字"变成了图像的一部分，不能再次使用"文字"工具进行编辑。②一次录入的文字不能设置不同的字体、字形、字号、颜色等，如果需要分多次输入，可分别设置。③编辑文字时，当背景栏中的"不透明"选项被选中时，是对图像进行了不透明处理，这时"颜色2"会在文字框中起作用，即作为文字框的背景色。反之，当选中"透明"选项时，是对图像进行了透明处理，这时文字框将没有背景色显示。

操作提示：先把"颜色1"的颜色设置为"红色"，然后再选择工具栏中的"文本"工具，单击绘图区，在出现的文本框中输入文字，此时，背景栏中应勾选"透明"选项。

(5) 在绘图区的右下角输入背景色为"浅黄"、字体颜色为"紫色"、字体大小为"12号"、字体为"微软雅黑"、内容为"xxyy的图像"的文字，其中"xx"为自己学号的最后两位，"yy"为自己的姓名。最后，保存图片。

操作提示：先把"颜色1"设为"紫色"，"颜色2"设为"浅黄色"，再单击"文本"工具，在出现的文本框中输入文字。此时，背景栏中应勾选"不透明"选项。

(6) 在"实验4"文件夹中，新建一个名为"故乡的夜晚.png"的图片，并绘制如图4.1所示的图片。要求如下：
①图像的宽度和高度分别设为"25厘米"和"15厘米"。
②图片的背景色为"浅青绿色"。
③房子的线条颜色为"褐色"，线条大小为"5px"。
④河流的颜色为"青绿色"。
⑤星星的线条颜色为"青绿色"，线条大小为"1px"。
⑥在图4.1的右上角用"书法笔刷2"手写签上自己的姓名，笔刷大小设为"3px"。最后，保存图片。

任务5 截图软件的使用

(1) 把截图软件的启动快捷键设置为【Ctrl】+【Alt】+【Z】。

操作提示：①单击"开始"按钮，选择"所有程序"，找到"附件"，单击展开。②用鼠标右键单击"附件"中的"截图工具"，选择"属性"选项。③在"截图工具属性"对话框中，选择"快捷方式"选项卡，单击"快捷键"一栏，然后按【Ctrl】+【Alt】+【Z】组合键，此时，"快捷键"栏中即出现了所设置的组合键，如图4.2所示。

图4.1　故乡的夜晚

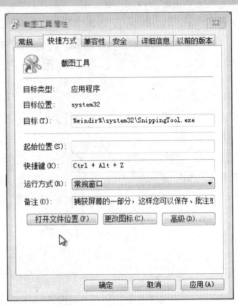

图4.2　截图工具属性对话框

（2）利用截图软件中的"任意格式截图"功能，截取一幅桌面上的任意形状的图形，并在图形上用红笔写上"我的桌面"的文字，然后以"桌面任意截图.jpg"为文件名保存到"实验4"文件夹中。

操作提示：在"截图工具"的界面上单击"新建"按钮右边的▼按钮，在弹出的下拉菜单中选择"任意格式截图"模式，如图4.3所示。然后圈出想要的图形形状即可，如图4.4所示。

图4.3　"新建"下拉菜单

图4.4　任意格式截图效果

（3）在桌面上显示"日历"小工具，然后利用截图软件中的"矩形截图"功能，截取"日历"程序图标，并以"日历截图.png"为文件名保存到"实验4"文件夹中。

（4）打开"控制面板"中的"用户账户"设置窗口，把窗口的宽度和高度缩小一半，然后利用截图软件中的"窗口截图"功能，截取该窗口，并以"用户账户窗口截图.png"为文件名保存到"实验4"文件夹中。

（5）利用截图软件中的"全屏幕截图"功能，截取整个桌面，并以"桌面截图.png"为文件名保存到"实验4"文件夹中。

任务6　提交实验结果

压缩"实验4"文件夹成为一个以"实验4.rar"为文件名的压缩文件，提交此压缩文件。

任务7　计算器的使用（选做）

（1）启动"计算器"应用程序，计算1/12的值和1.44的平方根。

操作提示：在"计算器"窗口中，单击"查看"菜单，选择"标准型"模式。在计算器中输入"12"后，单击 1/x 按钮，即可计算出1/12的值，如图4.5所示；在计算器中输入"1.44"后，单击 √ 按钮，即可计算出1.44的平方根，如图4.6所示。

图4.5　计算1/12的结果

图4.6　计算$\sqrt{1.44}$的结果

（2）计算60°角的余弦值、3的立方值、2的4次方的值、125的立方根和32的5次方根。

操作提示：在"计算器"窗口中，单击"查看"菜单，选择"科学型"模式。在计算器中输入"60"后，单击 cos 按钮，即可计算出60°角的余弦值，如图4.7所示；在计算器中输入"3"后，单击 x^3 按钮，即可计算出3的立方值，如图4.8所示；在计算器中输入"2"后，单击 x^y 按钮，然后再输入"4"，单击 = 按钮，即可计算出2的4次方的值；在计算器中输入"125"后，单击 ∛ 按钮，即可计算出125的立方根，如图4.9所示；在计算器中输入"32"后，单击 $\sqrt[y]{x}$ 按钮，然后再输入"5"，单击 = 按钮，即可计算出32的5次方根，如图4.10所示。

图 4.7 cos 60°的结果

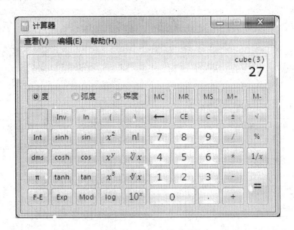

图 4.8 3^3 的结果

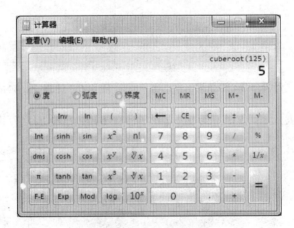

图 4.9 $\sqrt[3]{125}$ 的结果

图 4.10　$\sqrt[5]{32}$ 的结果

（3）使用计算器，把十进制的"45"转换成十六进制、把十进制的"89"转换成二进制、把八进制的"26"转换成二进制、把十六进制的"A2"转换成二进制。

> **操作提示**：在"计算器"窗口中，单击"查看"菜单，选择"程序员"模式。在计算器中选择最初的进制，输入"数值"后，再单击要转换的进制，即可实现数值在不同进制间的转换。

（4）计算 5 加仑（美制）汽油等于多少升。

> **操作提示**：在"计算器"窗口中，单击"查看"菜单，选择"单位转换"选项。在"选择要转换的单位类型"中选择"体积"，在"从"一栏中输入"5"，单位选择"加仑（美制）"，在"到"一栏中选择"升"，即可得到所需的数值，如图 4.11 所示。

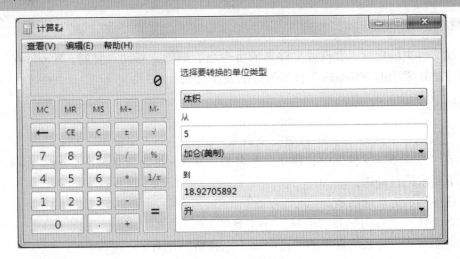

图 4.11　单位转换

(5) 计算 2013 年 5 月 1 日—2013 年 10 月 1 日相差的天数。

操作提示：在"计算器"窗口中，单击"查看"菜单，选择"日期计算"选项。然后在右侧的详细窗格里输入两个要计算的日期，并单击"计算"按钮即可得出结果，如图 4.12 所示。

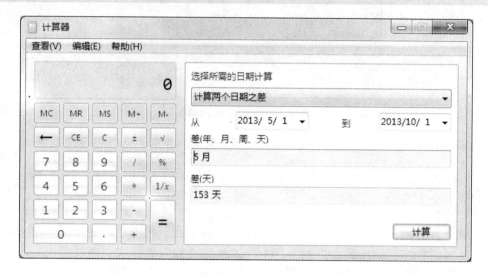

图 4.12　日期计算

实验 5　Windows 7 综合测试

一、实验目的

掌握文件或文件夹的建立方法；掌握文件或文件夹的重命名、删除、移动、复制的方法；掌握 Windows 7 控制面板的使用方法；掌握常用的 Windows 7 自带附件的使用方法。

二、实验相关知识点

文件或文件夹的建立；文件或文件夹的重命名、删除、移动、复制；Windows 7 控制面板的使用方法；常用的 Windows 7 自带附件的使用方法。

三、实验内容

(1) 在最后一个盘的"学号 姓名"文件夹中新建一个"实验 5"文件夹。

(2) 在"实验 5"文件夹中，建立一个名为"图 1—桌面背景截图.png"的图像文件，然后按以下要求进行操作：

①把任务栏设为自动隐藏。
②在桌面显示"日历"和"时钟"小工具。
③把桌面背景设为系统自带的"昆明湖十七孔桥"图片。
④抓取桌面屏幕放入"图 1—桌面背景截图.png"图像文件中。

(3) 在"实验5"文件夹中建立一个名为"图2—屏幕保护截图.png"的图像文件。然后按以下要求进行操作：

①设置桌面屏幕保护程序为"三维文字"，并输入"实验5 Windows综合测试"作为三维文字，等待时间为"1分钟"，字体为"微软雅黑"。

②抓取"三维文字设置"对话框，并存于"图2—屏幕保护截图.png"文件中。

(4) 在"实验5"文件夹中分别建立名为"音乐""文本"和"备份"的文件夹。在"音乐"文件夹中建立一个名为"音频.mp3"的音频文件；在"文本"文件夹中分别建立名为"系统维护.docx"和"实验5-4.rar"的文件。

(5) 设置"音乐"文件夹的属性为"只读"和"隐藏"，并把系统设置为"显示隐藏的文件、文件夹和驱动器"状态。在"实验5"文件夹中建立"音乐"文件夹中"音频.mp3"文件的快捷方式。

(6) 设置操作系统的中文输入法，只保留"微软拼音ABC风格"和"微软拼音新体验风格"输入法。

(7) 启动"写字板"应用程序，新建一个名为"计算机属性.rtf"的文件，保存到"实验5"文件夹中。打开"计算机"的属性窗口，把窗口截图放入"计算机属性.rtf"文件中；打开最后一个硬盘分区的"属性"对话框，把对话框截图放入"计算机属性.rtf"文件中。保存"计算机属性.rtf"文件后退出"写字板"应用程序。

(8) 把"文本"文件夹重命名为"实验文档"，复制"实验文档"文件夹中的"实验5-4.rar"文件到"备份"文件夹中，然后永久性删除"实验文档"文件夹中的"实验5-4.rar"文件。

(9) 搜索C盘"Windows"文件夹中的所有.wav格式的文件，并把其中的一个文件复制于"实验文档"文件夹中。

(10) 查找"控制面板"的执行程序"control.exe"，然后把程序发送到桌面并创建快捷方式。打开"记事本"应用程序，建立一个名为"控制面板程序地址.txt"的文件，把"控制面板"程序所在的位置输入"控制面板程序地址.txt"的文件，并将文件保存到"实验5"文件夹后退出"记事本"应用程序。

(11) 对C盘进行磁盘清理处理，对最后一个硬盘进行磁盘碎片整理。

(12) 启动"截图工具"应用程序，然后利用"任意格式截图"模式在桌面截取任意形状的图片，并把图片以"任意截图.png"为文件名保存到"实验5"文件夹中。

(13) 把"实验5"文件夹设为共享文件夹。

(14) 压缩"实验5"文件夹成为一个以"实验5.rar"为文件名的压缩文件，然后提交压缩文件到教师机。

模块 2

Word 文字处理

实验 6　Word 文档的基本操作

一、实验目的

掌握 Word 2010 的启动和退出操作；了解 Word 2010 窗口的基本组成；掌握 Word 2010 文档的建立、打开、关闭、保存以及常用编辑命令的使用。

二、实验相关知识点

创建新文档；文本的输入包括插入、改写、特殊字符和插入其他文件；文档的保存、另存为、密码保护；文档的打开；文本的基本编辑包括文本的选定、撤销与恢复、查找与替换、自动图文集、自动更正和格式刷。

三、实验准备

教师将素材中的文件夹"实验 6 素材"发送到所有学生机的"D:\"文件夹。

四、实验内容

（1）启动 Word 2010，打开文档"D:\实验 6 素材\数学之美系列十八.docx"，在文章最前面插入空行，录入图 6.1 所示内容，并以"Word 2010 的基本操作.docx"为文件名，保存到最后一个硬盘的"学号 姓名"文件夹中。

> 在自然语言处理中，最常见的两类分类问题分别是：将文本按主题归类（如将所有介绍亚运会的新闻归到体育类）和将词汇表中的字词按意思归类（如将各种体育运动的名称归成一类）。这两种分类问题都可以通过矩阵运算来圆满地解决。为了说明如何用矩阵这个工具类来解决这两个问题，我们先来回顾一下在余弦定理和新闻分类中介绍的方法。我在大学学习线性代数时，实在想不出它除了告诉我们如何解线性方程外，还能有什么别的用途。关于矩阵的许多概念，如特征值等，更是脱离日常生活。后来在数值分析中又学了很多矩阵的近似算法，还是看不到可以应用的地方。当时选这些课，完全是为了混学分。我想，很多同学都多多少少有过类似的经历。直到后来长期做自然语言处理的研究时，我才发现数学家们提出那些矩阵的概念和算法是很有实际应用意义的。

图 6.1　输入的文字

（2）在文章最前面插入一行标题"数学之美系列十八：矩阵运算和文本处理中的分类问题"。

（3）将输入的文档分为两段，使"我在大学学习线性代数时……"自成为一段。

（4）移动段落位置，将前两段正文互换位置。

（5）打开文档"D:\实验6素材 \ 补充.docx"，将该文档以"无格式文本"方式粘贴在文档"Word 2010的基本操作.docx"的末尾。

> 操作提示：选择"编辑"→"选择性粘贴"→"无格式文本"命令。

（6）分别选择4种视图模式：普通视图、Web版式视图、页面视图和大纲视图，观察显示效果。

（7）设置页眉和页脚。设置页眉内容为"矩阵运算和文本处理中的分类问题"，格式为宋体、小五号字、加粗、红色、居中对齐。设置页脚为作者（注：作者用自己姓名）、页码和日期。

（8）标题插入脚注，内容为"选自'数学之美'"。

> 操作提示：选择"插入"→"引用"→"脚注和尾注"命令。

（9）页面设置。纸张大小为"A4"，纸张方向为"纵向"；页边距上、下为"2cm"，左右为"3.17cm"。正文字体为"宋体"，字号为"五号"，应用于整篇文档。

（10）保存并关闭该文档。

（11）将文件"Word 2010的基本操作.docx"提交到教师机。

实验7　文档的排版技巧

一、实验目的

掌握文本的查找、替换等基本操作；掌握字符、字体、字号、段落及分栏等格式的设置；掌握页面格式的设置；掌握项目符号与编号的使用方法。

二、实验相关知识点

字符格式：字体、字号、字形、颜色、首字下沉或悬挂；段落排版：段落缩进、首行缩进、段落间距、行距和分栏；边框与底纹：段落边框、页面边框；页面设置：页眉和页脚、页边距、纸张大小；文档打印：打印预览和打印设置。

三、实验准备

教师将素材中的"实验7素材"文件夹发送到所有学生机的"D:\"文件夹。

四、实验内容

任务1　创建文件夹

在最后一个硬盘的"学号 姓名"文件夹中创建一个名为"实验7"的文件夹。

任务 2　文字的格式设置

（1）打开"实验 6"建立的文档"Word 2010 的基本操作.docx"，将文件另存为文件"Word 2010 排版.docx"并保存到"实验 7"文件夹中。

（2）将正文中的中文字体设置为"宋体"、"五号"字。

（3）将标题"数学之美系列十八：矩阵运算和文本处理中的分类问题"设置为"标题1"样式、居中；将标题中文字"数学之美"设置为"红色"、字符间距设置为"加宽 2 磅、文字提升 2 磅、加上着重号"。

（4）更改标题的样式为"手稿"，然后为标题文字添加底纹及边框。添加标题文字效果为"紫色、8pt 发光，强调文字颜色 4"。

（5）利用查找与替换，将文本中的所有"文章"设置为"蓝色、加粗倾斜、加上着重号"；删除文档所有的空格、箭头符"↓"及空行。

> **操作提示**：①删除空格：在"查找内容"文本框中输入一个空格，"替换为"文本框中什么都不填。
> ②删除箭头符"↓"：在"查找内容"文本框中输入"^l"，"替换为"文本框中输入"^p"。
> ③删除空行：在"查找内容"文本框中输入"^p^p"，"替换为"文本框中输入"^p"。

（6）将正文最后一段的所有英文字母设置为"加粗倾斜、小四号、加下划单波浪线。"

任务 3　段落的格式设置

（1）段落缩进。使标题以下的三段正文首行缩进"2 个"字符，并将第一段设置为"1.5 倍"行距、左右各缩进"1cm"、段后间距设置为"5 磅"。

（2）设置项目符号。使正文的倒数第二、第三、第四段与前后的正文各空一行，设为无首行缩进，再给这三段加上"红色"、"五号"的菱形项目符号且文字位置缩进"0.6cm"，制表符位置"0.6cm"，缩进位置"0.7cm"。

（3）设置底纹背景。给正文的倒数第二、第三、第四段添加"浅蓝色"底纹背景。

任务 4　文档的格式化

（1）设置分栏。将第一、第二段正文分成三栏，前两栏的栏宽分别为"3cm"、"4cm"、"5cm"，中间加分割线。

（2）首字下沉。使最后一段首行无缩进，然后使该段首字下沉（下沉行数"2 行"，距正文"0.2cm"）。

（3）设置密码。将文档的打开权限密码和修改权限密码均设置为：123456。

（4）保存文档，退出 Word 软件。

任务 5　长文档排版

（1）将文件"D:\实验 7 素材\数学之美（原文）.doc"复制到最后一个硬盘的"\学号 姓名\实验 7"文件夹。

（2）打开文档"实验 7"文件夹中的文档"数学之美（原文）.doc"，删除文档所有的空格、空行及箭头符"↓"。

（3）把一级标题"数学之美系列一：统计语言模型"及其他同级标题的样式设置为"标题 1"，格式为小三号黑体、居中、段前和段后间距均为 0.5 行。

（4）为文档添加封面。给文档添加一个封面，使用"插入"→"封面"→"新闻纸"

命令。标题："数学之美"，格式为70号宋体、居中；副标题："作者：吴军，Google 研究员，来源：Google 黑板报"，格式为小四号楷体、倾斜、左对齐；选取日期："2013 年 5 月 1 日"，格式为小四号宋体、倾斜、左对齐。

（5）为文档添加目录。在文档正文与封面之间增加一页，并在这页为文章创建目录。页码制表符前导符为"……"，目录格式选"正式"，显示"1 级"。

> 操作提示：使用"引用"→"目录"→"插入目录"命令插入目录。

（6）添加脚注。为文档第三页中的蓝色文字"香农"添加脚注：克劳德·艾尔伍德·香农（1916—2001），美国数学家、信息论的创始人。

> 操作提示：选定文字→"引用"→"脚注"。

（7）为文档中图片添加题注。给文档第 7 页中的图片添加题注，使用"引用"→"插入题注"命令，在弹出的对话框中输入信息"图 3.1 通信系统模型"，格式为小五号宋体，图片、题注均"居中对齐"。

（8）设置文档目录页与其余页不同页眉。
①在目录页后插入分节符，使用"页面布局"→"分隔符"→"连续"命令。
②在目录页后插入页眉，使用"插入"→"页眉"→"空白"命令。在页眉状态下输入目录页的页眉"目录"。
③单击"设计"→"下一节"命令切换到正文的页眉。
④单击"设计"→"链接到前一条页眉"按钮，断开和上一节页眉的链接，输入正文的页眉"数学之美"。
⑤选择"关闭页眉和页脚"按钮，结束页眉状态。

（9）文档正文设置页码。
①在目录页的最后插入分节符。选择"页面布局"→"分隔符"→"连续"命令。
②光标定位于正文，插入页码。选择"插入"→"页码"→"页面底端"→"数字 2"，设置页码格式为阿拉伯数字（1、2、3、…）。

（10）保存并关闭文档。

任务6　提交作业

将"实验 7"文件夹压缩为一个以"实验 7.rar"为名的压缩文件，然后将文件"实验 7.rar"提交到教师机。

实验 8　表格、数学公式和图文混排

一、实验目的

熟练掌握在 Word 文档中绘制表格的方法；掌握表格的编辑操作、格式化及表格中的数据计算和排序等方法。熟练掌握在 Word 文档中插入公式的方法。熟练掌握在 Word 文档中插入并使用图片、剪贴画、文本框、艺术字和形状等对象的方法。熟练掌握在 Word 文档中使用首字下沉的方法。熟练掌握在 Word 文档中插入并使用脚注、尾注和题注的方法。熟练

掌握在 Word 文档中使用项目符号和编号的方法。

二、实验相关知识点

表格绘制与操作；数学公式的使用；图文混排（包括图片、剪贴画、文本框、艺术字和形状等对象）；首字下沉、脚注、尾注和题注、项目符号和编号的使用；汉字注音等。

三、实验内容

在最后一个硬盘分区的"学号 姓名"文件夹中新建一个 Word 文档，页面设置为：纸张大小 A4，上下左右边距均设置为"2 厘米"，以"图文混排.docx"为文件名保存。

操作提示：本实验中所有任务均在此文档中完成。

任务1 表格制作

（1）制作如表 8.1 所示的个人简历表，然后按以下要求进行编辑修改：

①表格中文字为"宋体，五号字"，相应标题文字加粗。

②最后一行行高设置为"1.5cm"，其余行行高设置为"0.8cm"，表格中的文字均为"左对齐"，整个表格在文档中居中。

③将表格外边框设置为"1.5 磅"的双线，内部为"1 磅"单线。为相应单元格设置底纹，底纹自选，但要美观，样张底纹为"10%"样式。

④在照片下方的单元格中插入一张人物图片或人物剪贴画，调整其大小以适应单元格的大小。

⑤在表格最上方插入一行，将该行合并为一个单元格，行高设置为"1cm"，并在其中输入文字"个人简历"，字体设为"楷体，二号字，字符间距加宽 3 磅，居中"；在最后一行下方新增两行，倒数第二行行高设置为"0.8cm"，设置底纹，在其中输入文字"自我评价"，倒数第一行行高设置为"2cm"。

（2）制作如表 8.2 所示的学生成绩表，然后按如下要求进行编辑修改：

①绘制斜线表头：选中"姓名"单元格，切换到"表格工具"，在"设计"选项卡的"表格样式"分组中单击"边框"，在其下拉列表中单击"斜下框线"，即可在选中的单元格中添加一条斜下框线，输入标题，可以通过调整列宽、输入空格、换行来对标题文字的位置进行调整。

②在表格下方增加一行，用于存放各科平均分。

③数据计算：利用公式计算每个同学的总分和各科平均分。

④将表格中的数据按照总分降序排列。

操作提示：将光标定位到表格中，切换到"表格工具"，在"布局"选项卡的"数据"分组中单击"排序"，打开"排序"对话框，排序主要关键字选择为"总分"，降序排序即可。

⑤各课程名称单元格设置为"水平垂直、居中、对齐"。

⑥将表格的外观样式设置为"古典型 1"。

操作提示：选中表格，在"设计"选项卡的"表格样式"分组中选择"古典型 1"，此时表头的斜线会被清除，重新为表头加上"斜下框线"即可。

表 8.1 个人简历表

基本资料				照片
姓名		性别		
出生日期		身高		
民族		籍贯		
政治面貌		毕业院校		
学历		专业		
联系电话		E-mail		
邮编		地址		
社会实践				
时间	单位名称	实践职位	工作描述	
兴趣爱好				

表 8.2 学生成绩表

姓名	高数	大学英语	计算机	体育	总分
张丽	88	90	80	80	
李娜	80	90	90	90	
王强	65	70	62	80	

任务 2 编辑数学公式

在文档中输入以下内容：

1. 一元二次方程的一般形式为：$ax^2+bx+c=0$（$a\neq 0$），其判别式通常用希腊字母 Δ 来表示，$\Delta = b^2 - 4ac$，方程的求根公式为：

当 $\Delta > 0$ 时，方程有两个实根：

$$x_1 = \frac{-b+\sqrt{b^2-4ac}}{2a}, \ x_2 = \frac{-b-\sqrt{b^2-4ac}}{2a}$$

当 $\Delta = 0$ 时，方程只有一个实根：

$$x = \frac{-b}{2a}$$

当 $\Delta < 0$ 时，方程没有实根。

2. 常用积分公式：

$$\int a^x \mathrm{d}x = \frac{a^x}{\ln a} + C, (a > 0, 且 a \neq 1)$$

任务 3　制作流程图

在文档中制作如图 8.1 所示的公司考勤管理流程，要求如下：

（1）通过"插入"选项卡中"插图"组的"形状"插入流程图中所需要的线条、箭头和流程图等。

（2）调整各个形状的大小和位置。

> **操作提示**：可以通过【Shift】键同时选中多个形状，在"绘图工具"选项卡的"排列"组中设置多个形状的对齐方式，在"大小"组中设置形状大小。

（3）在图形中添加相应文字。右键单击要添加文字的图形，在出现的快捷菜单中选择"添加文字"。

（4）插入文本框。图中的"通过"和"修改"利用插入文本框实现，将文本框设置为"无线条、无填充"。

> **操作提示**：右击文本框，在出现的菜单中选择"设置形状格式"，填充设置为无填充，线条颜色设置为无线条。

（5）设置图形格式：所有线条和箭头设置为"实线、蓝色、宽度 1 磅"，所有流程图填充设置为"渐变填充"，预设颜色为"暮霭沉沉"。

（6）图形组合：通过【Shift】键同时选中流程图中所有的线条、箭头、形状和文本框，在"绘图工具"选项卡的"排列"组中单击"组合"，在下拉列表中选择"组合"，可以将选择中的所有形状组合为一个整体以进行移动或复制等操作。

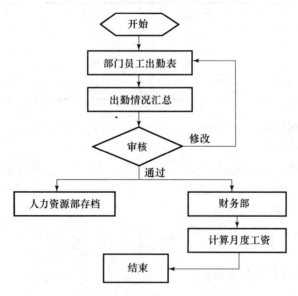

图 8.1　公司考勤管理流程

任务 4　图文混排

（1）在文档中插入分页符，另起一页，在本页中完成本任务。

（2）利用图片、艺术字、文本框及线条设置报头，图片自选，艺术字内容为"美文阅读",艺术字效果自定。样张效果如图 8.2 所示。

图 8.2 任务 4 报头设计效果

(3) 上网搜索李白的《梦游天姥吟留别》、苏东坡的《念奴娇·赤壁怀古》全文并复制到文档中,将《梦游天姥吟留别》设置为"楷体,五号字",《念奴娇·赤壁怀古》设置为"华文细黑,五号字"。

(4) 在文档下方添加作者简介,字体设置为"楷体,五号字",为段落添加项目符号和双波浪线边框,段落左缩进"8 字符",右缩进"2 字符",并在段落前面插入一个竖排文本框"作者简介",文本框填充"深蓝,文字 2,淡色 80%",形状轮廓为"短划线",形状效果为"发光变体,蓝色,8pt 发光,强调文字颜色 1"。其内容及效果如下:

> **操作提示**:为段落添加边框,首先选择要添加边框的段落,在"开始"选项卡中的"段落"组单击"边框"旁边的下拉按钮,选择"边框和底纹",设置好边框样式后,在右下方"应用于"下选择"段落"。

> 作者简介
> ➢ 李白(701—762),字太白,号青莲居士,唐朝伟大的浪漫主义诗人,有"诗仙"之称,汉族,出生于四川绵阳江油市青莲乡,祖籍甘肃天水市秦安县。存世诗文千余篇,代表作有《蜀道难》、《将进酒》等诗篇,有《李太白集》传世。
> ➢ 苏轼(1037—1101),字子瞻,号东坡居士,四川眉山人,为唐宋八大家之一。他在文学艺术方面堪称全才,诗文书画皆精。著有《苏东坡全集》、《东坡乐府》。

(5) 在文中汉字"剡"、"酹"的右边为其添加拼音,如"剡(yǎn)"。

> **操作提示**:选中要添加拼音的文字,在"开始"选项的"字体"组中单击"拼音指南"按钮,得到拼音后,复制回 Word 文档中即可。

(6) 为"天姥"、"瀛洲"分别添加内容为"山名,在今浙江省新昌县"、"传说中的海上三座神仙山之一,另两座名为蓬莱、方丈"的脚注。

(7) 将《念奴娇·赤壁怀古》中第一段设置为"首字下沉 2 行,距正文 0.2cm"。

(8) 上网搜索一张李白的图片,插入到第一篇短文中。

任务 4 完成后的效果样张见实验效果图中的图 8.3。

任务 5 提交实验结果

保存并关闭"图文混排. docx"文档文件,然后将该文件提交到教师机。

四、实验效果图

在实验内容部分修改完成后的个人简历和表格如表 8.3 和表 8.4 所示。

表 8.3 修改完成后的个人简历表

个 人 简 历

基本资料				照片
姓名		性别		
出生日期		身高		
民族		籍贯		
政治面貌		毕业院校		
学历		专业		
联系电话		E-mail		
邮编		地址		

社会实践			
时间	单位名称	职位	工作描述

兴趣爱好

自我评价

表 8.4 修改完成后的学生成绩表

课程名 姓名	高数	大学英语	计算机	体育	总分
李娜	80	90	90	90	350
张丽	88	90	80	80	338
王强	65	70	62	80	277
各科平均分	78	83	77	83	

图 8.3　任务 4 效果样张

实验 9　Word 综合应用

一、实验目的

掌握样式的使用；掌握在文档中自动生成目录的方法；封面的制作；综合应用 Word 提

供的各种功能,制作一篇完整的论文。

二、实验相关知识点

样式的使用、在文档中自动生成目录的方法、封面的制作、页码插入等。

三、实验准备

教师将素材文件"课程论文.docx"发送到所有学生机的某一个文件夹(由老师指定文件夹名)。

四、实验内容

(1) 打开指定文件夹中的素材文件"课程论文.docx"(文件夹名由老师指定)。

(2) 按图9.1结构所示,将文档中的相应标题分别设置成标题1、标题2和标题3样式。

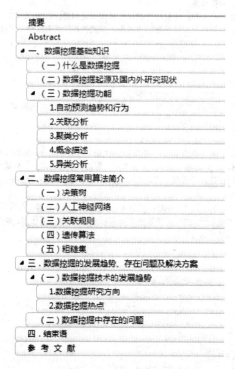

图9.1 文档结构

(3) 在文档中适当的位置插入分页符,使每个一级标题都从新的一页开始。

(4) 为文档插入一个封面。封面类型自选,但封面中应包含以下内容:Logo、论文标题、姓名、学号、班级、完成时间及论文类型等。

图9.2所示为传统型封面。

图 9.2 封面样张

（5）将光标定位到封面后的一页中，用自动生成目录的方法创建文档目录。

（6）在文档底部中间插入页码。要求：

①封面不插入页码。

②目录页的页码用罗马数字Ⅰ、Ⅱ、…

③正文的页码用阿拉伯数字1、2、3、…

> **操作提示**：将光标定位到目录后面，在"页面布局"选项卡的"页面设置"组中单击"分隔符"，在目录后面插入一个分节符（下一页），将光标定位在目录所在节，设置页码格式为"罗马数字"，插入页码。再将光标定位在正文所在节，设置页码格式为"阿拉伯数字"，插入页码。

（7）为文中第6页的两个图片分别添加题注："一颗简单的决策树"和"神经元网络"。

（8）保存并关闭文档，然后将文件"课程论文.docx"提交到教师机。

模块 3

Excel 电子表格处理

实验 10　Excel 基本操作

一、实验目的

掌握 Excel 2010 的启动与退出方法；掌握工作簿的基本操作；掌握工作表的管理操作。

二、实验相关知识点

Excel 2010 的启动与退出；工作簿的建立、打开、保存、关闭与保护；工作表的选择、添加、删除、移动、复制、更名、隐藏与保护。

三、实验内容

（1）在最后一个硬盘分区中，以"△△□□□"为名称创建一个供实验用的"学号 姓名"文件夹（"△△"为自己学号的最后两位，"□□□"为自己的姓名）。

（2）启动 Excel 2010。

（3）工作簿操作。

①新建一个工作簿，并将其以"△△□□□.xlsx"为文件名保存到自己的"学号 姓名"文件夹中。

②关闭工作簿"△△□□□.xlsx"，然后再次将其打开。

③保护工作簿"△△□□□.xlsx"，并验证其效果。

④解除对工作簿"△△□□□.xlsx"的保护，并验证其效果。

（4）工作表操作（在"△△□□□.xlsx"中进行）。

①先选中工作表 Sheet1，然后再选中工作表 Sheet3。

②在工作表 Sheet1 前添加一个新的工作表，并将其命名为"数学"。

③在工作表 Sheet3 后添加一个新的工作表，并将其命名为"物理"。

④将工作表"数学"复制到工作表"物理"之后，并更名为"化学"。

⑤将工作表 Sheet2 更名为"成绩"，并移动至工作表"化学"之后。

⑥删除工作表 Sheet3。

⑦保护工作表"成绩"，并检验其效果。

⑧解除对工作表"成绩"的保护，并检验其效果。

⑨隐藏工作表"成绩",然后再重新将其显示出来。
⑩将工作表 Sheet1 移至最后。
⑪将工作表"成绩"复制到最后。
⑫保存工作簿。

(5) 退出 Excel 2010。

(6) 将"△△□□.xlsx"文件添加到压缩文件"△△□□实验10.rar"中,然后再将该压缩文件提交至教师机。

实验 11　工作表数据的编辑

一、实验目的

掌握工作表数据输入的基本方法;掌握工作表数据编辑的基本方法;掌握单元格、行、列的插入与删除方法;掌握工作表窗口的拆分与冻结方法。

二、实验相关知识点

基本数据的输入;序列数据的填充(包括自定义序列的创建);有效数据的设置;数据的移动与复制(包括选择性粘贴);数据的插入与删除(包括单元格、行、列的插入与删除);操作的撤销与恢复;窗口的拆分与冻结。

三、实验内容

(1) 在自己的"学号 姓名"文件夹中新建一个工作簿"Abc.xlsx"。

(2) 选择 Sheet1 为当前工作表,并在其中按以下要求输入数据。

①在 A1~A3 单元格中分别输入数值"0"、"100"、"-250",在 B1~B5 单元格中分别输入数值"350.75"、"56 789.15"、"0.35"、"1.56"、"-100.091",在 C1~C2 单元格中分别输入分数"3/5"、"-5/9"。

②在 D1 单元格中输入文本"广西财经学院",在 D2 单元格中输入邮政编码"530003"。

③在 E1 单元格中输入日期"2013-3-12",在 E2 单元格中输入时间"15:30:35",在 E3 单元格中输入当前日期,在 E4 单元格中输入当前时间,在 E5 单元格中输入当前日期和时间。

> 操作提示:按【Ctrl】+【;】组合键可直接输入当前日期,按【Ctrl】+【Shift】+【;】组合键可直接输入当前时间。

④在 F 列输入序列 01001~01010。
⑤在 G 列输入等差数列:初值为"100",步长为"2",终值为"120"。
⑥在 H 列输入系统预定义序列:"星期一、星期二、星期三、……、星期日"。
⑦在 I 列输入自定义序列:"第一节、第二节、第三节、……、第八节"。

> **操作提示**：先创建自定义序列，然后再填充之。创建新的自定义序列的方法为：选择"文件"→"选项"命令，打开"Excel 选项"对话框；选择"高级"选项卡，然后在"常规"下单击"编辑自定义列表"按钮，打开"自定义序列"对话框；在"自定义序列"列表框中选中"新序列"选项，然后在"输入序列"列表框中逐一输入相应的数据项（每行一项），最后再单击"添加"或"确定"按钮。

以上操作完成后，其结果如图 11.1 所示。

	A	B	C	D	E	F	G	H	I
1	0	350.75		3/5	广西财经学院	2013/3/12 01001	100	星期一	第一节
2	100	56789.15		-5/9	530003	15:30:35 01002	102	星期二	第二节
3	-250	0.35				2013/4/23 01003	104	星期三	第三节
4		1.56				11:46 01004	106	星期四	第四节
5		-100.091				2013/4/23 11:46 01005	108	星期五	第五节
6						01006	110	星期六	第六节
7						01007	112	星期日	第七节
8						01008	114		第八节
9						01009	116		
10						01010	118		
11							120		
12									

图 11.1 数据输入结果

（3）保存并关闭工作簿"Abc.xlsx"。
（4）在自己的"学号 姓名"文件夹中，新建一个工作簿"数据库原理.xlsx"。
（5）将工作表 Sheet1 更名为"成绩"，然后在其中完成以下操作。

①输入如图 11.2 所示的成绩表数据，其中平时成绩与期考成绩的有效取值范围为 0～100 分（要求先为其所在的单元格区域设置相应的有效性规则，然后再输入具体的成绩。若输入有误，则显示的错误信息为"无效成绩！"）。

	A	B	C	D	E	F	G	H	I
1	学号	姓名	性别	专业	班级	平时成绩	期考成绩	期评成绩	期评等级
2	201200001	李丽	女	计算机应用	计应12(1)	85	75		
3	201200002	李成	男	计算机应用	计应12(1)	90	85		
4	201200003	赵华	女	计算机应用	计应12(1)	92	90		
5	201200004	蕾芳	女	计算机应用	计应12(1)	78	75		
6	201200005	刘大军	男	计算机应用	计应12(1)	70	63		
7	201200007	周丽	女	计算机应用	计应12(2)	75	70		
8	201200008	卢铭	男	计算机应用	计应12(2)	92	92		
9	201200009	周小玉	女	计算机应用	计应12(2)	88	89		
10	201200010	唐小花	女	计算机应用	计应12(2)	85	80		
11	201200011	赵鸣	男	计算机应用	计应12(2)	75	73		
12	201200012	覃德	男	计算机应用	计应12(2)	80	65		
13	201200013	苏英	女	计算机应用	计应12(3)	68	58		
14	201200014	龚乐	男	计算机应用	计应12(3)	77	72		
15	201200015	刘英	女	计算机应用	计应12(3)	75	50		
16	平均分								
17	最高分								
18	最低分								
19	学生人数								

图 11.2 成绩表

②在标题行之前插入一行，然后在 A1 单元格中输入成绩表的标题"《数据库原理》成绩表"。
③在刘大军与周丽所在行之间插入一行，并依次输入数据："201200006、覃小刚、男、计算机应用、计应12（1）、63、50"。
④给所有学生的平时成绩都加上 3 分。

操作提示：使用选择性粘贴功能。具体操作为：先在某一空白单元格中输入"3"，然后将其复制到剪贴板，待选中平时成绩区域后，再执行"选择性粘贴"命令，打开"选择性粘贴"对话框，并选中"加"选项，最后再单击"确定"按钮。

⑤删除表末的"学生人数"行。

⑥在"期评等级"列之前插入一列"排名"。

以上操作完成后，其结果如图11.3所示。

图 11.3　成绩表编辑结果

（6）保存并关闭工作簿"数据库原理.xlsx"。

（7）将"Abc.xlsx"与"数据库原理.xlsx"文件添加到压缩文件"△△□□□实验11.rar"中，然后再将该压缩文件提交至教师机。

实验 12　工作表数据的计算

一、实验目的

掌握公式的使用方法；掌握常用函数的使用方法。

二、实验相关知识点

公式的创建；公式的复制；函数的调用。

三、实验内容

（1）打开工作簿"数据库原理.xlsx"，并将其另存为"数据库原理1.xlsx"。

（2）选择工作表"成绩"为当前工作表，并在其中完成以下操作。

①计算出每个学生的期评成绩（期评成绩＝平时成绩×30%＋期考成绩×70%）。

②计算出平时成绩、期考成绩、期评成绩的平均分、最高分与最低分。

③根据期评成绩确定每个学生的排名。

④根据期评成绩确定每个学生的期评等级。其中，成绩大于等于90分为"优"，大于等于80分且小于90分为"良"，大于等于70分且小于80分为"中"，大于等于60分且小于70分为"及格"，小于60分为"不及格"。

以上操作完成后,其结果如图12.1所示。

	A	B	C	D	E	F	G	H	I	J
1	《数据库原理》成绩表									
2	学号	姓名	性别	专业	班级	平时成绩	期考成绩	期评成绩	排名	期评等级
3	201200001	李丽	女	计算机应用	计应12(1)	88	75	78.9	6	中
4	201200002	李成	男	计算机应用	计应12(1)	93	85	87.4	4	良
5	201200003	赵华	女	计算机应用	计应12(1)	95	90	91.5	2	优
6	201200004	黄芳	女	计算机应用	计应12(1)	81	75	76.8	7	中
7	201200005	刘大军	男	计算机应用	计应12(1)	73	63	66.0	12	及格
8	201200006	覃小刚	男	计算机应用	计应12(1)	63	50	53.9	15	不及格
9	201200007	周丽	女	计算机应用	计应12(2)	78	70	72.4	10	中
10	201200008	卢铭	男	计算机应用	计应12(2)	95	92	92.9	1	优
11	201200009	周小玉	女	计算机应用	计应12(2)	91	89	89.6	3	良
12	201200010	唐小花	女	计算机应用	计应12(2)	88	80	82.4	5	良
13	201200011	赵鸡	男	计算机应用	计应12(2)	78	73	74.5	8	中
14	201200012	覃德	男	计算机应用	计应12(2)	83	65	70.4	11	中
15	201200013	苏英	女	计算机应用	计应12(3)	71	58	61.9	13	及格
16	201200014	龚乐	男	计算机应用	计应12(3)	80	72	74.4	9	中
17	201200015	刘英	女	计算机应用	计应12(3)	78	50	58.4	14	不及格
18	平均分					82.33	72.47	75.43		
19	最高分					95	92	92.9		
20	最低分					63	50	53.9		

图12.1　成绩表计算结果

操作提示:可通过单击"开始"→"数字"功能组中的"增加小数位数"与"减少小数位数"按钮来设定期评成绩与平均分的小数点位数。

(3)在工作表"成绩"之后添加一个新的工作表"成绩—统计",并在其中完成以下操作。
①按如图12.2所示的格式制作成绩统计分析表。
②使用公式与函数计算出表中的各项数据(最终结果如图12.3所示)。

图12.2　成绩统计分析表　　　　图12.3　成绩统计分析结果

操作提示:以期考成绩为例,各项统计数据的计算方法如下:
①最高分:选中B3单元格,并输入公式"=MAX(成绩!G3:G17)"。
求最低分、平均分的方法与此类似。
②参考人数:选中B6单元格,并输入公式"=COUNT(成绩!G3:G17)"。
③成绩在90分以上的人数:选中B7单元格,并输入公式"=COUNTIF(成绩!G3:G17,">=90")"。
求成绩在60分以下的人数的方法与此类似。
④成绩在80~89分的人数:选中B8单元格,并输入公式"=COUNTIF(成绩!G3:G17,">=80")-COUNTIF(成绩!G3:G17,">=90")"。
求成绩在70~79分、60~69分的人数的方法与此类似。
⑤及格人数:选中B12单元格,并输入公式"=SUM(B7:B10)"。
求优秀人数的方法与此类似。
⑥及格率:选中B13单元格,并输入公式"=B12/B6"。

求优秀率的方法与此类似。
(4) 保存并关闭工作簿"数据库原理1.xlsx"。
(5) 将"数据库原理1.xlsx"文件添加到压缩文件"△△□□实验12.rar"中,然后再将该压缩文件提交至教师机。

实验13　工作表格式的设置

一、实验目的

掌握格式化工作表的基本操作与方法;掌握条件格式的设置方法;掌握表格格式的套用方法。

二、实验相关知识点

单元格格式的设置;行高与列宽的调整;条件格式的设置;表格格式的套用;格式的复制与删除。

三、实验内容

(1) 打开工作簿"Abc.xlsx"。
(2) 选择Sheet1为当前工作表,并在其中完成以下操作。
①将B1~B5单元格中的数据设置为"保留1位小数"。
②将B1单元格中的数据以"科学记数法"表示,将B2单元格中的数据表示为"千位分隔"样式,将B3单元格中的数据表示为"百分比"样式,将B4单元格中的数据表示为"人民币"样式。
③将E1单元格中的日期表示成"2001年3月14日"样式,将B3单元格中的时间表示成"下午1时30分"样式。
(3) 保存并关闭工作簿"Abc.xlsx"。
(4) 打开工作簿"数据库原理1.xlsx",并将其另存为"数据库原理2.xlsx"。
(5) 选择工作表"成绩"为当前工作表,并对其进行相应的格式设置。
①将标题"《数据库原理》成绩表"按表格实际宽度"居中对齐",文字设为"蓝色、黑体、16磅、带下划线",行高设为"23磅"。
②将各列标题居中对齐,文字设为"紫色、加粗、13磅",填充"茶色"底纹,行高设为"16磅"。
③将表末3行的行标题(平均分、最高分、最低分)按"学号"列至"班级"列的实际宽度"居中对齐",文字设为"紫色、加粗、13磅",填充"6.25%灰色"图案。
④将成绩表的边框线、标题行的下框线设置为"橙色粗线",平均分行的上框线设置为"橙色双细线",其余的框线设置为"橙色细线"。
⑤将期评成绩与平均分均设置为"保留1位小数"。
⑥将"学号"列至"班级"列以及"期评等级"列中的内容设置为"居中对齐"。
⑦将期考成绩、期评成绩中不及格的成绩(小于60分)以"红色斜体"表示,优秀的

成绩（大于或等于90分）以“绿色”表示。

⑧将期评等级中的“优”以“绿色”字体表示（填充“6.25%蓝色”图案），“不及格”以“红色”字体表示（填充“6.25%橙色”图案）。

⑨将表中各列设置为“最合适列宽”。

以上操作完成后，其结果如图13.1所示。

	A	B	C	D	E	F	G	H	I	J
1	《数据库原理》成绩表									
2	学号	姓名	性别	专业	班级	平时成绩	期考成绩	期评成绩	排名	期评等级
3	201200001	李丽	女	计算机应用	计应12(1)	88	75	78.9	6	中
4	201200002	李成	男	计算机应用	计应12(1)	93	85	87.4	4	良
5	201200003	赵华	女	计算机应用	计应12(1)	95	90	91.5	2	优
6	201200004	黄芳	女	计算机应用	计应12(1)	81	75	76.8	7	中
7	201200005	刘大军	男	计算机应用	计应12(1)	73	63	66.0	12	及格
8	201200006	覃小刚	男	计算机应用	计应12(1)	63	50	53.9	15	不及格
9	201200007	周丽	女	计算机应用	计应12(2)	78	70	72.4	10	中
10	201200008	卢铭	男	计算机应用	计应12(2)	95	92	92.9	1	优
11	201200009	周小玉	女	计算机应用	计应12(2)	91	89	89.6	3	良
12	201200010	唐小花	女	计算机应用	计应12(2)	88	80	82.4	5	良
13	201200011	赵鸿	男	计算机应用	计应12(2)	78	73	74.5	8	中
14	201200012	覃德	男	计算机应用	计应12(2)	83	65	70.4	11	中
15	201200013	苏英	女	计算机应用	计应12(3)	71	58	61.9	13	及格
16	201200014	龚乐	男	计算机应用	计应12(3)	80	72	74.4	9	中
17	201200015	刘英	女	计算机应用	计应12(3)	78	50	58.4	14	不及格
18	平均分					82.3	72.5	75.4		
19	最高分					95	92	92.9		
20	最低分					63	50	53.9		

图13.1 成绩表格式设置结果

（6）选择工作表“成绩—统计”为当前工作表，并对其进行相应的格式设置。

①将标题“成绩统计分析表”按表格实际宽度“居中对齐”，文字设为“红色、隶书、16磅”，行高设为“26磅”。

②对整个分析表套用表格格式“表样式中等深浅2”，然后再转换为普通区域。

以上操作完成后，其结果如图13.2所示。

（7）保存并关闭工作簿“数据库原理2. xlsx”。

（8）将“Abc. xlsx”与“数据库原理2. xlsx”文件添加到压缩文件“△△□□□实验13. rar”中，然后再将该压缩文件提交至教师机。

	A	B	C
1	成绩统计分析表		
2	项目	期考成绩	期评成绩
3	最高分	92	92.9
4	最低分	50	53.9
5	平均分	72.5	75.4
6	参考人数	15	15
7	>=90(人)	2	2
8	80~89(人)	3	3
9	70~79(人)	5	6
10	60~69(人)	2	2
11	<60(人)	3	2
12	及格人数	12	13
13	及格率	80.00%	86.67%
14	优秀人数	2	2
15	优秀率	13.33%	13.33%
16			

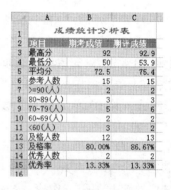

图13.2 成绩统计分析表格式设置结果

实验14 工作表数据的图表化

一、实验目的

掌握图表的创建方法；掌握图表的编辑方法；掌握图表的格式化方法。

二、实验相关知识点

图表的创建；图表的编辑；图表的格式化。

三、实验内容

(1) 打开工作簿"数据库原理2.xlsx",并将其另存为"数据库原理3.xlsx"。

(2) 为"成绩"工作表建立一个副本"成绩—图表",并将其作为当前工作表。

(3) 以姓名、平时成绩、期考成绩、期评成绩为数据源创建一个类型为"三维簇状柱形图"的图表,图表标题为"学生成绩",分类轴标题为"姓名",数值轴标题为"成绩",并嵌入到当前工作表中。

(4) 对"学生成绩"图表进行以下操作。

①删除图表中的平时成绩数据系列。
②将图表类型改为"簇状圆锥图"。
③将图表边框设置为"1.25磅、蓝色、圆角实线,带阴影"。
④将数值轴标题设置为"竖排方式"。
⑤将图表标题设置为"隶书、加粗、20磅、红色"。
⑥将分类轴标题、数值轴标题均设置为"宋体、加粗、12磅、蓝色"。
⑦将图例边框设置为"浅绿色实线",图例文字设置为"宋体、10磅、蓝色"。
⑧显示横向的主要网格线和次要网格线。
⑨显示纵向的主要网格线。
⑩将图表背景的填充效果设置为"水滴"纹理。
⑪将图表拖放至"成绩表"的下方,并适当调整其大小。

以上操作完成后,其结果如图14.1所示。

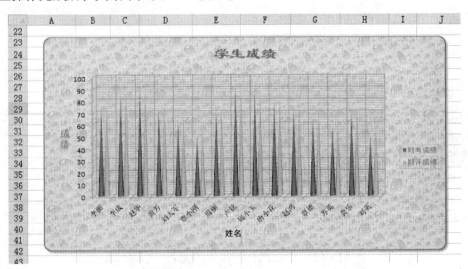

图14.1 学生成绩簇状圆锥图

(5) 以姓名、期评成绩为数据源创建一个类型为"带数据标记的折线图"的图表,图表标题为"学生成绩折线图",分类轴标题为"姓名",数值轴标题为"成绩",并嵌入到当前工作表中。

(6) 对"学生成绩折线图"图表进行以下操作。

①添加"期考成绩"数据系列,并将其置于"期评成绩"数据系列之前。

②将图表标题设置为"幼圆、加粗、16磅、蓝色"。
③将分类轴标题、数值轴标题均设置为"幼圆、加粗、12磅、蓝色"。
④将图例放置于图表的顶部(图表标题的下方),图例文字设置为"宋体、10磅、红色",图例边框设置为"1磅、绿色、短划线"。
⑤在期评成绩数据点的上方显示数据标签,并将其设置为"绿色";在期评成绩数据点的下方显示数据标签,并将其设置为"蓝色"。
⑥将分类轴的线条与文字颜色均设置为"红色"。
⑦将数值轴的线条与数值颜色均设置为"绿色"。
⑧将图表拖放至"成绩表"的右方,并适当调整其大小。
以上操作完成后,其结果如图14.2所示。

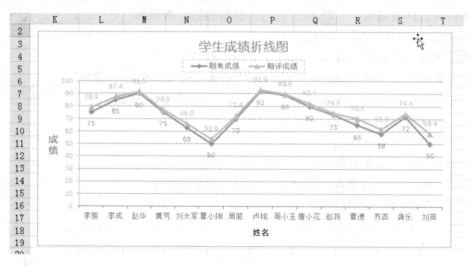

图14.2 学生成绩折线图

(7)复制一份"学生成绩折线图"图表,并对其进行以下操作。
①将图表由嵌入式图表改变为图表工作表,相应的工作表标签为"学生成绩折线图"。
②将图表区背景设置为系统预设的渐变色"银波荡漾"。
③将绘图区背景设置为系统预设的渐变色"麦浪滚滚"。
(8)保存并关闭工作簿"数据库原理3.xlsx"。
(9)将"数据库原理3.xlsx"文件添加到压缩文件"△△□□实验14.rar"中,然后再将该压缩文件提交至教师机。

实验15 工作表数据清单的管理

一、实验目的

掌握工作表中与数据清单有关的基本操作与管理技术,包括排序、筛选、分类汇总、数据透视表与数据透视图等。

二、实验相关知识点

数据清单；排序（简单排序与复合排序）；筛选（自动筛选与高级筛选）；分类汇总（简单汇总与嵌套汇总）；数据透视表与数据透视图。

三、实验内容

（1）打开工作簿"数据库原理3.xlsx"，并将其另存为"数据库原理4.xlsx"。

（2）添加一个新的工作表"成绩—管理"，并从工作表"成绩"中复制单元格区域"A1：J17"的所有数据，创建一个数据清单，并将各列调整至最合适列宽。

（3）对数据清单进行排序。

①简单排序。

a. 按"期考成绩"由低到高对学生记录进行排序（升序）。

b. 按"期评成绩"由高到低对学生记录进行排序（降序）。

②复合排序。

a. 按"班级"升序排序，"班级"相同的按"期考成绩"升序排序。

b. 按"班级"升序排序，"班级"相同的按"期评成绩"降序排序，"期评成绩"相同的按"期考成绩"升序排序。

（4）对数据清单进行筛选。

①自动筛选。

a. 进入自动筛选状态。

b. 筛选出男生的记录，然后重新显示全部记录。

c. 筛选出计应12（2）班女生的记录，然后重新显示全部记录。

d. 筛选出期评成绩最高的5个学生的记录，然后重新显示全部记录。

> **操作提示**：单击"期评成绩"列标题右侧的下拉按钮，并在其筛选列表中选择"数字筛选"→"10个最大的值"命令，打开"自动筛选前10个"对话框（如图15.1所示），并在其中设置要显示的项数5，最后再单击"确定"按钮。

图15.1 "自动筛选前10个"对话框

e. 筛选出期考成绩不及格（60分以下）的学生记录，然后重新显示全部记录。

f. 筛选出期考成绩与期评成绩均不及格（60分以下）的学生记录，然后重新显示全部记录。

g. 筛选出期考成绩为55分以上、60分以下的学生记录，然后重新显示全部记录。

h. 筛选出期评成绩为良或中（70分以上、90分以下）的学生记录，然后重新显示全部记录。

i. 退出自动筛选状态。

②高级筛选。

a. 筛选出计应12（2）班平时成绩与期考成绩均在90分以上的学生记录，并将筛选结果放置在原数据清单中，然后显示全部记录。

操作提示：条件区域的定义如图15.2（a）所示。

b. 筛选出计应12（2）班平时成绩或期考成绩在90分以上的学生记录，并将筛选结果放置在原数据清单中，然后显示全部记录。

操作提示：条件区域的定义如图15.2（b）所示。

c. 筛选出计应12（1）班的男生、计应12（2）班的女生或计应12（3）班的期评成绩不及格的学生的记录，并将筛选结果放置在原数据清单的下方。

操作提示：条件区域的定义如图15.2（c）所示。

	L	M	N
1			
2	班级	平时成绩	期考成绩
3	计应12(2)	>=90	>=90
4			

(a)

	L	M	N
6	班级	平时成绩	期考成绩
7	计应12(2)	>=90	
8	计应12(2)		>=90
9			

(b)

	L	M	N
11	班级	性别	期评成绩
12	计应12(1)	男	
13	计应12(2)	女	
14	计应12(3)		<60

(c)

图15.2　条件区域

（5）对数据清单进行分类汇总。

①简单汇总。

a. 汇总出各班级的学生人数，然后删除汇总结果。

b. 汇总出各班级各项成绩的平均分（结果保留两位小数），然后删除汇总结果。

②嵌套汇总。

a. 先汇总出各班级的学生人数，然后再汇总出各班级各项成绩的最高分、最低分与平均分（结果保留两位小数）。

b. 屏蔽明细数据，只显示分类汇总结果（见图15.3）。

	C	D	E	F	G	H	I	J
1	《数据库原理》成绩表							
2	性别	专业	班级	平时成绩	期考成绩	期评成绩	排名	期评等
9			计应12(1) 平均值	82.17	73.00	75.75		
10			计应12(1) 最小值	63	50	53.9		
11			计应12(1) 最大值	95	90	91.5		
12			计应12(1) 计数	6				
19			计应12(2) 平均值	85.50	78.17	80.37		
20			计应12(2) 最小值	78	65	70.4		
21			计应12(2) 最大值	95	92	92.9		
22			计应12(2) 计数	6				
26			计应12(3) 平均值	76.33	60.00	64.90		
27			计应12(3) 最小值	71	50	58.4		
28			计应12(3) 最大值	80	72	74.4		
29			计应12(3) 计数	3				
30			总计平均值	82.33	72.47	75.43		
31			总计最小值	63	50	53.9		
32			总计最大值	95	92	92.9		
33			总计数	15				

图15.3　嵌套汇总结果

> 操作提示：在分级显示区中，单击"折叠"按钮（"-"）可折叠明细数据，单击"展开"按钮（"+"）可展开明细数据。

（6）为数据清单创建数据透视表与数据透视图。

①为工作表"成绩—管理"建立一个副本"成绩—透视表"，并将其作为当前工作表。

②删除数据清单的汇总结果，并将各列调整至最合适列宽。

③统计各班级的男女生人数，并将结果置于数据清单的下方（见图15.4）。

> 操作提示：透视表的布局设计如图15.5所示。

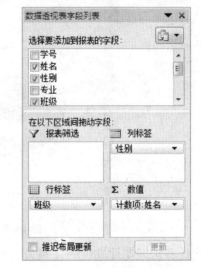

图15.4　各班级男女生人数图　　　　图15.5　透视表的布局设计

④以班级及男、女生人数为数据源，创建一个类型为"三维簇状柱形图"的嵌入式图表（见图15.6），图表标题为"各班级男女生人数"，分类轴标题为"班级"，数值轴标题为"人数"，同时将数值轴的主要、次要刻度单位均设置为"1"，并隐藏图表上的值字段按钮（在此为"计数项"）。

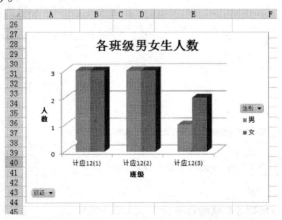

图15.6　各班级男女生人数三维簇状柱形图

操作提示：在图表中右击相应的值字段按钮，并在其快捷菜单中选择"隐藏图表上的值字段按钮"命令即可将其隐藏掉。若选择"隐藏图表上的所有字段按钮"命令，则可将图表上所有的字段按钮（包括值字段按钮、坐标轴字段按钮与图例字段按钮）都隐藏掉。

⑤以班级和人数总计为数据源创建一个类型为"三维饼图"的嵌入式图表（见图15.7），图表标题为"班级人数"，并显示包含有值与百分比的数据标签，隐藏图表上所有的字段按钮。

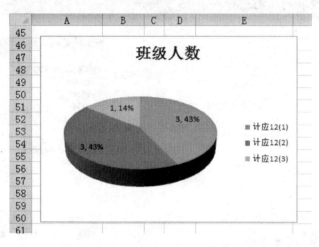

图15.7　班级人数三维饼图

⑥统计各班级期评成绩的最高分、最低分与平均分，并将结果置于新建工作表"透视表—期评成绩"中（见图15.8）。

操作提示：透视表的布局设计如图15.9所示。

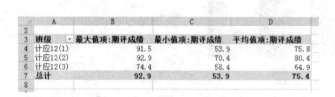

图15.8　各班级期评成绩统计数据　　　　　　图15.9　透视表的布局设计

（7）保存并关闭工作簿"数据库原理4.xlsx"。

(8) 将"数据库原理 4.xlsx"文件添加到压缩文件"△△□□□实验 15.rar"中,然后再将该压缩文件提交至教师机。

实验 16 工作表的页面设置与打印输出

一、实验目的

掌握对工作表进行页面设置和打印输出的基本方法及相关操作。

二、实验相关知识点

打印区域设置;页面设置;分页与分页预览;打印预览与打印。

三、实验内容

(1) 打开工作簿"数据库原理 4.xlsx",并将其另存为"数据库原理 5.xlsx"。
(2) 为"成绩—图表"工作表建立一个副本"成绩—打印",并将其作为当前工作表。
(3) 设置工作表的打印区域。要求只打印整个成绩表和"学生成绩簇状圆锥图",而不包括"学生成绩折线图"。
(4) 对工作表进行页面设置。其要求如下:
①使用 A4 纸,左、右边距为"1.5",上、下边距为"2.3"。
②缩放比例为"85%",在纸张上"水平居中、垂直居中"。
③页眉内容为"成绩表",页脚格式为"第 1 页,共 ? 页"。
(5) 对工作表进行分页预览。其要求如下:
①适当调整打印区域的大小。
②在成绩表和"学生成绩"之间进行分页。
(6) 对工作表进行打印预览。
(7) 对工作表进行打印输出。
(8) 保存并关闭工作簿"数据库原理 5.xlsx"。
(9) 将"数据库原理 5.xlsx"文件添加到压缩文件"△△□□□实验 16.rar"中,然后再将该压缩文件提交至教师机。

实验 17 Excel 综合测试

一、实验目的

检查对 Excel 2010 基础知识的掌握情况;检验对 Excel 2010 应用技能的掌握程度。

二、实验相关知识点

工作簿与工作表的基本操作;工作表数据的编辑与计算;工作表格式的设置;工作表数据的图表化;工作表数据清单的管理;工作表的打印区域设置与页面设置。

三、实验内容

（1）在自己的"学号 姓名"文件夹中新建一个工作簿"职工工资.xlsx"。

（2）将工作表Sheet1更名为"工资表"，并在其中输入如图17.1所示的数据。

	A	B	C	D	E	F	G	H	I	J
1	职工工资表									
2	编号	姓名	性别	部门	基本工资	奖金	补贴	水电费	住房供给金	实发金额
3	01001	李莉	女	教务处	1200	1000	500	56.50		
4	01002	李红	女	教务处	1000	800	300	60.00		
5	01003	张山	男	教务处	1050	850	350	55.50		
6	02001	黄芳	女	学生处	950	750	250	75.60		
7	02002	赵大军	男	学生处	800	500	200	80.30		
8	02003	覃川	男	学生处	1200	950	500	90.70		
9	02004	张小珏	女	学生处	1050	950	450	60.30		
10	02005	卢强	男	学生处	1250	1000	550	65.80		
11	03001	周怡	女	账务处	800	500	250	35.50		
12	03002	唐俊	男	账务处	850	550	300	10.60		
13	03003	黄锋	男	账务处	1000	850	450	15.80		
14	平均									
15	合计									

图17.1 工资表

（3）在"水电费"列之前插入一列"应发合计"，在"实发金额"列之前插入两列"医疗保险费"和"扣款合计"。

（4）数据计算。

①计算出每位职工的应发合计（应发合计＝基本工资＋奖金＋补贴）。

②计算出每位职工的住房供给金（住房供给金＝基本工资×10%）。

③计算出每位职工的医疗保险费（医疗保险费＝基本工资×5%）。

④计算出每位职工的扣款合计（扣款合计＝水电费＋住房供给金＋医疗保险费）。

⑤计算出每位职工的实发金额（实发金额＝应发合计－扣款合计）。

⑥计算出每个数据项的平均值与合计数。

（5）格式设置。

①将所有数值均设置为"保留两位小数"，并使用"千位分隔符"。

②将标题"职工工资表"按表格实际宽度"居中对齐"，文字设为"华文琥珀、红色、20磅"，行高设为"30磅"。

③将各列标题设置为单元格样式"标题1"，并填充"茶色"底纹，同时"居中对齐"。

④将表末两行的行标题（平均、合计）按"编号"列至"部门"列的实际宽度"居中对齐"，文字设为"蓝色、加粗、13磅"，填充"6.25%灰色"图案。

⑤将表格的边框线、标题行的下框线均设置为"浅绿色粗线"，"平均"行的上框线设置为"浅绿色双细线"，其余的框线设置为"浅绿色细线"。

⑥为"应发合计"、"扣款合计"列中的数据填充"茶色"底纹，为"实发金额"列中的数据填充"浅橙色"底纹。

⑦为"编号"列至"部门"列中的数据填充"茶色"底纹，并"居中对齐"。

⑧将各列调整至最合适列宽。

（6）数据图表化。

①以"应发合计"、"实发金额"为数据源创建一个类型为"带数据标记的折线图"的图表，图表标题为"职工工资折线图"，分类轴标题为"姓名"，数值轴标题为"工资"，

并嵌入到当前工作表中。

②添加"扣款合计"数据系列,并将其置于"实发金额"数据系列之前。

③在"实发金额"数据点的下方显示数据标签,并将其设置为"红色"。

④将图表背景的填充效果设置为"白色大理石"纹理。

⑤将图表拖放至"工资表"的下方,并适当调整其大小。

(7) 数据清单管理。

①将工作表 Sheet2 更名为"工资表清单",并从工作表"工资表"中复制单元格区域"B1:M13"的所有数据,从而创建一个数据清单,并将各列调整至最合适列宽。

②简单排序:按"实发金额"由高到低对职工记录进行排序。

③复合排序:按"部门"升序排序,"部门"相同的按"实发金额"降序排序,"实发金额"相同的按"基本工资"升序排序。

④自动筛选:筛选出"基本工资"与"奖金"均大于或等于 1 000 元的男职工记录,并将筛选结果复制到工作表 Sheet3 中。

⑤高级筛选:筛选出"基本工资"在 1 100 元以上的男职工记录、"基本工资"在 1 000 元以上的女职工记录以及"奖金"在 500 元以下的职工记录(筛选结果放置在原数据清单中),并将筛选结果复制到工作表 Sheet3 中。

⑥简单汇总:汇总出各部门的职工人数,并将汇总结果复制到工作表 Sheet3 中。

⑦嵌套汇总:先汇总出各部门的职工人数,然后再汇总出各部门各项数据的平均值,并将汇总结果复制到工作表 Sheet3 中。

⑧创建数据透视表与数据透视图。

a. 统计各部门的男女职工人数,并将结果置于数据清单的下方。

b. 以部门及男女职工人数为数据源创建一个类型为"簇状条形图"的嵌入式图表,图表标题为"部门职工人数",分类轴标题为"部门",数值轴标题为"人数",并隐藏图表上所有的字段按钮。

(8) 打印区域设置与页面设置。

①选定"工资表"为当前工作表。

②设置工作表的打印区域。要求只打印"职工工资折线图",而不包括"职工工资表"。

③对工作表进行页面设置。要求使用 A4 纸(横向),上、下、左、右边距均为"2",在纸张上"水平居中、垂直居中"。

(9) 保存并关闭工作簿"职工工资.xlsx"。

(10) 将"职工工资.xlsx"文件添加到压缩文件"△△□□□实验 17.rar"中,然后再将该压缩文件提交至教师机。

实验 18　Excel 与 Word 综合应用——邮件合并

一、实验目的

了解在 Word 中进行邮件合并的基本过程;掌握以 Excel 工作簿为数据源的邮件合并的方法。

二、实验相关知识点

数据源的创建；主文档的创建；合并域的插入；合并结果的预览；合并选项的设定；合并结果的保存。

三、实验内容

（1）创建数据源。

①启动 Excel 2010，新建一个 Excel 工作簿。

②在工作表 Sheet1 中输入如图 18.1 所示的数据。

	A	B	C	D	E	F	G	H	I	J	K
1	学号	姓名	性别	班级	语文	数学	物理	化学	英语	生物	政治
2	201200001	李丽	女	高三(1)	85	85	75	83	78	75	75
3	201200002	李成	男	高三(1)	80	90	89	78	88	80	78
4	201200003	赵华	女	高三(1)	78	95	70	69	90	85	80
5	201200004	黄芳	女	高三(2)	90	96	65	88	85	90	82
6	201200005	刘大军	男	高三(3)	65	92	60	83	78	85	85
7	201200006	覃小刚	男	高三(3)	78	88	66	93	75	80	78
8	201200007	周丽	女	高三(3)	80	75	89	76	85	86	80
9	201200008	卢铭	男	高三(3)	85	95	90	85	90	88	85
10	201200009	周小玉	女	高三(3)	83	88	85	90	89	75	68
11	201200010	唐小花	女	高三(3)	75	83	90	68	91	81	69

图 18.1　学生成绩表

③将工作表 Sheet1 更名为"成绩表"。

④以"学生成绩.xlsx"为文件名将工作簿保存到自己的"学号 姓名"文件夹中。

⑤退出 Excel 2010。

（2）创建主文档。

①启动 Word 2010，新建一个 Word 文档。

②单击"页面布局"→"页面设置"功能组右下角的"页面设置"按钮，打开"页面设置"对话框，并根据需要进行相应的页面设置。在此，要求将纸张的大小、方向与页边距分别设置为"16 开"、"横向"与"2 厘米"（上、下、左、右）。

③根据需要输入文档的内容。在此，要求制作如图 18.2 所示的"成绩报告单"。

操作提示：可利用表格对"成绩报告单"中的内容进行布局。

④以"学生成绩报告单.docx"为文件名将文档保存到自己的"学号 姓名"文件夹中，然后关闭之。

（3）在主文档中插入合并域。

①在 Word 2010 中重新打开主文档"学生成绩报告单.docx"。

②单击"邮件"→"开始邮件合并"功能组右下角的"选择收件人"按钮，并在其列表中选择"使用现有列表"命令，打开"选取数据源"对话框。

③选中数据源文件"学生成绩.xlsx"，单击"打开"按钮，打开"选择表格"对话框（见图 18.3）。

④选中"成绩表$"，单击"确定"按钮。

⑤将光标定位到主文档中需要插入数据的位置，然后单击"邮件"→"编写和插入域"功能组的"插入合并域"的下拉按钮，并在其列表中选择相应的合并域，从而将其插入到主文档中（见图 18.4）。

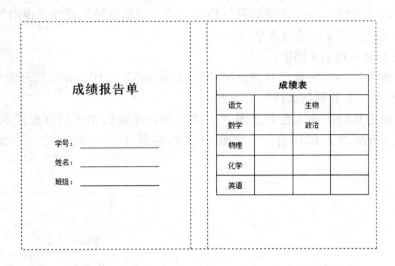

图 18.2　成绩报告单

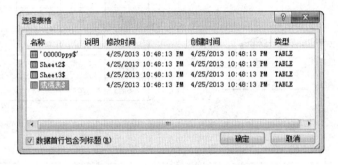

图 18.3　"选择表格"对话框

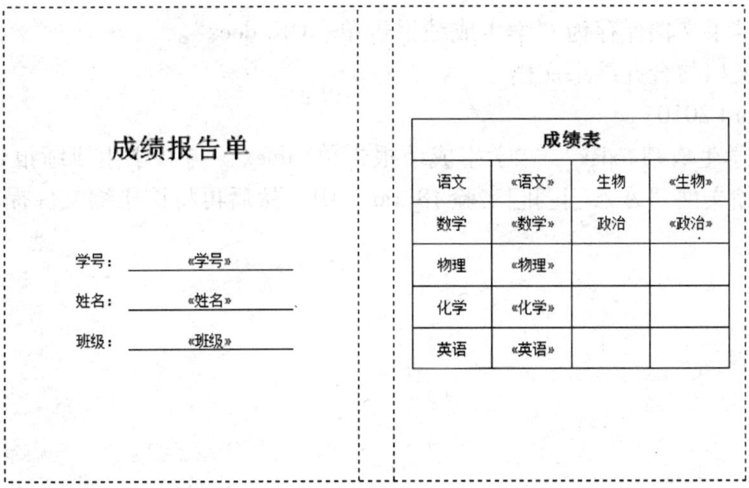

图 18.4　插入合并域后的成绩报告单

⑥单击"邮件"→"预览结果"功能组的"预览结果"按钮，预览邮件合并的结果。

⑦再次单击"邮件"→"预览结果"功能组的"预览结果"按钮,退出预览状态。

⑧保存主文档"学生成绩报告单.docx"。

(4) 把数据合并到主文档中。

①单击"邮件"→"完成"功能组的"完成并合并"按钮,并在其列表中选择"编辑单个文档",弹出"合并到新文档"对话框。

②选定需要合并的记录(在此选中"全部"单选按钮以指定所有的记录),然后单击"确定"按钮,最后进行邮件合并,并将合并结果置于自动新建的一个文档中(见图18.5)。

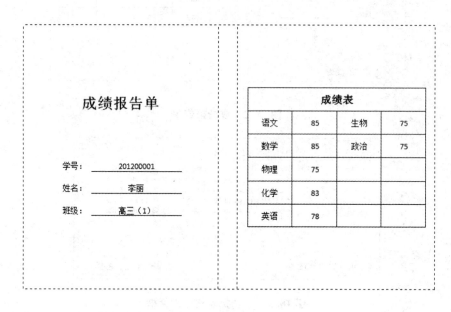

图18.5 邮件合并结果

③将合并结果文档保存为"学生成绩报告单—OK.docx"。

④关闭主文档与合并结果文档。

⑤退出 Word 2010。

(5) 将"学生成绩.xlsx"、"学生成绩报告单.docx"与"学生成绩报告单—OK.docx"文件添加到压缩文件"△△□□□实验18.rar"中,然后再将该压缩文件提交至教师机。

模块 4

Access 数据库管理

实验 19　Access 数据库和数据表的创建和编辑

一、实验目的

掌握 Access 的启动与退出方法；掌握创建 Access 数据库和数据表的方法；掌握主键的设定方法；掌握 Access 数据表结构的编辑、数据的输入和修改的方法；掌握创建和修改 Access 数据表之间关系的方法。

二、实验内容

准备工作：在 F:\盘创建一个名为"学号 姓名"的文件夹（若已经存在，则可略这步）。

任务 1　数据库的建立

创建一个名为"学籍管理.accdb"的数据库，并保存于"学号 姓名"文件夹中。

任务 2　数据基本表的建立（在"学籍管理"数据库中创建以下数据表）

(1) 使用设计视图创建"学生基本情况"表，其结构如表 19.1 所示。

表 19.1　"学生基本情况"表的结构

字段名	字段类型	宽　度	是否主键
学号	文本	2	是
姓名	文本	4	
性别	文本	1	
专业	文本	10	
出生年月	日期/时间		
政治面貌	文本	4	
籍贯	文本	5	
电话号码	文本	12	
简历	附件		

向"学生基本情况表"中输入如表 19.2 所示的数据。

表 19.2 "学生基本情况"表的数据

学 号	姓 名	性 别	专 业	出生年月	政治面貌	籍 贯	电话号码
1	李东方	男	外语	1994 年 6 月 30 日	团员	广西南宁	3654789
2	陈露	女	外语	1993 年 12 月 8 日	党员	广西来宾	3890214
3	张海帆	男	会计	1995 年 4 月 10 日		天津	3896745
4	吴小华	女	外语	1994 年 9 月 26 日	团员	广西博白	8512469
5	李小巧	女	会计	1993 年 4 月 3 日	团员	江西南昌	4897562
6	许华	女	信息	1994 年 5 月 3 日	党员	广西钦州	2365489
7	韦宏	男	信息	1994 年 3 月 12 日		广西北海	5647892
8	黄海东	男	工商	1993 年 12 月 1 日	团员	广西梧州	5698215
9	王五	男	工商	1995 年 7 月 8 日	团员	广西柳州	9854632
10	张兰	女	会计	1995 年 9 月 2 日	团员	广西桂林	8954621
11	崔玲	女	会计	1994 年 11 月 2 日		广西崇左	2354698

(2) 使用数据视图创建"学生成绩"表,其结构如表 19.3 所示。

表 19.3 "学生成绩"表的结构

字段名称	数据类型	字段大小	是否主键
学号	文本	2	是
数学	数字		
英语	数字		
C 语言程序设计	数字		
总分	计算		
平均分	计算	保留 1 位小数	

其中,总分的表达式为"数学+英语+C 语言程序设计",平均分的表达式是"总分/3"。

向"学生成绩表"输入如表 19.4 所示的数据。

表 19.4 "学生成绩"表的数据

学 号	数 学	英 语	C 语言程序设计
1	88	92	55
2	82	89	84
3	91	63	81
4	68	74	56

续表

学 号	数 学	英 语	C语言程序设计
5	89	64	70
6	85	75	68
7	95	68	88
8	50	54	72
9	85	84	82

任务3 数据表的编辑

按要求对数据表进行编辑并观察表记录的显示结果。

(1) 在"学生基本情况"表中进行下列操作。

①将"出生年月"的格式定义为"短日期"。

②将"学号"字段的标题定义为"学生编号"。

③将"性别"字段的默认值设为"男"。

(2) 在"学生成绩"表中进行下列操作。

①将数学、英语、C语言程序设计三个字段的字段大小设定为"单精度",小数点位数设定为"1位"。

> **操作提示**：①需同时将格式属性设置成"标准"或"固定",小数位数属性的设置才有效；②数字型的字段大小只能在设计视图中设置。

②给数学、英语、C语言程序设计三个字段设置限制条件时,使字段的值不能是负数,若为负数则显示"分数不能是负数,请重新输入!"的字样。

(3) 将"学生成绩"表中的"C语言程序设计"字段删除。

(4) 在"学生成绩"表中的"学号"字段之后增加以下一个字段。

字段名称	数据类型	字段大小	小数位数
计算机基础	数字	单精度	1

(5) 把"学生成绩"表中"总分"字段的计算表达式改为"数学+英语+计算机基础"。

(6) 修改表的记录。

①删除"学生基本情况"表中姓名为"崔玲"的记录。

②将"学生基本情况"表中的"吴小华"改为"吴晓华",专业字段值改为"信息"。

③在"学生成绩"表的末尾追加下列记录。

学号	计算机基础	数学	英语
10	82	85	80

(7) 按表 19.5 所示，分别给每个学生的"计算机基础"字段输入成绩。

表 19.5 "计算机基础"字段数据

学号	计算机基础	学号	计算机基础
1	75	6	65
2	68	7	54
3	81	8	70
4	82	9	68
5	75	10	82

任务 4　数据表之间关系的建立

通过"学号"字段给"学生基本情况"表和"学生成绩"表设置表间关系。

任务 5　数据的排序

打开"学生成绩"表，按"计算机基础"字段的成绩从高到低排序。

任务 6　数据的筛选

对"学生基本情况"表中"性别"字段的数据做以下筛选。

（1）筛选出女学生的记录。

（2）在"学生成绩"表中用高级筛选筛选出"英语≥80 分，且数学≥80 分"的学生。

任务 7　提交实验结果

关闭数据库。将"学籍管理.accdb"数据库文件提交到教师机。

实验 20　Access 2010 查询的创建

一、实验目的

熟练掌握创建 Access 2010 简单查询和选择查询的方法；了解建立参数查询和交叉查询的方法。

二、实验内容

打开实验 19 创建的"学籍管理.accdb"数据库文件，然后进行下列实验。

任务 1　简单查询

查找并显示会计专业学生的姓名、性别、专业和电话号码四个字段的内容，并以"学生查询"为查询名称保存。

任务 2　多表查询

根据数据表"学生基本情况表"和"学生成绩"，建立一个选择查询。其要求如下：

（1）查询包含有以下字段：学号、姓名、计算机基础、数学、英语，并增加"总评"字段（总评＝计算机基础×0.3＋英语×0.3＋数学×0.4）。

（2）将查询得到的记录按照"总评"的值从高到低排序，命名为"考试成绩"存盘。

操作提示：增加新字段的方法有两种：

①使用生成器的方法，步骤如下：

a. 先建立如图20.1所示的关系，然后在"查询设计器"的"英语"字段后面的一个空字段处右键单击，在弹出的快捷菜单中选择"生成器"。

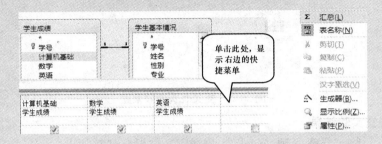

图20.1 弹出菜单中选择"生成器"

b. 在弹出的"输入表达式"对话框中计算总分的公式："计算机基础*0.3+数学*0.4+英语*0.3"。

c. 在"查询设计器"窗口中，把光标移到表达式所在列中，并把"表达式1"更名为"总评"，并在排序行指定排序次序，如图20.2所示。

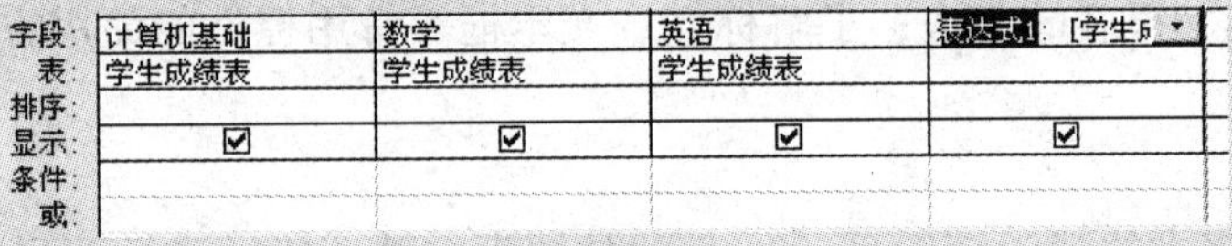

图20.2 查询设计器

②直接输入：在"查询设计器"的"英语"字段后面的一个空字段处输入：总评：计算机基础*0.3+数学*0.4+英语*0.3。

任务3 参数查询

创建一个名为"按姓名查询学生情况"的参数查询，使用者可以根据提供的学生姓名进行查询，查询的结果包括学号、姓名、各课程的分数、总分、平均分等字段的内容。

运行效果如图20.3、图20.4所示。

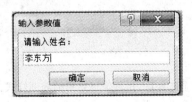

图20.3 输入参数值

任务4 建立交叉查询

利用交叉表查询向导统计各专业男女生的人数，效果如图20.5所示。

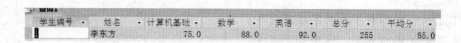

查询1

学生编号	姓名	计算机基础	数学	英语	总分	平均分
1	李东方	75.0	88.0	92.0	255	85.0

图 20.4　参数查询的结果

交叉查询表

专业	男	女
工商	2	
会计	1	2
外语	1	2
信息	1	1

图 20.5　交叉表查询效果图

任务 5　提交实验结果

关闭数据库。将“学籍管理 . accdb”数据库文件提交到教师机。

实验 21　窗体、报表的创建

一、实验目的

掌握建立窗体、报表的方法；了解标签、文本框等常用控件的使用方法。

二、实验内容

打开实验 20 完成的“学籍管理 . accdb”数据库文件，然后进行下列实验。

任务 1　窗体向导的使用

用窗体向导创建一个包含有学号、姓名、专业、总分和平均分字段的纵栏表式的窗体。

任务 2　通过向导建立报表

利用报表向导，为数据表“学生成绩”制作一个报表，效果如图 21.1 所示。

学生成绩

学号	计算机基础	数学	英语
10	82.0	85.0	80.0
1	75.0	88.0	92.0
2	68.0	82.0	89.0
3	81.0	91.0	63.0
4	82.0	68.0	74.0

图 21.1　报表输出结果的局部样式

任务 3　用设计视图建立报表

创建一个名为“综合分”的报表，其包含有学号、数学、英语、计算机基础及综合分等字段，其中，综合分 = 计算机基础 ×0.4 + 数学 ×0.3 + 英语 ×0.3。其要求如下：

（1）在报表页眉中显示报表的标题：“学生成绩表”，要求其字形为“幼圆”，字体颜色为“红色”，字号为“18”。

(2) 每个学生的成绩之间用直线间隔。
(3) 通过打印预览观察其效果。其效果如图 21.2 所示。

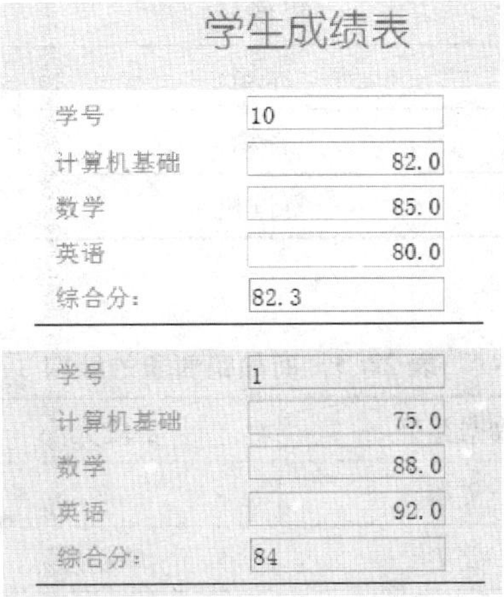

图 21.2　报表局部

任务 4　提交实验结果

关闭数据库。将"学籍管理.accdb"数据库文件提交到教师机。

实验 22　Access 数据库综合测试

一、实验目的

检查学生对 Access 2010 数据库、数据表、查询等知识的掌握情况。

二、实验内容

(1) 准备工作：在 F:\盘创建一个名为"学号 姓名"的文件夹（若已经存在，则可略去这步）。

(2) 启动 Access 2010，在"学号 姓名"文件夹下创建一个名为"销售管理.accdb"的数据库。

(3) 在"销售管理.accdb"数据库中建立两个数据表，表名分别为"商品表"和"商品销售表"。其内容详见表 22.1～表 22.4 所示：

①商品表。

表 22.1　商品表的结构

字段名称	数据类型	字段大小	是否主键
货号	文本	2	是
货名	文本	18	
生产单位	文本	20	

表 22.2　商品表的数据

货号	货名	生产单位
01	摄像机	深圳三三电器公司
02	冰箱	松下电器公司
03	音箱	深圳三水公司
04	复读机	中国华丽公司

②商品销售表。

表 22.3　商品销售表的结构

字段名称	数据类型	字段大小	是否主键
货号	文本	2	是
单价	数字	单精度	
数量	数字	整型	
销售日期	日期/时间型	长日期	

表 22.4　商品销售表的数据

货号	单价	数量	销售日期
01	5 000	25	2010 - 01 - 01
02	2 000	6	2010 - 01 - 01
03	5 500	10	2010 - 01 - 01
04	1 200	20	2010 - 01 - 01

注：以上各表均不是效果图

（4）修改"商品表"的结构，将"货名"改为"商品名称"，并增加以下"仓库号"字段。

字段名称	数据类型	字段大小
仓库号	文本	6

（5）将货号为"04"的记录删除，并在表后追加以下记录。

货号	商品名称	生产单位	仓库号
04	电视机	上海电视机总厂	2

（6）创建一个名为"销售金额"的选择查询，其要求如下：
①字段包括货号、商品名称、单价、数量及金额等字段，其中，金额 = 单价 × 数量。
②要求显示的是金额≥50 000 的记录。
（7）关闭数据库。
（8）将"销售管理.accdb"数据库文件提交给教师机。

模块 5

网络和 Internet 应用

实验 23　Windows 7 局域网的使用

一、实验目的

掌握局域网中计算机名、网络参数的查看和设置方法；掌握网络、网络共享资源的使用方法。

二、实验相关知识点

控制面板的网络和共享中心功能；本地连接属性的查看和修改；远程桌面连接工具的使用。

三、实验内容

(1) 在最后一个硬盘分区的"学号 姓名"文件夹中创建一个文件夹"实验23"。

> **注**：如果没有"学号 姓名"文件夹，则必须先建立该文件夹。其中，学号、姓名用学生本人的学号、姓名来代替。

(2) 查看本计算机名、工作组名。

在"实验23"文件夹中新建一个 Word 文件"lab23 – result.docx"，打开该文件，在文档中输入本计算机名、工作组名，其格式为：

计算机名："×××××××"

工作组名："×××××××"

> **操作提示**：右击桌面的"计算机"图标→"属性"，可看到计算机名和工作组名。

(3) 查看本计算机的 IP 信息。

选择"开始"→"控制面板"→"网络和共享中心"→"本地连接"项，单击"详细信息(E)…"按钮，看到本机的 IP 地址、子网掩码、默认网关等 IP 信息，按【Ctrl】+【C】复制该框的内容，粘贴到"lab23 – result.docx"文档的末尾。同时记下 IP 地址、子网掩码、默认网关，用于下面第 4 步。

(4) 设置本计算机的网络参数。

①修改本机的网络参数为下列内容。

IP 地址：192.168.10.n　　　　（n 为自己学号的最后两位数字或老师指定的 IP）
子网掩码：255.255.255.0
默认网关：192.168.10.254　　（或者由老师指定网关）

②打开 IE 浏览器，在地址栏输入"www.baidu.com"并按回车键。观察能否显示百度主页内容。然后复制 IE 浏览器窗口，粘贴到"lab23 – result.docx"文档的末尾，并在图形的下方输入文字"IP 更改后的 IE 窗口"。

如果不显示百度主页，则将 IP 地址、子网掩码、默认网关的值修改为第 3 步相应的内容。然后访问百度网站，观察是否显示百度主页。复制 IE 浏览器窗口，粘贴到"lab23 – result.docx"文档的末尾，并在图形的下方输入文字"恢复 IP 后的 IE 窗口"。

（5）共享文件夹的设置。

将"实验 23"文件夹设置为共享文件夹，其共享权限为"读取"，用户是"Everyone"。

（6）用桌面的"网络"工具打开计算机的共享文件夹"实验 23"。用此时的资源管理器窗口图形，并粘贴到"lab23 – result.docx"文档的末尾，然后在图形的下方输入文字"网络共享文件夹实验 23"。

说明：

①如果不能打开网络上的计算机或共享文件夹，出现"未授予用户在此计算机上的请求登陆类型"错误提示，则按照以下步骤进行操作，再重试。

a. 开启"Guest"账户。其方法是：依次单击"控制面板"→"管理工具"→"计算机管理"命令，打开计算机管理窗口，在窗口中选择"本地和组"→"用户"项，双击"Guest"账户，去掉"账户已禁用（B）"复选框的勾，然后关闭窗口。

b. 设置本地安全策略。单击"控制面板"→"管理工具"→"本地安全策略"，打开本地安全策略窗口，在左窗格中依次选择"本地策略"→"用户权限分配"文件夹，然后在右窗格中双击"拒绝从网络访问这台计算机"选项，删除其列表框的"Guest"用户。

c. 在本地策略窗口的左窗格中单击"安全选项"文件夹，在右窗格中双击"网络访问：本地账户的共享和安全模型"选项，选择"经典 – 对本地用户进行身份验证，不改变其本来身份"选项。双击"账户：使用空白密码的本地账户只允许进行控制台登录"选项，选择"已禁用"项，确定后关闭窗口。

②如果在操作中出现"无法访问。您可能没有权限使用网络资源。请与这台服务器的管理员联系"错误提示，则在所共享的文件夹或 NTFS 格式的磁盘分区上右键单击，选择"属性"→"安全"项，在"组或用户名"列表中单击"编辑"按钮，再单击"添加"按钮，在"输入对象名称来选择"中输入"Everyone"，确定后关闭窗口。

（7）远程桌面连接的使用（选做）。

网络的一台计算机（控制端）通过远程桌面功能可以实时地操作网络的另一台计算机（受控端），可在其上面安装软件、运行程序、打开文件等。

①将本计算机设置为允许其他计算机进行远程控制。

依次选择"开始"→"控制面板"→"系统"→"远程桌面"项，显示"系统属性"对话框，如图 23.1 所示。选中"允许远程协助连接这台计算机（R）"复选框和"允许运行任意版本远程桌面的计算机连接（较不安全）"单选按钮。

②添加本计算机的标准用户账户，用户名为"user"，密码为"123"。

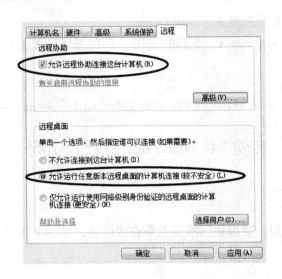

图 23.1　系统属性对话框

依次选择"开始"→"控制面板"→"用户账户"→"管理其他账户"→"创建一个新账户",按照提示,输入用户名"user"以及密码"123"。然后确定。

③用"远程桌面连接"功能连接到旁边的计算机。

(前提：旁边的同学先完成①、②步)。

a. 依次选择"开始"→"所有程序"→"附件"→"远程桌面连接"项,显示如图 23.2 所示的窗口。

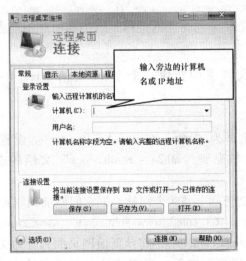

图 23.2　远程桌面连接窗口

b. 在"计算机"框输入旁边的计算机名或 IP 地址(可询问旁边的同学),出现提示输入用户名"user"和密码"123",然后确定。

提示：在图 23.2 的窗口中,必须在"本地资源"选项卡中选中"剪贴板(L)"复选框。

c. 打开资源管理器,查看 E 盘内容。

d. 复制整个屏幕，关闭远程桌面连接。

e. 粘贴到"lab23 – result.docx"文档的末尾，并在图形的下方输入文字"远程桌面连接的内容"。

(8) 提交实验结果。

保存、关闭"lab23 – result.docx"文档，并将文档"lab23 – result.docx"提交到教师机。

实验 24 Internet 资源的访问

一、实验目的

掌握 IE 浏览器的使用；掌握使用搜索引擎查找信息；掌握 FTP 文件的下载与上传。

二、实验相关知识点

浏览器的使用；FTP 文件的传输；搜索引擎；博客的申请与使用；网盘的申请与使用。

三、实验准备

教师在教师机上建立一个匿名 FTP 服务器，允许匿名用户上传文件和查看文件列表。

四、实验内容

(1) 在最后一个硬盘分区的"学号 姓名"文件夹中创建一个文件夹"实验 24"。

> **注：**如果没有"学号 姓名"文件夹，则必须先建立该文件夹。其中，学号、姓名用学生本人的学号、姓名来代替。

(2) 在"实验 24"文件夹中新建一个 Word 文档"lab24 – result.docx"，并打开该文档。

(3) IE 浏览器的使用。

①设置 IE 浏览器的主页为"http：//www.baidu.com"。设置好后，把 IE 的"Internet 选项"对话框窗口复制、粘贴到"lab24 – result.docx"文档的末尾，并在下方输入文字"IE 主页"。

②收藏夹的使用。分别访问下列 4 个网站，把它们添加到收藏夹中。

www.sina.com.cn   www.163.com   www.sohu.com   www.xinhuanet.com

③进入新浪网（www.sina.com.cn），将该新浪网页面另存为文本文件"sina.txt"，保存到"实验 24"文件夹中。将页面中任一张图片另存到"实验 24"文件夹中，其文件名是"sinaphoto.jpg"。

④删除本机的 Internet 临时文件，并将 Internet 临时文件存放的默认目录改为"D：\temp"，设置 IE 临时文件夹使用的磁盘空间为 200MB。

(4) 资料搜索和下载。

①在 IE 中进入百度 MP3 搜索页面（http：//mp3.baidu.com）。输入自己喜爱的歌名，按回车键。在搜索结果中，下载其中一首 MP3，保存到"实验 24"文件夹中，并以相应的

歌名为文件主名。

②在 IE 中进入百度搜索页面（www.baidu.com）。搜索以"计算机一级考试"为关键词的相关资料，把搜索结果的第一个页面分别以"网页，全部"、"网页，仅 HTML"、"文本文件"三种文件类型保存到"实验 24"文件夹中，文件名都统一为"计算机一级考试"。打开两个相关的网页，并保存到"实验 24"文件夹中，文件名取默认的文件名。

（5）打开 Windows 资源管理器，进入文件夹"C:\Users\Administrator"（可能显示为："C:\用户\Administrator"）文件夹，将"Favorites"（可能显示为"收藏夹"）文件夹复制到"实验 24"文件夹中。

（6）FTP 文件的下载。

①在绿色软件联盟网站（www.xdowns.com）搜索 CuteFTP 软件，并下载。然后安装 CuteFTP 软件。

②运行 CuteFTP 软件，并连接到北京大学 FTP 服务器（ftp.pku.edu.cn），下载任何一个文件到"E:\"文件夹。对 CuteFTP 窗口抓图、粘贴到"lab24 - result.docx"文档中。

（7）保存、关闭"lab24 - result.docx"文档。将此文档复制到以"学号.docx（学号为本人的学号）"为文件名的 Word 文档文件中。

（8）FTP 文件的上传（选做）。

在 CuteFTP 软件中连接到老师指定的 FTP 服务器（其 IP 地址由老师指定），将第 7 步产生的"学号.docx"（学号为自己的学号）文件上传到指定的 FTP 服务器。

（9）博客空间的使用（选做）。

在新浪博客（blog.sina.com.cn）、网易博客（blog.163.com）、百度空间（hi.baidu.com）或搜狐博客（blog.sohu.com）中申请一个博客账户，记下用户名和密码等信息。然后登录进入自己的博客空间，尝试发表一篇博客或转载一篇博客。

（10）网盘空间的使用（选做）。

在新浪微盘（vdisk.weibo.com）、腾讯微云（www.weiyun.com）、金山快盘（www.kuaipan.cn）或 360 云盘等网盘网站中申请一个网盘账户。然后登录进入网盘，尝试上传第 7 步产生的"学号.docx"（学号为自己的学号）文件。

（11）提交实验结果。

将"实验 24"文件夹压缩为一个以"实验 24.rar"为文件名的压缩文件，并将此压缩文件"实验 24.rar"提交到教师机。

实验 25 使用 Foxmail 接收和发送电子邮件

一、实验目的

掌握 Foxmail 7.0 电子邮件客户端软件的基本使用方法；学会利用 Foxmail 发送邮件和接收邮件。

二、实验准备

如果学生机没有安装 Foxmail 7.0 软件，那么将"Foxmail.zip"文件发送到每台学生机的"E:\"文件夹，由学生对该压缩文件进行解压，或者学生从"http://foxmail.com.cn"下载。

三、实验内容

（1）如果最后一个硬盘分区上没有"学号 姓名"文件夹，则需建立该文件夹。其中，学号、姓名用学生本人的学号、姓名来代替。

（2）申请免费电子邮箱。

在 IE 浏览器上打开网易 126（www.126.com）、新浪（mail.sina.com.cn）等免费邮箱网站，在该网站上申请一个免费电子邮箱，记下邮箱用户名、密码等信息。也可以使用 QQ 号作为电子邮箱用户名，其电子邮箱地址格式为"QQ 号@qq.com"。

下面以网易 126 邮箱为例来说明，其他电子邮箱的使用方法与此类似。

在 IE 浏览器的地址栏中输入"www.126.com"，打开 126 网易邮箱页面，单击页面中的"注册"按钮，显示出电子邮箱注册页面，如图 25.1 所示。在该注册页面上输入需要申请的邮箱用户名、密码等信息，单击"立即注册"按钮，按照页面的提示进行操作，完成电子邮箱的申请。然后自动登录 126 网易邮箱，此时，可以进行在线写信、收信，查看电子邮件内容。单击页面顶部的"设置"按钮，再单击左下角的"POP3/SMTP/IMAP"链接，可以查到 126 网易邮箱的 POP3 服务器为"pop.126.com"，SMTP 服务器为"smtp.126.com"，这两个服务器名称在 Foxmail 中使用。

图 25.1　126 网易邮箱注册页面

注：如果使用 QQ 邮箱，则必须启用 POP3、SMTP 服务（使用其他服务器的邮箱，可忽略这步）。其方法是：在浏览器地址栏中输入 QQ 邮箱的网址：mail.qq.com，输入 QQ 号和 QQ 密码，登录自己的 QQ 电子邮箱，依次选择"设置"→"账户"链接，在页面中找到图 25.2 所示的区域，选中"POP3/SMTP 服务"复选框。然后保存更改。

图 25.2　在线 QQ 邮箱

（3）使用 Foxmail 接收和发送电子邮件。

①配置 Foxmail 电子邮箱。启动 Foxmail 7.0 软件，根据屏幕的提示，依次输入自己的 E-mail 地址、电子邮箱的密码，最后单击"完成"按钮，完成新账户的设置。

也可以启动 Foxmail 7.0 软件进入其窗口后，选择"工具"→"账户管理"菜单项，单击"新建"按钮，显示新建账号向导对话框，如图 25.3 所示，输入上述申请的 E-mail 地址，单击"下一步"按钮，显示一个如图 25.4 所示的对话框，邮箱类型选择为"POP3"，输入自己邮箱的密码，单击"下一步"按钮，最后单击"完成"按钮。

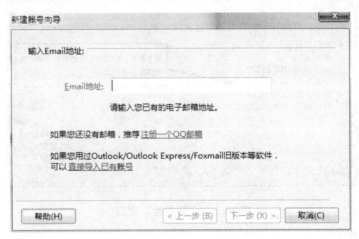

图 25.3　输入 E-mail 地址对话框

②撰写电子邮件，根据图 25.5 所示的提示输入邮件内容、学生本人信息以及日期。

③添加附件。将实验 24 中的"lab24 - result.docx"文件作为附件添加到邮件中。

④保存邮件。单击工具栏的"保存草稿"按钮，将邮件保存到草稿箱。

⑤导出邮件。选中草稿箱中刚才保存的邮件，选择"文件"→"导出"→"邮件"菜单项，将邮件导出到"学号 姓名"文件夹中，邮件文件主名为学生自己的学号。

⑥发送邮件。发送草稿箱的邮件。

⑦接收邮件。单击工具栏的"收取"按钮。查看收件箱的邮件内容。

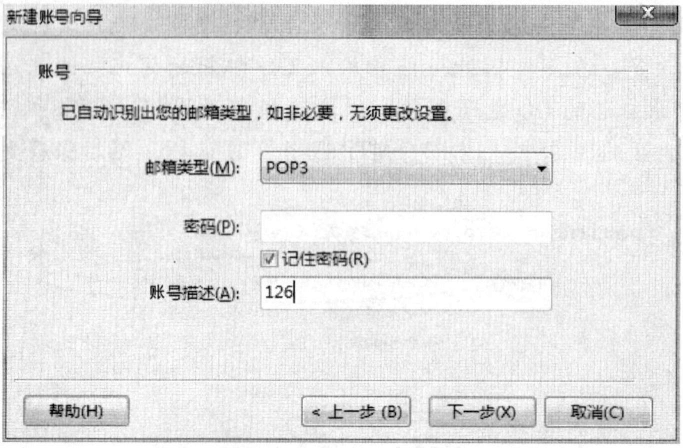

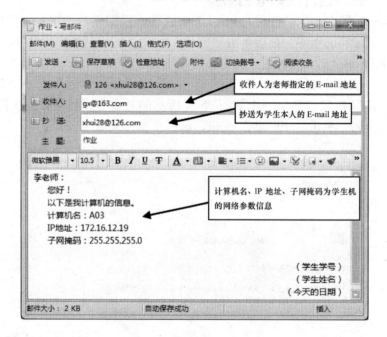

图 25.4　输入电子邮箱密码对话框

图 25.5　"写邮件"窗口

（4）提交实验结果。

将"学号 姓名"文件夹中的电子邮件文件"学号.eml"（学号为学生学号）提交到教师机。

实验 26　小型局域网的组建（选做）

一、实验目的

学会局域网的组建方法。

二、实验准备

计算机若干台；网卡若干块；交换机或带 LAN 接口的路由器一台；制作好的双绞线若干根（含 RJ45 水晶头）。

三、实验内容

（1）设备安装连接。
①将网卡插入到计算机的扩展槽。
②双绞线一端连接到网卡的接口，另一端连接到交换机的接口。
（2）给计算机、交换机通电。
（3）网卡 IP 参数设置。假设网络地址为"192.168.1"，则将各计算机的 IP 地址分别设置为"192.168.1.1，192.168.1.2，192.168.1.3，…，192.168.1.254"。
（4）用 ping 命令测试网络的计算机之间是否连通。
ping 命令格式为："ping　IP 地址"。
其中，IP 地址为要测试的计算机 IP 地址。
单击"开始"按钮，在"搜索程序和文件"框中输入"cmd"然后按回车键，进入 DOS 提示符状态。输入命令 ping 命令，如"ping 192.168.1.2"，按回车键。如果显示返回信息，表明计算机之间是连通的，如图 26.1 所示。然后，可以使用实验 23 的方法操作局域网。

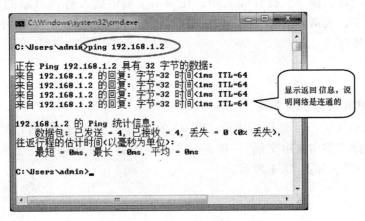

图 26.1　ping 命令执行结果

模块 6

PowerPoint 演示文稿的制作

实验 27　使用 PPT 制作简易的个人简历演示文稿

一、实验目的

掌握 PowerPoint 2010 演示文稿的创建、打开、保存和关闭的方法；掌握 PowerPoint 2010 演示文稿的基本编辑技巧。

二、实验相关知识点

演示文稿的创建、保存、打开和关闭；在演示文稿中插入各种对象的方法，其包括文本、图片、艺术字、表格、图表、SmartArt 图形、声音和影片等；幻灯片的插入、删除、复制和移动等编辑技巧。

三、实验内容

任务 1　创建和保存演示文稿

（1）创建演示文稿。启动 PowerPoint 2010，在文件功能区选择"新建"选项，在右边的任务窗格中选择"空白演示文稿"，单击"创建"按钮。标题输入"个人简历"，副标题输入"作者：王明"，如图 27.1 所示。

个人简历

作者：王明

图 27.1　新建演示文稿

（2）保存文件。将文件命名为"P27_1.pptx"，并保存到最后一个硬盘的"学号 姓名"

文件夹中。

(3) 关闭退出。

任务 2　编辑演示文稿

(1) 打开"P27_1.pptx"文件,创建新幻灯片,选择"标题和内容"的 Office 主题,在幻灯片的标题上输入"目录",文本添加如图 27.2 所示的内容,然后调整文本框的大小和内容,并在该幻灯片上插入一幅剪贴画。

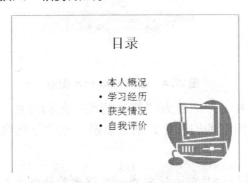

图 27.2　插入文本和剪贴画

(2) 创建新幻灯片,选择"标题和内容"的 Office 主题,将标题文本框删除,在标题的位置插入艺术字"个人概况"。并插入一个四行四列的表格。将表格样式设置为"浅色样式 1—强调 1"。按图 27.3 所示的提示输入表格内容,并将表格内的文字设置为"宋体、20 号"。第一列与第三列加粗。

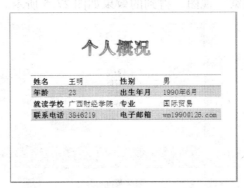

图 27.3　插入艺术字和表格

(3) 创建新幻灯片,选择"标题和内容"的 Office 主题,在标题文本框中输入"获奖情况"。

(4) 创建新幻灯片,选择"仅标题"的 Office 主题,在标题文本框中输入"学习经历",并添加"SmartArt 图形"。

> **操作提示:**单击添加"SmartArt 图形",在打开的"选择 SmartArt 图形"窗口中选择"流程"→"分段流程"项。

(5) 在"分段流程"中添加如图 27.4 所示的文字。

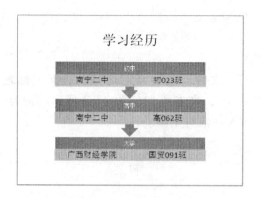

图 27.4　插入 SmartArt 图形

（6）复制第四张幻灯片（即标题为"获奖情况"的幻灯片），将鼠标移动到第五张幻灯片（即标题为"学习经历"的幻灯片）前，单击"粘贴"选项，插入一张新幻灯片，并将标题改为"自我评价"。

> **操作提示：** 在第五张幻灯片前右键单击，在弹出的快捷菜单中选择"粘贴"→"使用目标主题"选项。

（7）将最后一张幻灯片（即标题为"学习经历"的幻灯片）移动到"本人概况"幻灯片的下面。

（8）在标题为"获奖情况"和"本人概况"的幻灯片中输入如图 27.5 所示的内容。

（9）单击"幻灯片浏览"视图，得到的效果如图 27.5 所示。

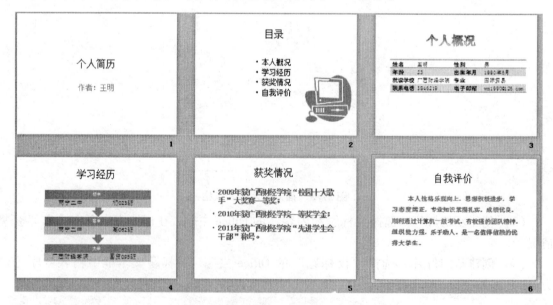

图 27.5　演示文稿的效果图

(10) 将该演示文稿保存，并关闭 PowerPoint 2010。
(11) 将"P27_1.pptx"文件提交到教师机。

实验 28　PPT 演示文稿的美化

一、实验目的

掌握 PowerPoint 2010 演示文稿中主题的使用方法；为演示文稿设置母版；学习自定义动画、超链接和演示文稿的放映方法。

二、实验相关知识点

演示文稿的主题使用方法；设置母版；演示文稿中动画、超链接的使用方法；设置演示文稿的放映。

三、实验内容

任务 1　为演示文稿设置主题

(1) 启动 PowerPoint 2010，打开实验 27 创建的演示文稿"P27_1.pptx"。
(2) 将"P27_1.pptx"的所有幻灯片设置为"气流"主题。
(3) 保存该演示文稿。

任务 2　为演示文稿设置母板

(1) 打开演示文稿"P27_1.pptx"，选择第一张幻灯片，单击"视图"→"母版视图"→"幻灯片母版"命令，进入的是第一张幻灯片的"母版视图"状态。
(2) 编辑第一张幻灯片的"母版标题样式"，将颜色设为"穿越"、字体设为"波形"、效果设为"行云流水"。背景样式选择为"11"。
(3) 设置其他幻灯片的母版。

> **操作提示**：鼠标移动到"幻灯片母版"的左窗口，鼠标下方会出现提示，找到鼠标提示为"标题和内容 版式：由幻灯片 2~3，5~6 使用"的那个幻灯片母版，对该母版进行设置。右键单击"编辑母版标题样式"，在其快捷菜单中选择"设置文字效果格式"，在打开的对话框中选择"文本填充"→"图片或纹理填充"，选择"绿色大理石"纹理；阴影选择"浅蓝，深色 75%"。设置好后单击"关闭"按钮。

按住鼠标左键拖动光标，将"单击此处编辑母版文本样式"选中，然后右键单击选中"设置文字效果格式"；在打开的对话框中选择"文本填充"→"纯色填充"，在填充颜色中选择"海螺，深色 25%"，再在"发光和柔化边缘"中预设"海螺，5pt 发光"选项，大小设置为"3 磅"，透明度为"30%"。设置好后单击"关闭"按钮。

还可根据个人喜好设置其他效果。然后关闭母版视图，则可看到幻灯片 2、5、6 的标题和文本变成上述效果（幻灯片 4 使用的不是"标题和内容"版式，所以上述设置对幻灯片 4 不起作用；幻灯片 3 的标题是艺术字，上述设置对其也不起作用）。

(4) 保存并关闭该演示文稿"P27_1.pptx"。

（5）打开演示文稿"P27_1.pptx"，将该文件另存为"P27_2.pptx"，下述操作在"P27_2.pptx"中进行。

（6）为幻灯片设置页脚。

> **操作提示**：单击"插入"→"文本"→"页眉页脚"命令，在打开的"页眉页脚"对话框中选中"日期和时间"、"幻灯片编号"和"页脚"复选框，并在"页脚"文本框中输入"王明个人简历"字样。若选中"标题幻灯片中不显示"复选框，则在幻灯片的第一页不显示上述页脚。设置完后单击"全部应用"，则该演示文稿的所有幻灯片都会显示上述页脚，若单击"应用"，则只有当前幻灯片显示上述页脚。

（7）保存并关闭该演示文稿"P27_2.pptx"。

任务3　为演示文稿定义动画和超链接

（1）打开演示文稿"P27_2.pptx"，选择第一张幻灯片，选中"个人简历"的标题文本框，然后单击"动画"→"动画"→"进入"→"缩放"；选中"作者：王明"文本框，将其设置成"进入"→"形状"。并将"作者：王明"文本框的动画"开始"设置为"上一动画之后"。

（2）选中第二张幻灯片，单击选中文本框，将其动画设置成"进入"→"缩放"，持续时间设为"1秒"。

（3）打开动画窗格，将"本人概况"、"学习经历"、"获奖情况"、"自我评价"的开始时间设置为"从上一项之后开始"；将"计时"→"期间"设置为"快速（1秒）"。

（4）选中第二张幻灯片的"目录"标题框，设置动画为"强调"→"脉冲"，开始设置为"上一动画之后"。单击"播放"按钮观看动画效果。

（5）在动画窗格中，将"标题1：目录"拖动到"内容占位符"之前。单击"播放"按钮观看动画效果。

（6）保存该演示文稿。

（7）在第二张幻灯片中将"本人概况"超链接到第三张幻灯片中；将"学习经历"超链接到第四张幻灯片中；将"获奖情况"超链接到第五张幻灯片中；将"自我评价"超链接到第六张幻灯片中。

（8）分别在第三、第四、第五、第六张幻灯片的左下角放置一个动作按钮◁，并将其超链接接到第二张幻灯片中。

（9）在第三张幻灯片里将"广西财经学院"超链接接到网页"http://www.gxufe.cn"中。

（10）保存并关闭该演示文稿。

任务4　自定义放映演示文稿

（1）打开"P27_1.pptx"，新建自定义放映，将第一、第二、第三、第五、第六张幻灯片放入自定义放映中。

（2）调整幻灯片的放映顺序，将"自我评价"放在"获奖情况"的前面。

（3）保存该自定义放映，命名为"简易个人简历"。

（4）播放"简易个人简历"，查看放映效果。

（5）保存并关闭该演示文稿。

任务5　提交实验结果

将"P27_1.pptx"和"P27_2.pptx"两个文件压缩为一个压缩文件"实验28.rar"，然后提交文件"实验28.rar"到教师机。

模块 7

信息检索与网页设计

实验 29 互联网信息检索

一、实验目的

熟练掌握百度高级搜索功能的综合应用；熟练掌握 Google 高级搜索功能的综合应用。

二、实验相关知识点

本实验综合运用了互联网信息检索的技术，加强对各种互联网搜索引擎搜索技术的理解，重点在于百度高级搜索功能和 Google 高级搜索功能的应用。

三、实验内容

任务 1 百度高级搜索功能的综合应用

百度首页中没有百度高级搜索直接的链接入口，可在 IE 浏览器地址栏中输入百度高级搜索的 "URL：http://www.baidu.com/gaoji/advanced.html"，也可以在百度上搜索"百度高级搜索"，从百度搜索的结果中进入百度高级搜索主页，如图 29.1 所示。

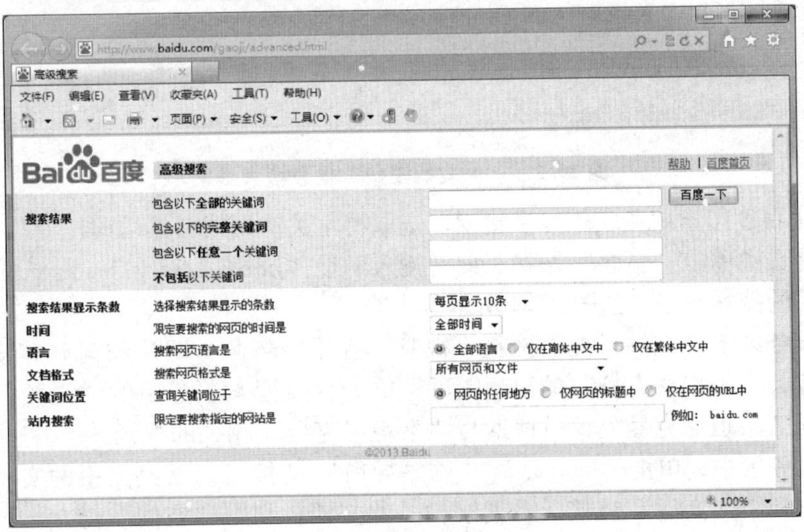

图 29.1 百度高级搜索首页

（1）在百度站内查询有关戴安娜王妃的最近一年的 RTF 文件，在图 29.1 的页面上设置如下内容。

①在"包含以下全部的关键词"搜索框中输入"戴安娜王妃"。

②在"限定要搜索的网页的时间是"下拉列表中选择"最近一年"。

③在"搜索网页格式是"下拉列表中选择"RTF 文件"。

④在"限定要搜索指定的网站是"输入框中输入"baidu.com"。

单击"百度一下"按钮，则搜索符合上述条件的网页链接，并在搜索结果的页面中生成检索式"filetype：rtf site：(baidu.com) 戴安娜王妃"，并显示相关的搜索结果。检索结果与图 29.2 所示类似。

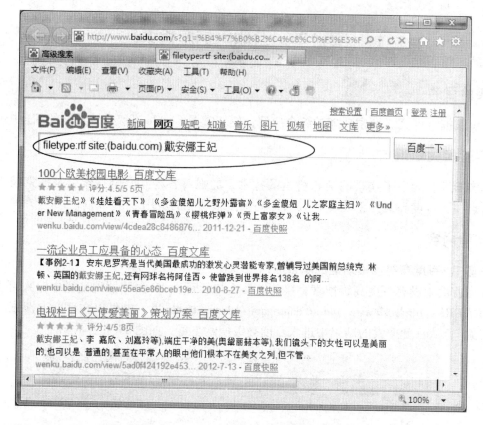

图 29.2 "戴安娜王妃"信息检索结果

（2）利用百度搜索服务实施专项检索。选取特定关键词或自然语词任意三个。

在百度首页中单击"更多"链接，或者输入网址"http://www.baidu.com/more/"，可看到百度相关的搜索服务，如图 29.3 所示。

在搜索服务区中，提供了搜索网页、视频、音乐、新闻、图片和词典等搜索功能。例如，要搜索有关"泰坦尼克号"的视频，可先单击百度搜索服务中的"视频"链接，然后再输入关键词"泰坦尼克号"即可搜索与"泰坦尼克号"相关的视频。

在导航服务区中，单击"hao123"、"网站导航"链接可以看到大量的实用网址。在社区服务区中，利用"文库"链接，可搜索相关的文档；利用"空间"链接，可申请百度空间，用于存储自己的文档，等等。

图 29.3 百度搜索服务

任务 2　谷歌高级搜索功能的综合应用

在谷歌中，同样有一些功能可以帮助用户进行更为全面和贴近需要的搜索。

谷歌会对搜索的结果进行分类，便于用户进行更进一步的查询；可以同时在搜索框中输入多个关键字来进行查询；网页快照与相似网页，这项功能的使用和百度相同；在谷歌输入栏中输入"Link：网址"格式的关键字，即可查找相关网站推广的链接。

进入谷歌主页（http：//www.google.com.hk/），单击页面顶部右侧的■按钮，再单击"高级搜索"链接，或直接输入谷歌高级搜索页面的"URL：http：//www.google.com.hk/advanced_search? hl = zh&authuser = 0"，如图 29.4 所示。

（1）查询有关法国的葡萄酒，在"高级搜索"页面中设置下列搜索选项内容。

在"以下所有字词："框中输入文字"葡萄酒"，在"语言："下拉列表中选择"法语"，"地区："下拉列表中选择"法国"。单击"高级搜索"按钮，检索结果与图 29.5 类似。

（2）利用谷歌学术高级搜索功能搜索 2008—2012 年有关信息化对企业增值作用调查与分析的学术论文。

进入谷歌主页，单击"更多"链接，然后在谷歌的服务中单击"学术搜索"链接，或者直接输入谷歌学术搜索页面的"URL：http：//scholar.google.com.hk"。单击关键词搜索框右侧的下三角按钮▼，在弹出的"学术高级搜索"对话框中输入要搜索的关键词"信息化对企业增值作用调查与分析"；"显示在此期间发表的文章"设置为"2008 至 2012"，如

图 29.6 所示。

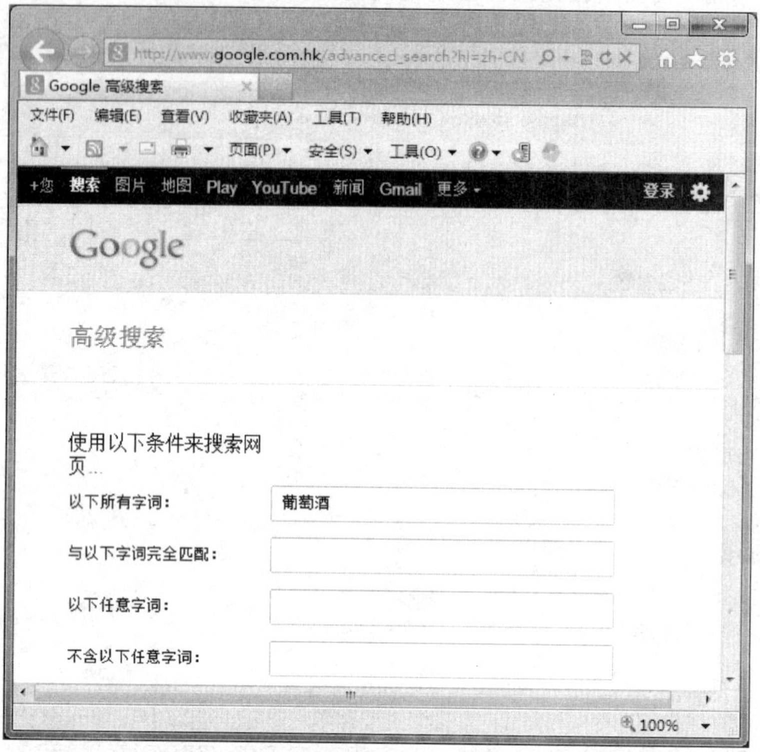

图 29.4 谷歌高级搜索界面

图 29.5 搜索法国葡萄酒的结果界面

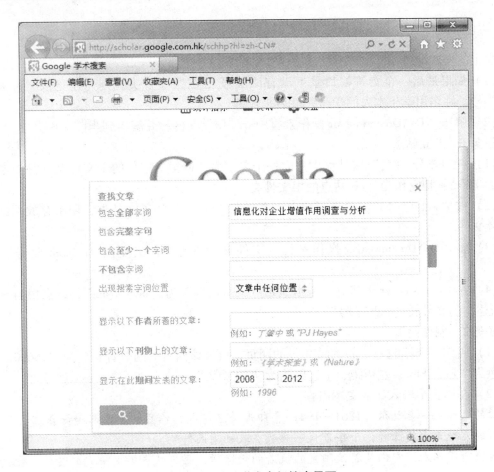

图 29.6　谷歌学术高级搜索界面

单击搜索按钮后，可查询到与"信息化对企业增值作用调查与分析"相关的学术论文。

实验 30　网页制作

一、实验目的

熟练掌握站点的建立方法；熟练掌握网页元素的基本编辑；熟练掌握布局表格的基本操作；熟练掌握网页样式的基本操作。

二、实验相关知识点

本实验综合运用了各种静态网页制作技术，学习时应重点理解和掌握 Dreamweaver 的相关基础知识，如文字、图片、超链接、布局、表格等，同时重点理解和掌握样式在网页设计制作中的作用。

三、实验准备工作

教师将"Dreamweaver 操作素材.rar"压缩文件发送到所有学生机的"D:\"根目录下。

四、实验内容

学生的实验准备

（1）如果最后一个盘符根目录下没有"学号 姓名"文件夹，则先建立该文件夹。其中，学号、姓名用学生本人的学号、姓名来代替。

（2）解压"D:\Dreamweaver操作素材.rar"压缩文件，并解压到当前文件夹中。

任务1　建立站点

（1）在"学号 姓名"文件夹中建立一个名字为"web 学号"的子文件夹（注：学号为自己的学号），把它作为 Web 站点的根文件夹。

（2）在"web 学号"文件夹下建立一个名为"image"的子文件夹，用于存放网站的所有图片文件。

（3）将"D:\Dreamweaver操作素材"文件夹的所有文件夹复制到"web 学号"文件夹中。

（4）在 Dreamweaver 中建立一个本地站点，站点名称为"mywebsite"，站点根目录为第1步所建立的文件夹"web 学号"。

任务2　制作网页

（1）制作一个标题为"心的绿叶"的网页，设置该网页的网页背景色为"666600"，文本颜色为"FFFFFF"，左边距、上边距均为"50 像素"。

（2）在网页中输入如下文本内容。

心的绿叶——泰戈尔（1861—1941），印度著名诗人、作家、艺术家和社会活动家。

心的无数无形的绿叶，千年万代一簇簇在我的周围舒展。

我隐附于林木，它们是渴饮阳光的执着的化缘僧，每日从青天舀来光的甘汁，把储存的看不见的不燃的火焰，注入生命最深的骨髓；从繁花，从百鸟歌唱，从情人的摩挲，从深受的承诺，从嚼泪献身的急切，提炼淳香的美的结晶。

被遗忘的或被铭记的美质的众多形态，在我的条条血管里留下"不朽"的真味。各种冲突促发的苦乐的暴风，摇撼散发我情愫的叶片，添加甜蜜的喜颤，带来羞辱的呵斥，忐忑不安的窘迫，污染的苦恼和承受生活重压的抗议。

是非对抗的奇特的运动，澎湃了心灵的情趣的波澜，激情把一切贪婪的意念，送往奉献的祭殿。

这千古可感而不可见的绿叶的絮语，使我清醒的痴梦幻灭，在苍鹰盘旋的天边那杳无人烟，蜜蜂嗡鸣的正午的闲暇里，在泪花晶莹，握手并坐的恋人无言的缠绵上，落下它们绿荫的同情，它们轻拂着卧眠床榻的情女起伏的柔胸上的纱丽边缘。

如诗年华 | 禅言心语 | 偶尔心动 | 蓦然回首

Copyright©2013 计算机基础教材编写组

（3）在"心的绿叶"下方插入水平线，水平线的宽设置为"100%"、高设置为"2 像素"，在倒数第一段的前面插入另外一条水平线，其宽设置为"300 像素"，颜色设置为"蓝色"，两条水平线均"居中对齐"。

（4）插入图片。

①在第一段的段首插入图片/image/ly.jpg（表示 ly.jpg 位于"image"文件夹中）。

②设置图片与文字间的水平边距与垂直边距均为"5"。
③设定该图片的替代文字为"心的绿叶"。
④设置该图片的边框为"2"。
(5) 为 luye.html 网页添加背景音乐/music/song.mid。

> 操作提示：在 <head> 与 </head> 标签之间加入 <bgsound src="音乐文件" loop="-1"> 标签，其中："loop"中的数值是音乐循环的次数，可设置为任意正整数，若设为"-1"的话，音乐将永远循环播放。

(6) 将该网页保存在根目录（"web 学号"子文件夹）下，并命名为"luye.html"，然后预览观察网页的效果。

(7) 最终效果图如图 30.1 所示。

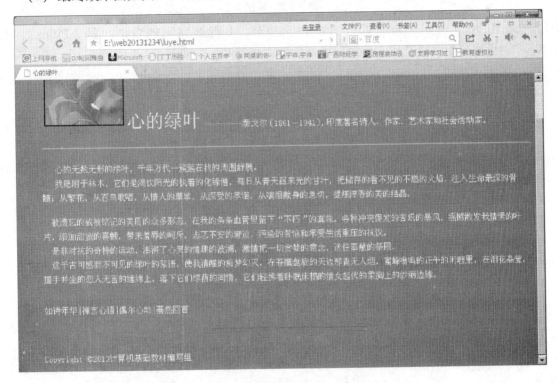

图 30.1　输入"心的绿叶"文本的最终效果图

任务 3　布局表格应用

(1) 制作布局表格。

①在站点的根目录下新建一个网页文件"myweb.html"。打开该网页文件。在页面上建立一个布局表格，表格"3 行 1 列"，宽"750px"，高"550px"，行一高"65px"，行二高"420px"，行三高"65px"。表格背景色为"白色"，表格间距为"0"，表格边框为"0"，如图 30.2 所示。

②在图 30.2 所示的布局表格的行二内建立一个"3 行 1 列"的嵌套表格，宽"750px"，高分别为"20px"、"340px"和"60px"，表格间距为"0"，表格边框为"0"，如图 30.3 所示。

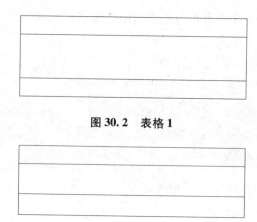

图 30.2 表格 1

图 30.3 表格 2

③在图 30.3 所示表格 2 的行一中建立一个"1 行 5 列"的表格,宽"750px",高"20px",平均分配每格宽度,首尾格用背景色"#123456",如图 30.4 所示。

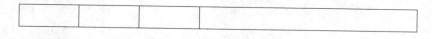

图 30.4 表格 3

然后又在图 30.3 所示表格 2 的行三中建立一个"1 行 4 列"的表格,宽"750px",高"60px"。4 个格的宽度分别为"130px"、"130px"、"130px"和"360px",表格间距为"0",表格边框为"0",如图 30.5 所示

图 30.5 表格 4

(2) 插入图像。

①在图 30.2 表格 1 中的第一行中插入"/image"内的图片"logo.jpg"。

②在图 30.5 表格 4 的前三格分别插入"/image"内的图片"c1.jpg"、"c2.jpg"和"c3.jpg",且让图片居中。

③三个图片有相关替代说明文字"大学英语四六级"、"计算机等级考试"和"公务员考试"。

(3) 超链接的建立。

①在图 30.4 所示的表格 3 中间三格分别设立"大学英语四六级"、"计算机等级考试"和"公务员考试"三个文字链接。

②文字居中,文字颜色设置为"#123456"。

③"大学英语四六级"链接指向"/web"内的"text.htm"。

④"计算机等级考试"指向空链接。

⑤"公务员考试"链接到"/image/logo.rar",然后建立一个下载的超链接。

⑥在图 30.2 所示的表格 1 第 3 行设立两个文字链接"外部样式表"和"我的信箱",文字居中。

⑦"外部样式表"指向"/css"内的"aa.css"文件。

⑧"我的信箱"指向一个电子信箱地址"gxcy×××@126.com"（其中×××是考生姓名的第一个拼音，如王小平的为 wxp，其邮箱地址为：gxcywxp@126.com）。

⑨选中"logo.jpg"，建立外部链接，链接目标为"http://www.neea.edu.cn/"。

（4）保存网页文件"myweb.html"，其浏览效果如图 30.6 所示。

图 30.6　布局表格应用网页

任务 4　样式在网页中的应用

（1）重新定义 HTML 标记符样式。

①创建一个仅应用于"xingwei"文件夹中文件"wangye1.htm"的"类"样式。

②完成后在浏览器中预览该网页，观察效果。

> **操作提示**：先选择右边的布局表格（把光标定位在右边表格中，然后选择"table.unnamed1"标记），然后从 CSS 面板上增加内部样式，在如图 30.7 所示的对话框中输入选择器名称，这里输入"bgpic"，在"规则定义"中选择"仅限该文档"。

按上述要求选择设置后，单击"确定"按钮，然后在打开的对话框中选择背景选项，再进行如图 30.8 所示的设置，在"Background-repeat（R）:"中选择"no-repeat"，在"Background-position（X）:"中选择"right"，最后单击"确定"按钮即可。

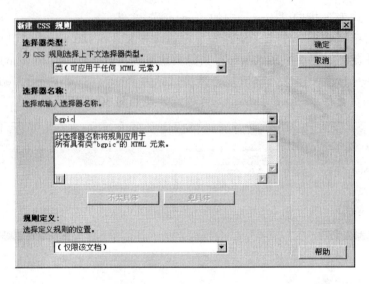

图 30.7 新建 CSS 规则

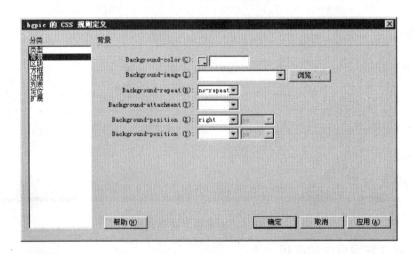

图 30.8 CSS 规则设置

(2) 重新定义 HTML 标记符样式。

创建一个仅应用于文件"wangye1.htm"的"重新定义标签"样式,使文件中的无序列表的项目符号定义为图片文件"dw.gif"。

> **操作提示**:从 CSS 面板上增加内部样式,在"新建 CSS 规则"对话框中,在"为 CSS 规则选择上下文选择器类型"中选择"标签(重新定义 HTML 元素)"选择项,在"选择器名称"中选择要对项目符号重新定义的标签"li",在"规则定义"中选择"(仅限该文档)",如图 30.9 所示。

然后单击"确定"按钮,在打开的对话框中选择"列表"项,在"List – style – image"设置项的浏览按钮中选择相应的图片即可,如图 30.10 所示。

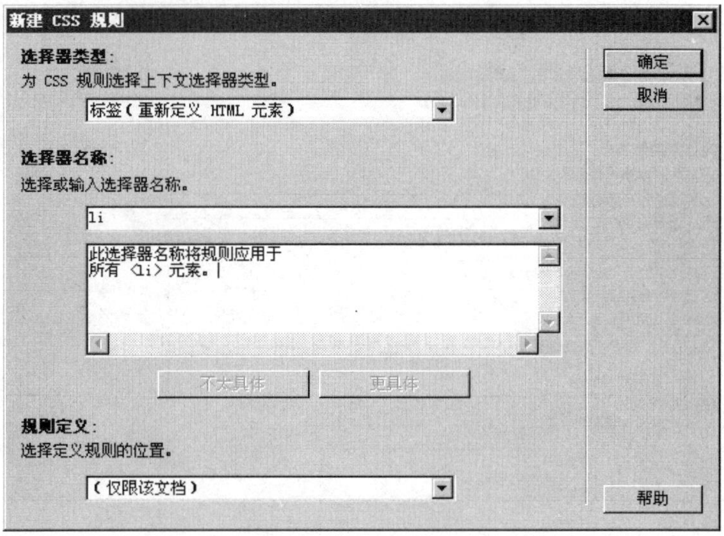

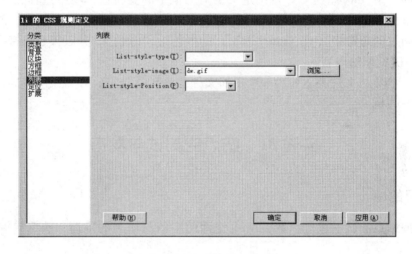

图 30.9 CSS 规则定义

图 30.10 "li" 的 CSS 规则定义

（3）超链接样式。

使用"复合内容（基于选择的内容）"和"标签（重新定义 HTML 元素）"两种样式，使文件"wangye1.htm"中的各超链接的悬停色设置成"红色"，设置访问过的超链接的颜色为"绿色"，并去掉超链接下面的横线。

> **操作提示**：用"标签（重新定义 HTML 元素）"方法如第 2 步，用"复合内容（基于选择的内容）"操作如图 30.11 所示，在新建 CSS 规则对话框中先在"选择器类型"中选择"复合内容（基于选择的内容）"项，再在"选择器名称"中选择"a：link（正常超链接的状态）"，如图 30.11 所示。其他几项意义分别为，"a：hover（鼠标移到超链接上的状态）"、"a：visited（已经访问过的超链接状态）"、"a：active（超链接的激活状态）"。

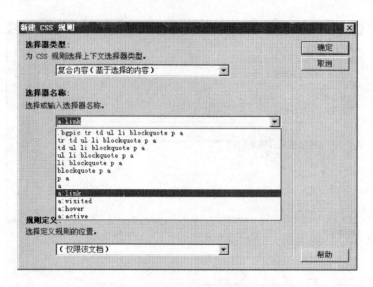

图 30.11　新建超链接样式规则

在打开的"a：link 新建 CSS 规则定义"对话框中的类型选择项中选择颜色为"红色"，即可设置把鼠标悬停在任一超链接上时，链接点的字体将变为"红色"，再重复前面的操作，设置访问过的超链接（a：visited 选项）的颜色为"绿色"，并去掉超链接下面的横线。

任务 5　提交网站内容

将"web 学号"文件夹压缩为一个压缩文件"web 学号.rar"，然后将"web 学号.rar"文件提交给教师机。

实验 31　站点的测试与发布

一、实验目的

熟练掌握站点测试的操作；掌握 Web 空间的申请与域名的申请；熟练掌握站点上传发布的操作。

二、实验相关知识点

用 Dreamweaver 制作好自己的网站后，在发布自己的网站前，要使用 Dreamweaver 站点管理器对该网站文件进行检查和整理。通过测试可以找出断掉的链接、错误的代码和未使用的孤立文件等，以方便进行纠正和处理。上传前的检查通过检测准确无误后再进行申请网站空间以及在获得的网站空间上上传网站进行发布。

三、实验内容

任务 1　网站的检测

（1）单击菜单栏的"站点"→"检查站点范围的链接"命令，弹出"结果"对话框，选定"链接检查器"选项。

（2）在显示框中选定"断掉的链接"，然后再选择"检查整个当前本地站点的链接"

选项。

（3）确认后，如果站点内的超链接存在问题，将出现如图 31.1 所示的页面。

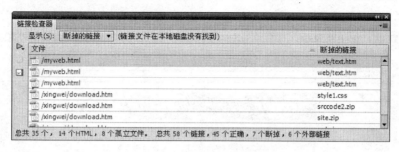

图 31.1　断掉的链接

（4）根据"断掉的链接"提示，对存在有超链接的文件进行修改。出现断掉的链接的原因主要是链接的目标文件因改名、删除或移走不存在，此时必须重做超链接。

> 操作提示：如图 31.1 文件中有三个"/myweb.html"断掉的链连接均为"web/text.htm"，原因是在超链接完成后，把文件"text.htm"重新命名为"text.html"了，导致链连接失效，此时只要把断掉的链接的目标文件"text.htm"重新命名为正确的"text.html"即可。

（5）依次在显示框中选定"外部链接"和"孤立文件"两个选项，对站点内所有文件进行检测，确保网站在本地站点下能正常浏览。

任务 2　网站的发布

（1）确定网站的 Web 服务器和访问的域名，这个一般向当地的 ISP 机构提出申请，缴纳一定的费用后即可获得。作为实验，我们可以从网上申请免费的空间和域名来试用。下面以"http://www.5944.net"为例进行说明其操作步骤。

①打开"http://www.5944.net"主页，如图 31.2 所示，根据主页的导航提示，输入注册信息进行注册。

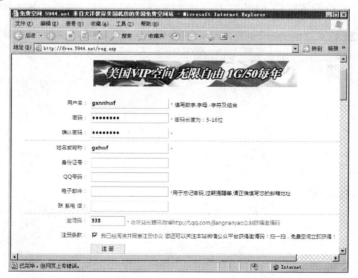

图 31.2　免费空间 5944.net 的注册页面

②注册成功后，会显示注册的相关信息以及网站分配的空间、域名和上传的FTP服务器地址及密码等信息，如图31.3所示。这些信息对于网站空间的存取，上传网站都非常重要。

图31.3　注册成功信息

③单击"上传文件"按钮，在打开的FTP服务器空间默认的根目录下把里面所有的文件删除，以便上传自己本地的网站。

（2）配置远程服务器。

在Dreamweaver CS5中需要配置远程服务器信息后才能发布网站。操作步骤如下：

①打开菜单"站点"→"管理站点"→"编辑"命令。

②在打开的"站点设置对象 绿叶"对话框中选择"服务器"选项标签，如图31.4所示。

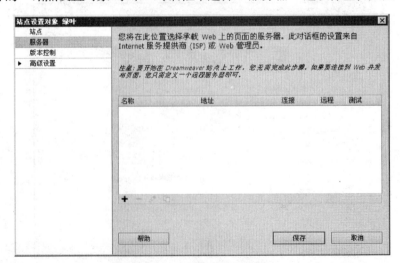

图31.4　远程站点服务器

③在"服务器"选项中单击"+"添加上传网站的服务器,如图 31.5 所示,把刚申请到的免费服务器的相关信息输入相应框中(如 FTP 主机的 IP 或域名以及登录的密码)。

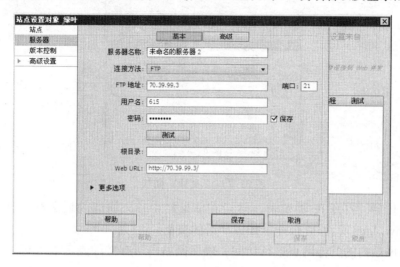

图 31.5　设置远程服务器

④设置完成后,单击"测试"按钮后会进行远程服务连接的测试,连接成功后将会有相应的提示。

⑤单击"保存"按钮,在返回到的"站点设置对象 绿叶"对话框中,右栏显示出刚刚设置好的服务器信息,如图 31.6 所示。

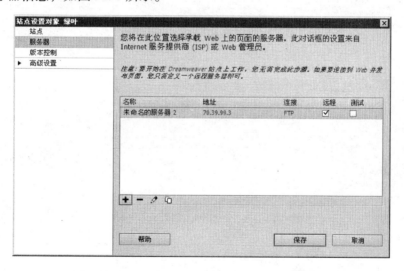

图 31.6　添加的远程服务器

(3) 上传网站。

①在"文件"面板上,单击"上传"按钮,如图 31.7 所示,开始上传整个网站,上传的进度有相应的提示,上传成功也会有相应的提示。

图 31.7 "文件"面板

②完成上传后,打开 IE 浏览器,然后在地址栏中输入访问的域名和文件名称"http://70.39.99.3/luye.html",即可打开上传成功后的页面。

③分别对网站内的其他网页进行访问,确保网站内所有文件能正常访问,至此网站发布成功。

模块 8

图形图像处理 Photoshop

实验 32　Photoshop CS6 的基本操作

一、实验目的

(1) 掌握图像处理的相关概念，如像素、分辨率、矢量图、颜色模式和常用图像格式等。

(2) 熟悉 Photoshop CS6 的操作界面。

(3) 熟练地使用 Photoshop CS6 工具箱的常用工具对图像进行处理。

二、实验相关知识点

(1) 像素、分辨率、矢量图、颜色模式和图像常用的格式。

(2) Photoshop CS6 的操作界面。

(3) Photoshop CS6 工具箱的各种工具。

三、实验内容

任务 1　图像的管理操作

(1) 新建、保存与关闭图像。

①启动 Photoshop CS6 应用程序，新建一个"宽度"为"20 厘米""高度"为"15 厘米""分辨率"为"150 像素/英寸""颜色模式"为"RGB 颜色""背景内容"为"白色"的图像文件。

> 操作提示：新建文件可以通过执行"文件"→"新建"命令，或者按【Ctrl】+【N】键。

②把图像文件以"32 – 1 – 1 时尚模特. psd"为文件名保存到最后一个分区的个人文件夹中。

③关闭"32 – 1 – 1 时尚模特. psd"文件。

(2) 打开图像、更改图像的大小与模式。

①打开素材文件"32 – 1 – 2Our love. psd"，然后把文件另存为"32 – 1 – 2 我们的爱情 1. png"，存放到最后一个分区的个人文件夹中。

②把"32 – 1 – 2Our love. psd"文件的图像大小由原来的宽度"4 000 像素"改为

"1 200像素",并"约束比例";分辨率由原来的"200像素/英寸"改为"150像素/英寸",然后把图像文件另存为"32-1-2我们的爱情2.png",存放到最后一个分区的个人文件夹中。

> **操作提示**:更改图像大小,可以通过选择菜单"图像"→"图像大小"命令或按【Ctrl】+【Alt】+【I】组合键,打开"图像大小"对话框,然后进行更改。

③打开最后一个分区的个人文件夹,比较"32-1-2我们的爱情1.png"文件与"32-1-2我们的爱情2.png"文件的大小。

④打开素材文件"32-1-3时尚美女.jpg",把图像的颜色模式由原来的"RGB模式"改为"CMKY模式",然后把图像另存为"32-1-1时尚美女-CMKY.jpg",保存到最后一个分区的个人文件夹中。

⑤打开素材文件"32-1-3时尚美女.jpg",把图像的颜色模式由原来的"RGB模式"改为"灰度模式",然后把图像另存为"32-1-3时尚美女-灰度.jpg",保存到最后一个分区的个人文件夹中。

> **操作提示**:更改图像的颜色模式,可以通过选择菜单"图像"→"模式"命令来进行设置。

⑥打开最后一个分区的个人文件夹,比较"32-1-3时尚美女-CMKY.jpg"文件与"32-1-3时尚美女-灰度.jpg"文件的大小。

任务2 选框工具、移动工具的使用

(1)打开"32-2-1爱的幻想.png""32-2-1爱.jpg"素材,如图32.1和图32.2所示。

图32.1 "32-2-1爱的幻想.png"素材

图32.2 "32-2-1爱.jpg"素材

(2)选择工具箱中的椭圆选框工具 ○,在"32-2-1爱.jpg"素材图像上的适当位置单击鼠标左键,并拖动至合适位置,创建一个圆形选区。

> **操作提示**:使用椭圆选框工具 ○ 可以创建椭圆选区,单击鼠标左键并拖动需要选择的区域,即可创建椭圆选区;如果要创建圆形选区,拖动鼠标的同时按住【Shift】键即可;如果要从某中心出发向四周扩散创建圆形选区,可按【Alt】+【Shift】键的同时拖动鼠标。

（3）使用移动工具 选中圆形选区，单击鼠标左键并拖动至"32-2-1爱的幻想.png"素材图像编辑窗口的合适位置，执行"编辑"→"自由变换"命令，调整图像的大小和位置，效果如图32.3所示。

（4）打开"32-2-1爱.jpg""32-2-1婚纱照片.jpg"素材，采用与前面步骤（2）、（3）的方法，把素材中的人物选中后拖动到"32-2-1爱的幻想.png"中，并调整好位置与大小，效果如图32.4所示，然后把文件另存为"32-2-1蓝色幻想.png"。

图32.3 移动图像后的效果　　　　图32.4 "32-2-1蓝色幻想.png"效果

（5）打开"32-2-2儿童相框.jpg""32-2-2小朋友.jpg"素材，如图32.5和图32.6所示。

图32.5 "32-2-2儿童相框.jpg"素材　　　　图32.6 "32-2-2小朋友.jpg"素材

（6）选择工具箱中的矩形选框工具 ，在工具选项栏中的"样式"选项中选择"固定比例"，并在"宽度"中输入"1.15"，在"高度"中输入"1"，然后在"32-2-2小朋友.jpg"素材图像上的适当位置单击鼠标左键，并拖动至合适位置，创建一个1.15∶1的矩形选区。

（7）使用移动工具 选中矩形选区，单击鼠标左键并拖动至"32-2-2儿童相框.jpg"素材图像编辑窗口的合适位置。

（8）执行"编辑"→"自由变换"命令，等比例调整图像的大小，然后调整合适的角度与位置，效果如图32.7所示，最后把文件另存为"32-2-2快乐的童年.jpg"。

操作提示：进行自由变换的快捷键为【Ctrl】+【T】键；在进行自由变换时，按住【Shift】键可以等比例调整图像的大小。

图 32.7 "32-2-2 快乐的童年.jpg"效果

任务 3　各种套索工具的使用

(1) 套索工具的使用。

①打开"32-3-1 红辣椒.jpg"素材,选择工具箱中的套索工具 ,将鼠标指针移至图像编辑窗口中最下面的辣椒边缘处,单击鼠标左键并拖动,回到起始位置,释放鼠标左键,创建一个套索选区,如图 32.8 所示。

②执行"图像"→"调整"→"色相/饱和度"命令,弹出"色相/饱和度"对话框,设置"色相"为"-35""饱和度"为"10",如图 32.9 所示。

③单击"确定"按钮,执行"选择"→"取消选择"命令取消选区。

> **操作提示**:按【Ctrl】+【U】组合键,可以快速弹出"色相/饱和度"对话框。按【Ctrl】+【D】组合键也可取消选区。

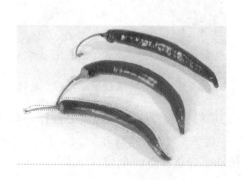
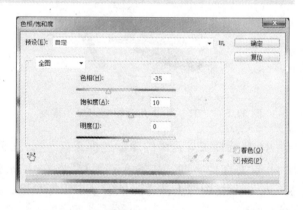

图 32.8　创建套索选区　　　图 32.9　设置图像的"色相"与"饱和度"

④采用同样的方法,用套索工具选择最上面的辣椒,并设置"色相"为"+88""饱和度"为"5",取消选区。得到最终的效果,如图 32.10 所示。

⑤把图像以"32-3-1 多彩辣椒.jpg"为文件名保存到最后一个分区的个人文件夹中。

(2) 多边形套索工具的使用。

①打开"32-3-2 中国风.jpg""32-3-2 铁观音.jpg"素材,选择工具箱中的多边形套索工具 ,在"32-3-2 铁观音.jpg"素材中,将鼠标光标移至图像编辑窗口中铁观

音茶叶盒的边缘处，确定起始点，围绕盒子边缘不断单击鼠标左键，最后在结束绘制选区的位置上双击鼠标左键，创建一个多边形选区，如图32.11所示。

图32.10　"32-3-1多彩辣椒.jpg"的最终效果　　图32.11　创建多边形选区

②使用移动工具 拖动选区内的图像至"32-3-2中国风.jpg"素材图像编辑窗口中的合适位置，执行"编辑"→"变换"→"缩放"命令，最后调整图像的大小和位置，如图32.12所示。

图32.12　"32-3-2古典茶叶盒.jpg"的最终效果

③把图像以"32-3-2古典茶叶盒.jpg"为文件名保存到最后一个分区的个人文件夹中。

（3）磁性套索工具的使用。

①打开"32-3-3蔬菜.jpg"素材，选择工具箱中的磁性套索工具 ，在蔬菜篮的边缘处，单击鼠标左键，确定起始点，围绕蔬菜篮边缘拖动鼠标，绘制套索选区，如图32.13所示。

②执行"图像"→"调整"→"色相/饱和度"命令，弹出"色相/饱和度"对话框，设置"色相"为"+33""饱和度"为"17"，把蔬菜篮的颜色调成"橘红色"。

③单击"确定"按钮，执行"选择"→"取消选择"命令取消选区，其效果如图32.14所示。

④把图像以"32-3-3橘红色蔬菜篮.jpg"为文件名保存到最后一个分区的个人文件

夹中。

图32.13 绘制套索选区

图32.14 "32-3-3橘红色蔬菜篮.jpg"的最终效果

任务4 快速选择工具与魔棒工具的使用

（1）快速选择工具的使用。

①打开"32-4-1吃水果的小男孩.jpg"素材，选择工具箱中的快速选择工具，在小男孩帽子上单击并沿身体与水果方向拖动鼠标，将小男孩与水果选中，如图32.15所示。

②打开"32-4-1baby.jpg"素材，使用移动工具将小男孩拖动到该文档中，并调整图像的大小和位置，如图32.16所示。

③把图像以"32-4-1无忧无虑的童年.jpg"为文件名保存到最后一个分区的个人文件夹中。

图32.15 使用快速选择工具绘制选区

图32.16 "32-4-1无忧无虑的童年.jpg"的最终效果

操作提示：在使用快速选择工具创建选区时，如果有些背景也被选中了，按住【Alt】键，然后在被多余选中的背景上单击并拖动鼠标，可将其从选区中排除掉。

（2）魔棒工具的使用。

①打开"32-4-2长发美女.jpg""32-4-2梦幻蓝色.jpg"素材，选择工具箱中的魔棒工具，在工具选项栏中设置"容差"为"5"，并把"连续"选项前面复选框中的勾去掉。在"32-4-2长发美女.jpg"素材图像编辑窗口中的白色区域上单击鼠标左键，选

择所有的白色，创建白色选区，如图32.17所示。

②执行"选择"→"反向"命令，反选选区。使用移动工具 拖动选区中的美女图像至"32-4-2梦幻蓝色.jpg"素材图像编辑窗口中的合适位置，执行"编辑"→"变换"→"缩放"命令，调整图像的大小和位置，如图32.18所示。

③把图像以"32-4-2梦幻美女.jpg"为文件名保存到最后一个分区的个人文件夹中。

操作提示：反选选区的快捷键为【Shift】+【Ctrl】+【I】键。

图32.17 使用魔棒工具创建选区

图32.18 "32-4-2梦幻美女.jpg"的最终效果

任务5 绘图工具的使用

（1）画笔工具的使用。

①打开"32-5-1绿色心情.jpg"素材，选择工具箱中的画笔工具 ，单击工具属性栏中的 按钮，打开画笔下拉面板，如图32.19所示。

②单击画笔下拉面板右上角的 按钮，打开面板菜单，选择"复位画笔"选项，如图32.20所示。在弹出的对话框中单击"确定"按钮，如图32.21所示，用"默认画笔"替换当前的画笔。

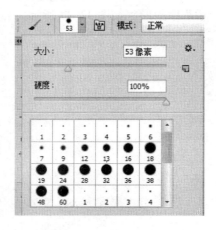

图32.19 打开画笔下拉面板

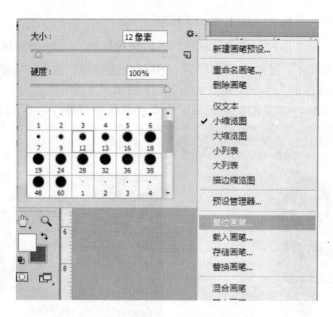

图 32.20　选择"复位画笔"选项

图 32.21　替换当前的画笔

③在"默认画笔"的下拉列表框中选择"草"画笔,把画笔大小设为"120像素",如图 32.22 所示。

④把前景色设为"绿黄色(0,189,8)"和背景色设为"深绿色(0,87,17)",然后在编辑窗口中拖动鼠标,绘制草地图形,如图 32.23 所示。

图 32.22　选择"草"画笔

图 32.23　绘制"草地"图形

⑤采用与步骤②一样的方法,用"混合画笔"替换当前的画笔,然后选择"混合画笔"中的"交叉排线4"画笔,如图 32.24 所示,并把画笔的大小设为"80像素"。

图32.24 选择"交叉排线4"画笔

⑥设置前景色为"白色（255，255，255）"，在"32-5-1绿色心情.jpg"图像的右上角单击鼠标，绘制一个白色的交叉图形。

⑦执行"窗口"→"画笔"命令，或者单击工具属性栏中的切换画笔面板按钮，打开"画笔"控制面板。单击面板中的"画笔笔尖形状"选项，设置"大小"为"70像素"，"角度"为"45°"，"圆度"为"100%"，"间距"为"25%"如图32.25所示。在前面绘制的交叉图形处单击鼠标左键，绘制第二个交叉图形。

⑧选择"星爆—小"画笔，如图32.26所示，并把画笔的大小设为"50像素"，在图像的右上方单击鼠标，绘制一个白色的星爆图形。采用类似的方法，调整画笔的大小，在图像中绘制如图32.27所示的星光效果。

图32.25 设置"画笔笔尖形状"参数

图32.26 选择"星爆—小"画笔

图32.27　"32-5-1清新背景.jpg"的最终效果

⑨把图像以"32-5-1清新背景.jpg"为文件名保存到最后一个分区的个人文件夹中。

(2) 铅笔工具的使用。

①打开"32-5-2your text.jpg"素材，选择工具箱中的铅笔工具 ✏️，采用与前面替换画笔一样的方法，用"特殊效果画笔"替换当前的画笔。

②在"特殊效果画笔"的下拉列表框中选择"缤纷蝴蝶"画笔，如图32.28所示。

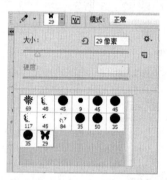

图32.28　选择"缤纷蝴蝶"画笔

③执行"窗口"→"画笔"命令，或者单击工具属性栏中的切换画笔面板按钮 📋，打开"画笔"控制面板。

④在"画笔"控制面板中，单击"画笔笔尖形状"选项，设置"大小"为"40像素"，"间距"为"180%"，其他参数如图32.29所示；单击"形状动态"选项，设置"大小抖动"为"100%"，"最小直径"为"15%"，其他参数如图32.30所示；单击"散布"选项，设置"散布"为"460%"，"数量"为"1"，"数量抖动"为"80%"，"控制"为"渐隐，1"，如图32.31所示；单击"颜色动态"选项，设置"前景/背景抖动"为"70%"，"控制"为"渐隐，25"，"色相抖动"为"100%"，如图32.32所示。

⑤把前景色设为"紫色（178，116，229）"和背景色设为"橘黄色（245，150，0）"，在编辑窗口中的合适位置拖动鼠标，绘制蝴蝶图像，如图32.33所示。

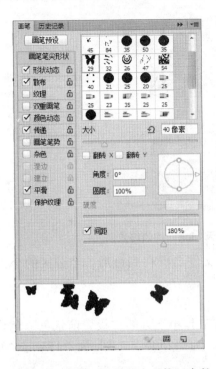

图 32.29 设置"画笔笔尖形状"参数

图 32.30 设置"形状动态"参数

图 32.31 设置"散布"参数

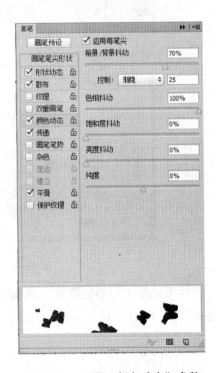

图 32.32 设置"颜色动态"参数

图 32.33 "32-5-2 缤纷的春天.jpg"的最终效果

⑥把图像以"32-5-2 缤纷的春天.jpg"为文件名保存到最后一个分区的个人文件夹中。

(3) 颜色替换工具的使用。

①打开"32-5-3 盘发美女.jpg"素材,单击工具箱下方的"设置前景色"色块,打开"拾色器(前景色)"对话框,设置前景色"R"为"250"、"G"为"153"、"B"为"54",如图 32.34 所示。

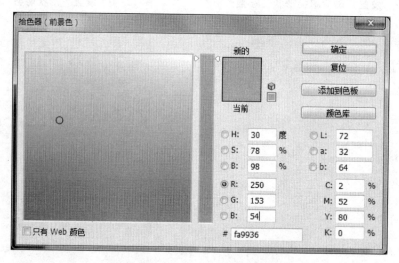

图 32.34 设置"前景色"参数

②选择工具箱中的颜色替换工具 ,把画笔"大小"设为"25 像素",将"限制"设为"连续","容差"设为"30",然后在美女的头发上涂抹,替换头发颜色,如图 32.35 所示。

图 32.35　"32-5-3 金发美女.jpg"的最终效果

③把图像以"32-5-3 金发美女.jpg"为文件名保存到最后一个分区的个人文件夹中。

操作提示：在操作时应注意，光标中心的十字线不要碰到模特的面部，否则，也会替换其颜色。在对头发边缘涂抹时，可把笔尖调小，并细致地涂抹，这样效果更好。

（4）橡皮擦工具的使用。

①打开"32-5-4 蔬菜食物.jpg"素材，选择工具箱中的橡皮擦工具，在工具属性栏中单击"点按可以打开'画笔预设'选取器"下拉按钮，如图 32.36 所示，弹出"画笔预设"面板，在其下拉列表框中选择"硬边圆"选项，并设置"大小"为"25 像素"，如图 32.37 所示。

图 32.36　单击下拉按钮

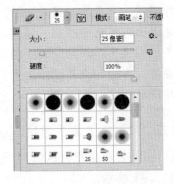

图 32.37　设置"橡皮擦"的参数

②移动鼠标光标至图像编辑窗口中的文字区内，单击鼠标左键，擦除所有的文字，如图 32.38 所示。

③把图像以"32-5-4 新鲜蔬菜.jpg"为文件名保存到最后一个分区的个人文件夹中。

（5）背景橡皮擦工具的使用。

①打开"32-5-5 新年快乐.jpg"素材，选择工具箱中的背景橡皮擦工具，在工具属性栏中设置画笔"大小"为"70 像素"，按下连续按钮，设置"容差"为"50%"，如图 32.39 所示。

图 32.38 "32-5-4 新鲜蔬菜.jpg"的最终效果

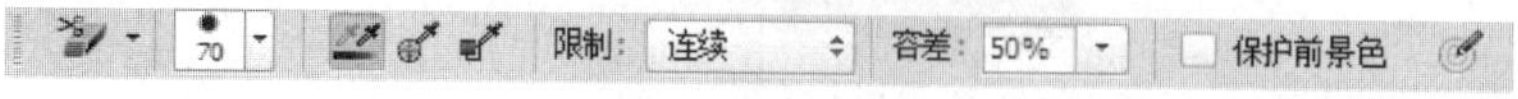

图 32.39 设置"背景橡皮擦"的参数

②移动鼠标光标至图像编辑窗口中的黑色背景区内,单击鼠标左键,擦除黑色背景图像。采用同样的方法,擦除其他的背景色,如图 32.40 所示。

图 32.40 擦除"32-5-5 新年快乐.jpg"的背景色

操作提示:背景橡皮擦是一种智能橡皮擦,它可以自动采集画笔中心的色样,同时删除在画笔内出现的这种颜色,使擦除区域成为透明区域。在操作时应注意,光标中心的十字线不要碰到文字。在擦除文字的边缘背景颜色时,可按【Ctrl】+【+】键把图像的比例进行锁定,再进行操作。擦除灰色的背景色时,可在背景中多单击几次鼠标左键,这样可以擦除得更彻底。

③打开"32-5-5 喜庆背景.jpg"素材,使用移动工具,将"新年快乐"拖动至图像编辑窗口中的合适位置,执行"编辑"→"变换"→"缩放"命令,调整图像大小和位置,如图 32.41 所示。

图 32.41 "32-5-5 新年祝福.jpg"的最终效果

④把图像以"32-5-5 新年祝福.jpg"为文件名保存到最后一个分区的个人文件夹中。

(6) 魔术橡皮擦工具的使用。

①打开"32-5-6 戴帽子的美女.jpg"素材,选择工具箱中的魔术橡皮擦工具,在工具属性栏中将"容差"设置为"15",在图像编辑窗口中的白色背景区域内单击鼠标左键,擦除白色背景,如图32.42所示。

> **操作提示**:魔术橡皮擦工具可以自动分析图像的边缘,并擦除图像中所有与鼠标光标单击颜色相近的像素。当在被锁定透明像素的普通图层中使用该工具时,被擦除的图像将更改为背景色;当在背景图层或普通图层中使用该工具时,被擦除的图像将显示为透明色。

②打开"32-5-6 鲜花背景.jpg"素材,使用移动工具,将"戴帽子的美女"拖动至图像编辑窗口中的合适位置,执行"编辑"→"变换"→"缩放"命令,调整图像大小和位置,如图32.43所示。

③把图像以"32-5-6 鲜花美女.jpg"为文件名保存到最后一个分区的个人文件夹中。

图32.42 擦除的背景色

图32.43 "32-5-6 鲜花美女.jpg"的最终效果

任务6 填充工具的使用

(1) 吸管工具的使用。

①打开"32-6-1 多彩多姿.jpg"素材,选择工具箱中的魔棒工具,在工具属性栏中将"容差"设置为"70",并把"连续"选项前面的钩去掉,在图像编辑窗口中的红色区域内单击鼠标左键,创建选区。

②选择工具箱中的吸管工具,拖动鼠标至图像编辑窗口中的某种颜色区域处,单击鼠标左键,可拾取单击点的颜色并将其设置为前景色。

③执行"编辑"→"填充"命令,打开"填充"对话框。在"内容"栏的"使用(U)"选项中选择"前景色",如图32.44所示。单击"确定"按钮,即可在选区中填充刚刚吸取的前景色,如图32.45所示。

> **操作提示**:在用吸管工具拾取颜色时,按住【Alt】键并单击鼠标左键,可拾取单击点的颜色并将其设置为背景色。填充选区时,按【Alt】+【Delete】组合键可填充前景色,按【Ctrl】+【Delete】组合键可填充背景色。

图32.44 选择"前景色"作为填充内容　　图32.45 "32-6-1色彩变换.jpg"的最终效果

④按【Ctrl】+【D】组合键取消选区,把图像以"32-6-1色彩变换.jpg"为文件名保存到最后一个分区的个人文件夹中。

(2) 渐变工具的使用。

①打开"32-6-2 Velo bear.jpg"素材,选择工具箱中的魔棒工具,在工具属性栏中选择"添加到新选区"选项,把"容差"设置为"20",然后勾选"连续"选项前面的方框,如图32.46所示。

图32.46 设置魔棒工具的属性

②在图像编辑窗口中拖动鼠标,依次单击"狗熊的红色围巾"的4个区域,创建选区。

③选择工具箱中的渐变工具,在工具属性栏中单击"点按可编辑渐变"按钮,弹出"渐变编辑器"对话框,在"预设"列表框中选择"前景色到背景色渐变"色块,单击渐变色矩形控制条左侧的色标,单击"颜色"色块,弹出"选择色标颜色"对话框,设置色标颜色"RGB"为"(0、167、244)",如图32.47所示。

④单击"确定"按钮,返回"渐变编辑器"对话框,单击渐变色矩形控制条右侧的色标,单击"颜色"色块,弹出"选择色标颜色"对话框,设置色标颜色"RGB"为"(255、108、191)",如图32.48所示。

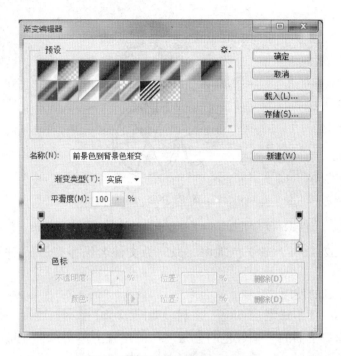

图 32.47 "渐变编辑器"对话框

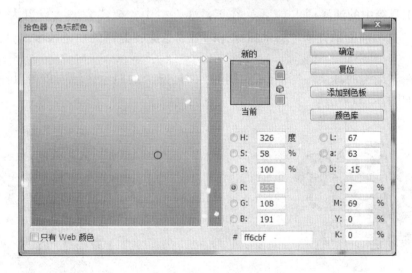

图 32.48 设置色标的颜色

⑤单击"确定"按钮,渐变色设置完成。在工具属性栏中选择"线性渐变",移动鼠标光标至选区的左上角处,单击鼠标左键并向右下角拖动,从而绘制一条渐变线。

⑥释放鼠标后,即可填充渐变色,按【Ctrl】+【D】键取消选区,最终的效果如图 32.49 所示。

图 32.49 "32-6-2 渐变色围巾.jpg"的最终效果

⑦把图像以"32-6-2 渐变色围巾.jpg"为文件名保存到最后一个分区的个人文件夹中。

(3) 油漆桶工具的使用。

①打开"32-6-3 卡通老虎.jpg"素材,如图 32.50 所示。选择工具箱中的吸管工具,在图像编辑窗口下面的"橘红色的金元宝"的位置上单击鼠标左键,拾取橘红色作为前景色。

②选择工具箱中的油漆桶工具,在工具属性栏中,把"容差"设置为"80",然后勾选"连续"选项前面的方框。移动鼠标光标至"老虎脸上"的白色区域,单击鼠标左键,填充橘红色。

③继续在"老虎的耳朵""爪子""腿部""尾部"的白色区域内单击鼠标左键,填充颜色,效果如图 32.51 所示。

图 32.50 "32-6-3 卡通老虎.jpg"素材   图 32.51 "32-6-3 可爱老虎.jpg"的最终效果

④把图像以"32-6-3 可爱老虎.jpg"为文件名保存到最后一个分区的个人文件夹中。

操作提示:油漆桶工具可以理解为魔棒工具与填充的组合体,它主要根据颜色的相似程度来进行填充。此外,该工具可以通过选区对图像进行填充,也可以直接对图像进行填充。

任务7 修复与修补工具的使用

(1) 修复画笔工具的使用。

①打开"32-7-1 微笑的女孩.jpg"素材,选择工具箱中的修复画笔工具 ,在工具属性栏中选择一个柔角笔尖,在"模式"下拉列表框中选择"正常",将"源"设置为"取样",如图 32.52 所示。

图 32.52 设置修复画笔工具的属性

②拖动鼠标光标至图像编辑窗口,按住【Alt】键的同时,在女孩脸部需要修复的位置附近单击鼠标左键进行取样,释放【Alt】键,确认取样。

③在女孩脸部需要修复的位置单击鼠标左键并拖动,修复图像。

④使用与上面同样的方法进行取样,修复女孩的下巴、额头等其他有斑点的位置,其效果如图 32.53 所示。

图 32.53 "32-7-1 灿烂女孩.jpg"的最终效果

⑤把图像以"32-7-1 灿烂女孩.jpg"为文件名保存到最后一个分区的个人文件夹中。

> **操作提示**:修复画笔工具可以从被修饰区域的周围取样,并将样本的纹理、光照、透明度和阴影等与所修复的像素匹配,从而去除照片中的污点和划痕。在修复图像时,可先将图像放大,或者适当调整工具的大小,然后进行修复,这样可以更加精确地完成图像的修复,使效果更加自然。

(2) 污点修饰工具的使用。

①打开"32-7-2 美女脸部.jpg"素材,选择工具箱中的污点修复画笔工具 ,在工具属性栏中选择一个柔角笔尖,将"类型"设置为"内容识别"。

②拖动鼠标至图像编辑窗口美女脸部上的斑点处,单击鼠标即可将斑点清除。采用同样的方法修复鼻子、额头上的斑点,其效果如图 32.54 所示。

③把图像以"32-7-2性感美女.jpg"为文件名保存到最后一个分区的个人文件夹中。

> **操作提示**：污点修复画笔工具可以快速去除照片中的污点、划痕和其他不理想的部分。它与修复画笔的工作方式类似，也是使用图像或图案中的样本像素进行绘画，并将样本的纹理、光照、透明度和阴影与所修复的像素匹配。但修复画笔工具要求指定样本，而污点修复画笔工具可以自动从所修饰区域的周围进行取样和修复操作。

图 32.54 "32-7-2性感美女.jpg"的最终效果

（3）修补工具的使用。

①打开"32-7-3草地.jpg"素材，选择工具箱中的修补工具，在工具属性栏中将"修补"设置为"源"，拖动鼠标光标至图像编辑窗口，在草地中单击并拖动鼠标创建选区，将左下角的"橘色花朵"选中，如图 32.55 所示。

②将光标放在选区中，单击鼠标左键并拖动选区至上面的相近位置，如图 32.56 所示。

图 32.55 运用修补工具创建选区

图 32.56 拖动选区

③按下【Ctrl】+【D】快捷键取消选区，其效果如图 32.57 所示。

④把图像以"32-7-3鲜花草地.jpg"为文件名保存到最后一个分区的个人文件夹中。

操作提示：修补工具与修复画笔工具类似，它也可以用其他区域或图案中的像素来修复选中的区域，并将样本像素的纹理、光照和阴影与所修复的像素匹配。但修补工具需要用选区来定位修补范围。在工具属性栏中，如果选择"源"选项，将选区拖动至需要修补的区域后，会用当前选区的图像修补原来选中的图像；如果选择"目标"选项，则会将选择的图像复制到目标区域。在修补前，也可以先用矩形选框、魔棒或套索等工具创建选区，然后再用修补工具拖动选中的图像进行修补。

图 32.57 "32-7-3 鲜花草地.jpg"的最终效果

（4）内容感知工具的使用。

①打开"32-7-4 田园农场.jpg"素材，选择工具箱中的内容感知工具 ，在工具属性栏中将"模式"设置为"移动"，拖动鼠标光标至图像编辑窗口，在草地中单击并拖动鼠标创建选区，将右下角的"黄牛"选中，如图 32.58 所示。

②将光标放在选区中，单击鼠标左键并向左侧移动鼠标，如图 32.59 所示。放开鼠标后，Photoshop 便会将"黄牛"移动到新的位置，并填充空缺的部分，如图 32.60 所示。

图 32.58 运用内容感知工具创建选区　　　　图 32.59 拖动选区

③按下【Ctrl】+【D】快捷键取消选区，其效果如图 32.61 所示。

④把图像以"32-7-4 田园风光.jpg"为文件名保存到最后一个分区的个人文件夹中。

操作提示：用内容感知工具将选中的对象移动或扩展到图像的其他区域后，可以重组和混合对象，产生出色的视觉效果。

图32.60 移动后的选区

图32.61 "32-7-4田园风光.jpg"的最终效果

(5) 红眼工具的使用。

①打开"32-7-5红眼照片.jpg"素材,选择工具箱中的红眼工具,在工具属性栏中设置"瞳孔大小"为"57%","变暗量"为"34%",拖动鼠标光标至图像编辑窗口中"小朋友"的左眼位置,然后单击鼠标左键。

②释放鼠标左键,即可修复红眼,如图32.62所示。

③用与上面同样的方法,修复右眼的红眼,其效果如图32.63所示。

④把图像以"32-7-5红眼消除.jpg"为文件名保存到最后一个分区的个人文件夹中。

操作提示:红眼工具属性栏中的"瞳孔大小"主要是设置瞳孔(眼睛暗色的中心)的大小;"变暗量"用来设置瞳孔变暗的程度,数值越大,瞳孔越暗。

图32.62 消除左边的红眼

图32.63 "32-7-5红眼消除.jpg"的最终效果

(6) 仿制图章工具的使用。

①打开"32-7-6村边小狗.jpg"素材,选择工具箱中的仿制图章工具,在工具属性栏中选择一个柔角笔尖,拖动鼠标光标至图像编辑窗口中小狗旁边的草地上,按住【Alt】键进行取样,然后放开【Alt】键在小狗的身上涂抹,用草地将其覆盖,如图32.64所示。

②为了避免复制的草地出现重复,可以在"小狗"旁边其他的草地上进行采样,然后继续涂抹,将"小狗"全部覆盖。图32.65、图32.66所示分别为修改前后的图像。

③把图像以"32-7-6村边田野.jpg"为文件名保存到最后一个分区的个人文件夹中。

图 32.64　用取样的草地将小狗覆盖

操作提示：选取仿制图章工具后，可以在属性栏中对仿制图章的属性，如对画笔大小、模式、不透明度和流量进行相应的设置，经过相关属性的设置后，使用仿制图章工具所得到的效果也会有所不同。

图 32.65　修改前的图像　　　　　　图 32.66　修改后的图像

（7）图案图章工具的使用。

①打开"32-7-7 碧草蓝天.jpg""鸽子.psd"素材，确认"鸽子"图像为当前工作窗口，执行"编辑"→"定义图案"命令，弹出"图案名称"对话框，设置"名称"为"鸽子"，如图 32.67 所示，单击"确定"按钮。

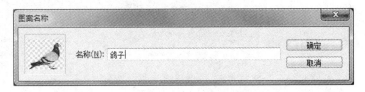

图 32.67　定义"鸽子"图案

②切换至"32-7-7 碧草蓝天.jpg"图像编辑窗口，选择工具箱中的图案图章工具，在工具属性栏中设置"画笔"为"硬边缘""大小"设置为"25 像素"，"图案"设置为"白云"，其他设置如图 32.68 所示。

图 32.68　设置图案图章工具的属性

③移动鼠标光标至图像编辑窗口中下方的草地上，单击鼠标左键并拖动，复制图案，如图 32.69 所示。

④采用与上面同样的方法继续涂抹，复制图案，其效果如图 32.70 所示。

⑤把图像以"32-7-7草地鸽子.jpg"为文件名保存到最后一个分区的个人文件夹中。

图 32.69　复制鸽子图案　　　　图 32.70　"32-7-7草地鸽子.jpg"的最终效果

任务 8　修饰工具的使用

（1）模糊工具的使用。

①打开"32-8-1一箭穿心.jpg"素材，如图 32.71 所示。

图 32.71　"32-8-1一箭穿心.jpg"素材

②选择工具箱中的模糊工具 ◊，在工具属性栏中设置"画笔"为"柔边圆"，"大小"为"78 像素"，"强度"为"100%"，如图 32.72 所示。

图 32.72　设置模糊工具的属性

③移动鼠标光标至图像编辑窗口上方的两个较远的巧克力处，单击鼠标左键并拖动，模糊图像。

④采用与上面同样的方法，继续拖动鼠标模糊图像，其效果如图 32.73 所示。

⑤把图像以"32-8-1心形巧克力.jpg"为文件名保存到最后一个分区的个人文件夹中。

> **操作提示**：使用模糊工具可以将突出的颜色打散，使僵硬的图像边界变得柔和，颜色过渡变得平缓，起到一种模糊图像的效果。

图 32.73 "32-8-1 心形巧克力.jpg"的最终效果

(2) 锐化工具的使用。

①打开"32-8-2花束.jpg"素材，如图 32.74 所示。

②选择工具箱中的锐化工具，在工具属性栏中设置"画笔"为"柔边圆"，"大小"为"50 像素"，"强度"为"50%"。

③移动鼠标光标至图像编辑窗口中左上角的"花蕾"处，单击鼠标左键并拖动，锐化图像。

④采用与上面同样的方法，继续拖动鼠标锐化左下角的花蕾图像，其效果如图 32.75 所示。

⑤把图像以"32-8-2鲜花绽放.jpg"为文件名保存到最后一个分区的个人文件夹中。

> **操作提示**：使用锐化工具对图像进行锐化处理时，应尽量选择较小的画笔以及设置较低的强度百分比，过高的设置会使图像出现类似划痕一样的色斑像素。

图 32.74 "32-8-2 花束.jpg"素材

图 32.75 "32-8-2 鲜花绽放.jpg"的最终效果

(3) 涂抹工具的使用。

①打开"32-8-3戏水女孩.jpg"素材，如图 32.76 所示。选择工具箱中的涂抹工具，在工具属性栏中设置"画笔"为"柔边圆"，"大小"为"32 像素"，"强度"设置为

"30%"。

②移动鼠标光标至图像编辑窗口中女孩的手臂下方,单击鼠标左键并拖动,涂抹图像。

③采用与上面同样的方法,继续从左往右拖动鼠标涂抹美女的下半身,得到类似水中的效果,如图32.77所示。

④把图像以"32-8-3水中花.jpg"为文件名保存到最后一个分区的个人文件夹中。

操作提示:涂抹工具可以模拟手指绘图在图像中产生流动的效果,被涂抹的颜色会沿着拖动鼠标的方向将颜色进行展开。涂抹工具效果有点类似用刷子在颜料没有干的油画上涂抹,会产生刷子划过的痕迹,涂抹的起始点颜色会随着涂抹工具的滑动而延伸。

图32.76 "32-8-3戏水女孩.jpg"素材　　图32.77 "32-8-3水中花.jpg"的最终效果

(4)减淡和加深工具的使用。

①打开"32-8-4女油漆工.jpg"素材,选择工具箱中的减淡工具 ,在工具属性栏中设置"画笔"为"柔边圆","大小"为"65像素","强度"设置为"50%"。

②移动鼠标光标至图像编辑窗口中左边的绿色油漆背景墙处,单击鼠标左键并拖动,减淡图像,如图32.78所示。

③选择工具箱中的加深工具 ,在工具属性栏中设置"画笔"为"柔边圆","大小"为"65像素","强度"设置为"45%"。

④移动鼠标光标至图像编辑窗口中美女右边的绿色油漆处,单击鼠标左键并拖动,加深美女右边的绿色背景墙,如图32.79所示。

图32.78 减淡左边的背景墙后的效果　　图32.79 加深右边的背景墙后的效果

⑤把图像以"32-8-4 调整背景墙.jpg"为文件名保存到最后一个分区的个人文件夹中。

> **操作提示**：加深工具和减淡工具可以很容易地改变图像的曝光度，从而使图像变亮或变暗。这两种工具属性栏中的选项是相同的，其工具属性栏中的"范围"列表框各选项的含义如下：a. 阴影：选择该选项表示对图像暗部区域像素的加深或减淡。b. 中间调：选择该选项表示对图像中间色调区域的加深或减淡。c. 高光：选择该选项表示对图像亮度区域像素的加深或减淡。

(5) 海绵工具的使用。

①打开"32-8-5 沙滩海螺.jpg"素材，如图 32.80 所示。

②选择工具箱中的海绵工具 ，在工具属性栏中设置"画笔"为"柔边圆"，"大小"为"65 像素"，"模式"设为"饱和"，"流量"设为"50%"。

③移动鼠标光标至图像编辑窗口中右下角的大海螺上，单击鼠标左键并拖动，加色图像，如图 32.81 所示。

图 32.80　"32-8-5 沙滩海螺.jpg"素材　　图 32.81　"32-8-5 加色的沙滩海螺.jpg"的最终效果

④把图像以"32-8-5 加色的沙滩海螺.jpg"为文件名保存到最后一个分区的个人文件夹中。

> **操作提示**：海绵工具的作用是对图像上的颜色进行饱和度的增加或减少，通俗地说，就是使画面局部更鲜艳一些或更暗淡一些。在其工具属性栏中的"模式"选项中选择"增加饱和度"选项，可以增加图像中某部分的饱和度；选择"降低饱和度"选项，可以减少图像中某部分的饱和度；"流量"选项的作用则是增加或降低饱和度的程度，数值越大，效果就越明显。

任务 9　文字、路径和形状工具的使用

(1) 创建文字工具的使用。

①打开"32-9-1 古典图片.jpg"素材，选择工具箱中的横排文字工具 T，在工具属性栏的"设置字体系列"下拉列表框中选择"经典繁颜体"字体，在"设置字体大小"下拉列表框中输入"200 点"，单击工具属性栏中的"设置文本颜色"选项，在出现的"拾色器（文本颜色）"对话框中设置文本颜色为"黑色（0，0，0）"。

②在素材左上角的水墨圆圈处单击鼠标左键,确是文字的插入点,输入"博"字,单击工具属性栏中的✓按钮结束文字的输入操作。

> **操作提示**:输入文字时,单击其他工具、按下数字键盘中的回车键或按【Ctrl】+【Enter】组合键也可以结束文字的输入操作。如果要放弃输入,可以按下工具属性栏中的⊘按钮或【Esc】键。此外,在输入点输入文字状态时,如果要换行,可以按下回车键。

③采用与上面同样的方法,设置"字体大小"为"145 点",在"博"字的右下角输入"学"字。

④选择工具箱中的直排文字工具↓T,设置字体为"方正大标宋简体","字体大小"为"28 点",在"博"字下方输入"所谓'能人无所不能',就是因为凡事都要弄清其中的道理,博学多识就是这样积累起来的。和比你实力强的人比较。善于观察他人优点学以已用"文字。

⑤单击工具属性栏中的"切换字符和段落面板"按钮▤,选择"字符"面板,在"设置行距"列表框中输入"40 点",在"设置所选字符的字距调整"列表框中选择"25",点击面板下面的"仿粗体"按钮 **T** 和"下划线"按钮 T̲ 对直排文字进行加粗和加下划线显示,如图 32.82 所示。

⑥关闭"字符"面板,按【Ctrl】+【Enter】组合键,即可创建直排文字,使用移动工具⊕将文字移至合适的位置,最后的效果如图 32.83 所示。

图 32.82 设置"字符"面板的参数

图 32.83 "32 – 9 – 1 博学阐释.psd"的最终效果

⑦把图像以"32 – 9 – 1 博学阐释.psd"为文件名保存到最后一个分区的个人文件夹中。

(2)钢笔工具的使用。

①打开"32 – 9 – 2 倾心.jpg"素材,选择工具箱中的钢笔工具✎,在工具属性栏中选择"路径"选项。

②移动鼠标光标至图像编辑窗口中的右边盾形的左上角处,单击鼠标左键,创建一个锚

点，放开鼠标左键，将光标移动至盾形的右上角处单击鼠标左键不放并向右下角拖动鼠标，在拖动过程中慢慢调整方向线的长度和方向，从而绘制一条与盾形上方弧度重合的曲线。

> **操作提示**：在使用钢笔工具绘制路径时，在某点处单击鼠标左键，将绘制该点与上一点之间的连接直线；在某点处单击鼠标左键并拖动，将绘制该点与上一点之间的连接曲线。在绘制路径时，如果按住【Shift】键，可以沿水平、垂直或45°角方向绘制线段。

③采用与上面同样的方法，依次绘制与盾形右边、左边形状重合的曲线，形成一个与盾形一样大小的封闭盾形路径。

④执行"窗口"→"路径"命令，弹出"路径"面板，在该面板下方单击"将路径作为选区载入"按钮 ，将盾形的路径转换为选区，如图32.84所示。

> **操作提示**：将路径转换为选区也可以按【Ctrl】+【Enter】组合键，或者在图像编辑窗口中单击鼠标右键，从弹出的快捷菜单中选择"建立选区"选项，在弹出的"建立选区"对话框中单击"确定"按钮。

⑤打开"32-9-2 中国风1.jpg"素材，执行"选择"→"全部"命令，全选图像。执行"编辑"→"拷贝"命令，复制图像。

⑥打开"32-9-2 倾心.jpg"图像编辑窗口，执行"编辑"→"选择性粘贴"→"贴入"命令，将复制的图像贴入盾形选区中。

⑦执行"编辑"→"自由变换"命令，调整图像的大小和位置，如图32.85所示。

图32.84　把盾形路径转换成选区　　　图32.85　贴入图像后的效果

⑧采用与上面同样的方法，将"32-9-2 中国风2.jpg"素材贴入到左边的盾形选区中，最终的效果如图32.86所示。

图32.86　"32-9-2 倾心中国风.psd"的最终效果

⑨把图像以"32-9-2 倾心中国风.psd"为文件名保存到最后一个分区的个人文件夹中。

(3) 自由钢笔工具的使用。

①打开"32-9-3 橙色橘子.jpg"素材,选择工具箱中的自由钢笔工具,在工具属性栏中勾选"磁性的"选项。

②移动鼠标光标至图像编辑窗口中的"橘子"的边缘处,单击鼠标左键并慢慢沿边缘拖动,当鼠标光标移至起始点时,光标下方出现小圆圈,单击鼠标左键,绘制路径。

③按【Ctrl】+【Enter】组合键将绘制的路径转换为选区,如图 32.87 所示。

④按【Ctrl】+【U】组合键打开"色相/饱和度"对话框,并设置"色相"为"+13","饱和度"为"5",单击"确定"按钮,按【Ctrl】+【D】组合键取消选区,得到如图 32.88 所示效果。

图 32.87　把路径转换成选区　　　图 32.88　"32-9-3 黄色橘子.jpg"的最终效果

⑤把图像以"32-9-3 黄色橘子.jpg"为文件名保存到最后一个分区的个人文件夹中。

操作提示:自由钢笔工具用于随意绘图,如同用铅笔在纸上绘图一样,在绘制路径时,Photoshop 会自动在曲线上添加锚点,绘制完成后,可以进一步对其进行调整。选择自由钢笔工具后,在工具属性栏中勾选"磁性的"选项,可将它转换为磁性钢笔工具。磁性钢笔与磁性套索工具非常相似,在使用时,只需在对象边缘单击,然后放开鼠标按键并沿边缘拖动,Photoshop 便会紧贴对象轮廓生成路径。在使用磁性钢笔工具绘制路径时,按【Delete】键可删除锚点,双击则闭合路径。

(4) 矢量形状工具的使用。

①打开"32-9-4 风情月意.psd"素材,选中"图层1"。

②执行"视图"→"新建参考线"命令,弹出"新建参考线"对话框,选择"垂直"选项,设置"位置"为"0.5厘米",如图 32.89 所示。单击"确定"按钮,创建垂直参考线。

③采用与上面同样的方法,分别创建"位置"为"3.5厘米""6.5厘米""9.5厘米""12.5厘米"的垂直参考线,以及"位置"为"7.5厘米"的水平参考线,如图 32.90 所示。

操作提示：参考线是浮动在图像上却不被打印的直线，其主要用来协助对齐和定位图形对象。

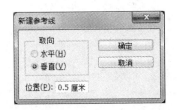
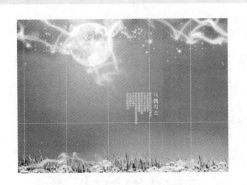

图 32.89　新建参考线对话框　　　　图 32.90　建立参考线后的效果

④选择工具箱中的圆角矩形工具 ▢，在工具属性栏中选择"路径"选项，单击"几何选项" ⚙ 的下拉按钮，在弹出的"圆角矩形选项"面板中，选择"固定大小"选项，设置"W"为"2厘米""H"为"2厘米"，如图32.91所示。

⑤移动鼠标光标至图像编辑窗口中，根据参考线依次单击鼠标左键，绘制圆角矩形路径。

⑥按【Ctrl】+【Enter】组合键，将路径转换为选区，按【Delete】键删除选区内的图像。

⑦按【Ctrl】+【D】组合键取消选区，执行。执行"视图"→"清除参考线"命令清除参考线，其效果如图32.92所示。

图 32.91　设置圆角矩形的参数　　　图 32.92　"32-9-4风情月意的背景.jpg"的最终效果

⑧把图像以"32-9-4风情月意的背景.jpg"为文件名保存到最后一个分区的个人文件夹中。

操作提示：使用圆角矩形工具绘制路径时，按住【Shift】的同时，按住鼠标左键并拖动，可绘制一个长宽比例为1∶1的圆角矩形；按【Alt】键的同时，按住鼠标左键并拖动，可绘制以起点为中心的圆角矩形。

实验 33　Photoshop 综合操作

一、实验目的

掌握图像处理中的图层、蒙版、滤镜等操作技巧。

二、实验相关知识点

图层、蒙版、滤镜的基本操作。

三、实验内容

任务1　图层的基本操作

（1）创建图层。

①打开"33-1-1 春天鲜花绿叶.jpg"素材。

②执行"图层"→"新建"→"图层"命令，弹出"新建图层"对话框，在名称框中输入"透明前景"，"不透明度"设为"15%"，如图33.1所示。单击"确定"按钮，即可在"图层"面板中新建一个名为"透明前景"的图层。

③单击工具箱下方的"设置前景色"色块，打开"拾色器（前景色）"对话框，设置前景色为"255，176，245"。

④按【Alt】+【Delete】组合键，填充前景色，得到如图33.2所示的效果。

⑤把图像以"33-1-1 添加前景色的鲜花绿叶.jpg"为文件名保存到最后一个分区的个人文件夹中。

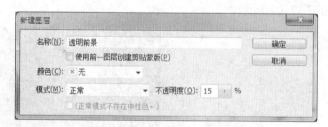

图 33.1　"新建图层"对话框

图 33.2　"33-1-1 添加前景色的鲜花绿叶.jpg"的最终效果

> 操作提示：创建图层的方法还有以下 3 种：单击"图层"面板底部的"创建新图层"按钮 ；按【Ctrl】+【Shift】+【N】组合键；单击"图层"面板右上角的控制按钮 ，在弹出的菜单中选择"新建图层"选项。

(2) 隐藏与显示图层。

①打开"33-1-2 水墨荷花.psd"素材，如图 33.3 所示。

②展开"图层"面板，选中"大荷花"图层，将鼠标光标移至图层左侧的"指示图层可见性"图标上，如图 33.4 所示。

③单击鼠标左键，"指示图层可见性"图标呈隐藏状态，如图 33.5 所示。执行操作后，隐藏该图层，其效果如图 33.6 所示。

④再次单击图层左侧的"指示图层可见性"图标，即可重新显示图层。

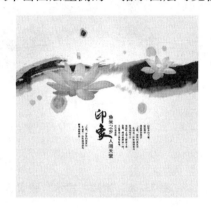

图 33.3　"33-1-2 水墨荷花.psd"素材

图 33.4　"指示图层可见性"图标

图 33.5　隐藏"指示图层可见性"图标

图 33.6　隐藏图层后的效果

(3) 复制、删除图层。

①打开"33-1-2 水墨荷花.psd"素材，选中"小荷花"图层。

②拖动"小荷花"图层至面板右下方的"创建新图层"按钮 上，复制该图层，得到一个名为"小荷花副本"的图层，如图 33.7 所示。

③在"小荷花副本"图层名称上双击鼠标左键激活文本框，并输入名称"小荷花 2"，

按【Enter】键确认，重命名图层，如图 33.8 所示。

图 33.7　复制"小荷花"图层

图 33.8　重命名"小荷花副本"图层

④拖动"小荷花 2"图层上的图像至合适位置，其效果如图 33.9 所示。

⑤选中"墨水"图层，拖曳该图层至面板底部的"删除图层"按钮 🗑 上，删除该图层，其效果如图 33.10 所示。

图 33.9　拖动"小荷花 2"后的效果

图 33.10　删除"墨水"图层后的效果

⑥把图像以"33-1-3 水墨荷花图层操作.jpg"为文件名保存到最后一个分区的个人文件夹中。

操作提示：复制图层还可以通过以下的方法：选中图层后，按【Ctrl】+【J】组合键；选中图层后，执行"图层"→"复制图层"命令。

删除图层还可以通过以下的方法：选中图层后，按【Delete】键；选中图层后，执行"图层"→"删除"→"图层"命令。

（4）对齐与合并图层。

①打开"33-1-4 绿豆蛙.psd"素材，如图 33.11 所示。

②按住【Ctrl】键并单击"图层 1""图层 2"和"图层 3"。

③执行"图层"→"对齐"→"垂直居中"命令，可以将所有选定图层上的垂直中心像素与所有选定图层的垂直像素对齐，如图 33.12 所示。

④在"图层"面板中选择所有的图层，执行"图层"→"合并图层"命令，合并后的图层使用上面图层的名称，如图 33.13、图 33.14 所示。

⑤把图像以"33-1-4 绿豆蛙图层处理.psd"为文件名保存到最后一个分区的个人文件夹中。

操作提示：合并图层的方法还有：选中要合并的图层后，右键选中的图层，在弹出的快捷菜单中选择"合并图层"命令；选中要合并的图层后，按【Ctrl】+【E】组合键。

图 33.11　"33－1－4 绿豆蛙.psd"素材

图 33.12　"垂直居中"对齐图层

图 33.13　合并图层前的图层面板

图 33.14　合并图层后的图层面板

（5）使用图层样式。

①打开"33－1－5 浪漫七夕节.psd"素材，如图 33.15 所示。

图 33.15　"33－1－5 浪漫七夕节.psd"素材

②展开"图层"面板，选择"浪漫七夕节"图层。

③选择"图层"→"图层样式"→"斜面和浮雕"命令，弹出"图层样式"对话框，

单击"斜面和浮雕"选项,设置"样式"为"内斜面""深度"为"918%""大小"为"9 像素""软化"为"3 像素",其他参数如图 33.16 所示。单击"确定"按钮,添加内斜面效果。

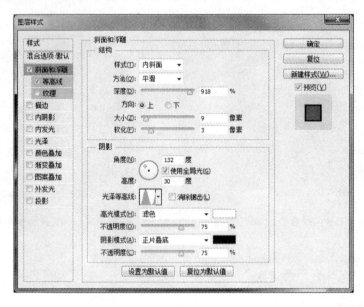

图 33.16　设置"斜面和浮雕"样式参数

④单击"描边"选项,设置"大小"为"7 像素""位置"为"外部""混合模式"为"正常""颜色"为"粉褐色(251,216,197)",如图 33.17 所示。单击"确定"按钮,添加内描边效果。

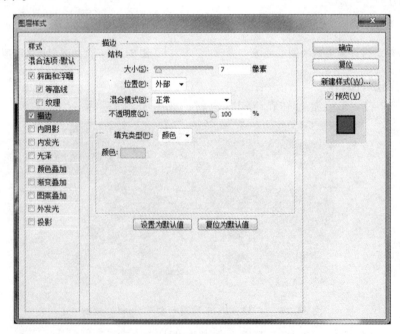

图 33.17　设置"描边"样式参数

⑤单击"投影"选项,设置"距离"为"12 像素""扩展"为"35%""大小"为"13 像素"的"黑色"投影样式效果,如图 33.18 所示。最后的效果如图 33.19 所示。

⑥把图像以"33-1-5 浪漫七夕节图层样式.psd"为文件名保存到最后一个分区的个人文件夹中。

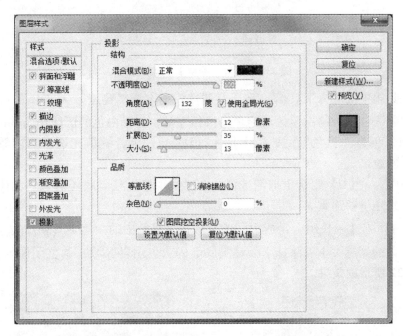

图 33.18　设置"投影"样式参数

图 33.19　"33-1-5 浪漫七夕节图层样式.psd"的最终效果

任务 2　蒙版的基本操作

创建图层蒙版。

①打开"33-2-1 高速公路.jpg"素材和"33-2-1 擎天柱.jpg"素材。

②使用移动工具 将擎天柱图像拖入高速公路文档中,生成"图层 1"。

③展开"图层"面板,选择"图层 1",单击其下方的"添加图层蒙版"按钮 ,为图层添加蒙版,如图 33.20 所示。

图 33.20 为"图层 1"添加蒙版

④选择工具箱中的魔棒工具，在工具属性栏中设置"容差"为"15"，勾选"连续"选项，然后在擎天柱图像的白色区域内单击鼠标左键，选择白色的区域作为选区。

⑤设置前景色为"黑色"，按【Alt】+【Delete】组合键填充选区为前景色，得到如图 33.21 所示的效果。

⑥按【Ctrl】+【D】组合键取消选区。此时发现擎天柱脚底还有灰色的阴影区域没有被填充，其效果还不够逼真。

⑦按【Ctrl】+【+】组合键放大图像，选择工具箱中的画笔工具，选择"硬边圆"画笔，设置合适的画笔大小后涂抹擎天柱脚底下的灰色阴影区域，调整图像的大小和位置，得到如图 33.22 所示的效果。

图 33.21 在图层蒙版中填充"黑色"　　图 33.22 "33-2-1 奔跑的擎天柱.psd"的最终效果

⑧把图像以"33-2-1 奔跑的擎天柱.psd"为文件名保存到最后一个分区的个人文件夹中。

> **操作提示**：应用图层蒙版效果后，图层蒙版中的白色区域对应的图层图像被保留，而蒙版中的黑色区域对应的图层图像被删除，灰色过渡区域所对应的图层图像部分像素被删除。

任务3 滤镜的基本操作

（1）"扭曲"滤镜的使用。

①打开"33-3-1 湖水.jpg"素材。

②选择工具箱中的套索工具 ⌒，在图像编辑窗口中框选湖面，创建如图33.23所示的选区。

图33.23 为湖面创建选区

③执行"滤镜"→"扭曲"→"水波"命令，弹出"水波"滤镜对话框，设置"数量"为"39""起伏"为"15"，如图33.24所示。单击"确定"按钮，即可设置水波效果，如图33.25所示。

④按【Ctrl】+【D】组合键取消选区，把图像以"33-3-1 微波荡漾.jpg"为文件名保存到最后一个分区的个人文件夹中。

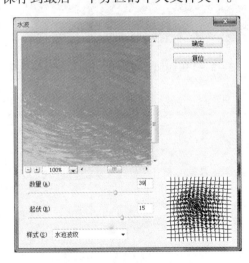

图33.24 设置"水波"参数　　　　图33.25 "33-3-1 微波荡漾.jpg"的最终效果

（2）滤镜库的使用。

①打开"33-3-2 田园风光.jpg"素材，如图33.26所示。

②执行"滤镜"→"滤镜库"命令，打开"滤镜库"窗口。

③单击窗口右上角的"纹理"按钮，展开里面的选项，选择"纹理化"选项，如

图33.27所示。设置"缩放"为"120","凸现"为"5",如图33.28所示。单击"确定"按钮,即可设置纹理化效果,如图33.29所示。

④把图像以"33-3-2田园风光纹理化.jpg"为文件名保存到最后一个分区的个人文件夹中。

图33.26 "33-3-2田园风光.jpg"素材

图33.27 选择"纹理化"选项

图33.28 设置"纹理化"参数

图33.29 "33-3-2田园风光纹理化.jpg"的最终效果

第 2 篇 计算机基础知识训练题

第 1 章

计算机基础知识习题

一、填空题

1. 计算机的工作原理可以概况为_____。
2. 目前的计算机体系结构为_____。
3. 目前在国际上广泛采用_____来表示英文字符、标点字符和作为符号使用的阿拉伯数字。
4. 将区位码的区号和位号分别由十进制转换成对应的十六进制数，然后加上十六进制数_____就得到对应的国标码。将十六进制的国标码加上_____就得到对应的机内码。
5. 将二进制数 1001 与 1101 进行逻辑"与"运算后得到的结果为_____，将二进制数 1110 与 1011 进行逻辑"或"运算后得到的结果为_____。
6. 在微机中，字符的比较就是对它们的_____码值进行比较。
7. $(11011101)_2 = ($_____$)_{10} = ($_____$)_8 = ($_____$)_{16}$。
8. 一个汉字字符在微机中存储时所占_____字节。
9. 计算机通常以_____作为存储容量的单位。
10. 1MB = _____B，1GB = _____B。
11. 计算机软件系统由_____和_____两大类组成。
12. 内部存储器分为_____、_____两类。
13. PC 的主机板中最重要的部分是_____和_____。
14. CPU 的两个重要指标是_____和_____。
15. 由于 CPU 的速度越来越快，而内存的速度提高较慢，内存存取数据的速度无法跟上 CPU 的速度，使得 CPU 与内存交换数据时不得不等待，影响了整机性能的提高，所以目前采用_____技术来解决这个问题。
16. 目前打印机的种类主要有_____、_____、_____。
17. 计算机软件是各种_____和_____的总和。
18. 不同类型的计算机其指令的编码规则是不同的，但都由_____和_____两部分构成。
19. _____是指令的有序集合。
20. 用汇编语言或高级语言编写的程序称为_____，用机器语言编写的程序称为_____。

二、单项选择题

1. 计算机能够自动、准确、快速地按照人们的意图进行运行的最基本思想由是_____提出的。
   A. 图灵   B. 布尔   C. 冯·诺依曼   D. 帕斯卡
2. 在计算机内部采用的数制是_____。
   A. 十六进制   B. 八进制   C. 二进制   D. BCD 码
3. 关于计算机的特点，以下论述错误的是_____。
   A. 运算速度快   B. 运算精度高
   C. 采用大规模集成电路   D. 具有很高的人工智能的新一代
4. 第四代计算机使用的电子元件是_____。
   A. 晶体管   B. 电子管
   C. 中、小规模集成电路   D. 大规模和超大规模集成电路
5. 世界上第一台数字电子计算机 ENIAC 是_____年在美国诞生的。
   A. 1946   B. 1947   C. 1948   D. 1949
6. 计算机的内部全部采用二进制，其主要原因是_____。
   A. 便于书写   B. 存取速度快
   C. 符合人的习惯   D. 物理上容易实现
7. 二进制数 110110 转换成十进制数是_____。
   A. 55   B. 54   C. 53   D. 52
8. 十进制数 237 转换成二进制数是_____。
   A. 10101101   B. 10110111   C. 10001101   D. 11101101
9. 十进制数 221 转换成十六进制数是_____。
   A. BD   B. CD   C. DD   D. ED
10. 二进制数 1101100 转换成十六进制数是_____。
    A. 6C   B. 5D   C. D4   D. D5
11. 下列数据中，有可能是八进制数的是_____。
    A. 385   B. 301   C. 791   D. 807
12. 下列不同数制表示的数中，数值最大的是_____。
    A. 十进制数 219   B. 二进制数 11011101
    C. 十六进制数 DA   D. 八进制数 334
13. ASCII 是_____。
    A. 条件码   B. 十进制编码
    C. 二进制码   D. 美国信息交换标准代码
14. 在微机中，应用最普遍的字符编码是_____。
    A. BCD 码   B. ASCII 码   C. 汉字编码   D. 补码
15. 下列字符中，ASCII 码值最小的是_____。
    A. a   B. A   C. x   D. Y
16. 对于 ASCII 码在机器中的表示，下列说法正确的是_____。

A. 使用8位二进制代码，最右边一位是0
B. 使用8位二进制代码，最右边一位是1
C. 使用8位二进制代码，最左边一位是0
D. 使用8位二进制代码，最左边一位是1

17. 已知小写字母g的ASCII码为十进制数103，那么小写字母j的ASCII码为十进制数_____。
    A. 105　　　　　B. 106　　　　　C. 107　　　　　D. 108
18. 已知字母A的ASCII码为十进制数65，那么小写字母d的ASCII码转换成十进制数为_____。
    A. 68　　　　　B. 92　　　　　C. 97　　　　　D. 100
19. 用计算机控制人造卫星和导弹的发射，按计算机应用的分类，它应属于_____。
    A. 科学计算　　　B. 数据处理　　　C. 人工智能　　　D. 实时控制
20. 使用计算机管理职工工资、用计算机进行定理的自动证明，分别属于计算机在_____应用领域的应用。
    A. 数据处理、人工智能　　　　　　B. 科学计算、辅助设计
    C. 办公自动化、网络应用　　　　　D. 实时控制、数据处理
21. 计算机能接受和处理的信息是_____化信息。
    A. 数字　　　　　B. 通用　　　　　C. 模拟　　　　　D. 以上答案都不对
22. CAI是计算机主要应用领域之一，它的含义是_____。
    A. 计算机辅助教学　　　　　　　　B. 计算机辅助测试
    C. 计算机辅助设计　　　　　　　　D. 计算机辅助管理
23. CAM的含义是_____。
    A. 计算机辅助制造　　　　　　　　B. 计算机科学计算
    C. 计算机辅助设计　　　　　　　　D. 计算机辅助教学
24. 使用计算机对船舶、飞机、汽车、机械、服装进行设计、绘图，属于_____的应用领域。
    A. CAI　　　　　B. CAD　　　　　C. CAM　　　　　D. CAT
25. 计算机处理信息的基本单位是_____。
    A. 字节　　　　　B. 位　　　　　C. 字长　　　　　D. 字符
26. 衡量计算机存储容量的单位通常是_____。
    A. 字　　　　　B. 字节　　　　　C. 字长　　　　　D. 位
27. 在计算机内部用于存储、交换、处理的汉字编码叫作_____。
    A. 机内码　　　　B. 国标码　　　　C. 区位码　　　　D. 字形码
28. 汉字机内码的编码标准是将十六进制的国标码，再加上十六进制的_____而得到。
    A. A0A0　　　　B. 8080　　　　C. 3030　　　　D. 2020
29. "啊"字的国标码用十六进制数表示是3021，则其对应的机内码是_____。
    A. B020　　　　B. 2020　　　　C. B0B0　　　　D. B0A1
30. 控制小键盘上的数字/光标移动键转换的数字锁定键是_____。

A. 【Num lock】　　B. 【Caps Lock】　　C. 【Ctrl】　　D. 【Shift】

31. 大小写字母转换键是_____。
A. 【Num lock】　　B. 【Caps Lock】　　C. 【Ctrl】　　D. 【Shift】

32. 【Ctrl】键_____其他键配合使用。
A. 总是与　　B. 不需要与　　C. 有时与　　D. 和【Alt】一起再与

33. 关于【Shift】键的作用，下列表述较为完整的是_____。
A. 取双挡键的上方符号　　B. 取双挡键的下方符号
C. 大小写字母的转换　　D. A 和 C 都对

34. 微机面板上的【Reset】按钮的作用是_____。
A. 暂停运行　　B. 复位启动　　C. 热启动　　D. 清屏

35. 当系统运行不稳定时，启动系统过程中会要求用户选择启动模式，这时应选择_____。
A. 普通方式　　B. 命令提示方式　　C. 安全模式　　D. 登录方式

36. 在 Windows 7 中正常的重新启动方法有_____。
A. 单击"开始"菜单，然后在"关机"的展开项中选择"重新启动"
B. 同时按【Ctrl】+【Alt】+【Delete】三个键
C. 按主机箱面板上的【Reset】键
D. 按机箱面板上的【Power】键

37. 完整的计算机系统包括_____。
A. 主机和外部设备　　B. 硬件系统和软件系统
C. 运算器、存储器和控制器　　D. 系统程序和应用程序

38. 计算机的硬件系统由以下_____几部分组成。
A. 控制器、显示器、打印机、主机、键盘
B. 控制器、运算器、存储器、输入输出设备
C. CPU、主机、显示器、打印机、硬盘、键盘
D. 主机箱、集成块、显示器、电源、键盘

39. 计算机软件系统包括_____。
A. 系统软件和应用软件　　B. 编辑软件和应用软件
C. 数据库软件和工具软件　　D. 程序和数据

40. 所谓"裸机"是指_____。
A. 单片机　　B. 不装备任何软件的计算机
C. 单板机　　D. 只装备操作系统的计算机

41. 通常用户可用的内存容量是指_____。
A. RAM 和 ROM 容量的总和　　B. RAM 的容量
C. CD-ROM 容量　　D. ROM 的容量

42. 计算机性能指标包括多项，下列项目中不属于性能指标的是_____。
A. 主频　　B. 字长　　C. 运算速度　　D. 是否带光驱

43. ROM 存储器是指_____。
A. 光盘存储器　　B. 磁介质存储器
C. 只读存储器　　D. 随机存取存储器

44. 运算器的主要功能是_____。
  A. 实现算术运算和逻辑运算
  B. 保存各种指令信息供系统其他部件使用
  C. 分析指令并进行译码
  D. 按主频指标规定发出时钟脉冲
45. 微机中 1 K 字节表示的二进制位数是_____。
  A. 1 000   B. 8×1 000   C. 1 024   D. 8×1 024
46. 在微机中，bit 的中文含义是_____，Byte 的中文含义是_____。
  A. 二进制位，字   B. 二进制位，双字
  C. 字长，字节   D. 二进制位，字节
47. 下列等式中，正确的是_____。
  A. 1 MB = 1 024×1 024 B   B. 1 KB = 1 024 MB
  C. 1 KB = 1 024×1 024 B   D. 1 MB = 1 024 B
48. 计算机的运算精度取决于_____。
  A. 基本字长   B. 主频   C. 存储器容量   D. 运算速度
49. RAM 的存储能力为 640 KB，则表示它能存储_____。
  A. 655360 个字节   B. 655360000 个二进制信息位
  C. 640000000 个二进制信息位   D. 640000000 个字节
50. 计算机的内存储器一般由_____组成。
  A. RAM 和 C 盘   B. ROM、RAM 和 C 盘
  C. RAM 和 ROM   D. RAM、ROM 和 CD – ROM
51. 断电会使存储数据丢失的存储器是_____。
  A. RAM   B. 硬盘   C. ROM   D. 光盘
52. 下列关于存储器的叙述正确的是_____。
  A. CPU 能直接访问内存中的数据，也能直接访问外存中数据
  B. CPU 不能直接访问内存中的数据，但能直接访问外存中的数据
  C. CPU 只能直接访问内存中的数据，但不能直接访问外存中的数据
  D. CPU 既不能直接访问内存中的数据，也不能直接访问外存中的数据
53. 下面在有关计算机的描述当中，正确的是_____。
  A. 计算机的主机包括 CPU、内存储器和硬盘三部分
  B. 计算机程序必须装载到内存中才能执行
  C. 计算机必须具有硬盘才能工作
  D. 计算机键盘上字母键的排列方式是随机的
54. CPU 处理数据的基本单位为字，下列不可能是计算机字长的是_____。
  A. 32 位   B. 60 位   C. 16 位   D. 8 位
55. 32 位微机中的"32"是指该微机_____。
  A. 能同时处理 32 位二进制数   B. 能同时处理 32 位十进制数
  C. 具有 32 根地址总线   D. 运算精度可达小数点后 32 位
56. ROM 和 RAM 的主要区别在于_____。

A. ROM 可以永久保存信息，RAM 在掉电后信息会丢失
B. ROM 掉电后信息会丢失，RAM 则不会
C. ROM 是内存器，RAM 是外存储器
D. RAM 是内存储器，ROM 是外存储器

57. 微型计算机中内存器比外存储器_____。
A. 存储容量大　　　　　　　　　B. 运算速度慢
C. 读写速度快　　　　　　　　　D. 以上三项都对

58. 在计算机中存储信息的基本存储单元是_____。
A. 磁道　　　　B. 柱面　　　　C. 扇区　　　　D. 磁盘

59. U 盘是一种_____。
A. 内存储器　　B. 外存储器　　C. 寄存器　　　D. 数据库

60. 微型计算机存储器系统中的 Cache 是_____。
A. 只读存储器　　　　　　　　　B. 高速缓冲存储器
C. 可编程只读存储器　　　　　　D. 可擦除可再编程只读存储器

61. 在微机中存储信息速度最快的设备是_____。
A. 内存　　　　B. 高速缓存　　C. 硬盘　　　　D. 光驱

62. 微机硬件系统中最核心的部件是_____。
A. 主板　　　　B. CPU　　　　C. 内存器　　　D. I/O 设备

63. 以下为点阵打印机的是_____。
A. 激光打印机　B. 喷墨打印机　C. 静电打印机　D. 针式打印机

64. 在针式打印机术语中，24 针是指_____。
A. 24×24 点阵　　　　　　　　　B. 信号线插头有 24 针
C. 打印头内有 24×24 根针　　　D. 打印头有 24 根针

65. 在以下的打印机中，打印效果最好的是_____。
A. 针式打印机　B. 喷墨打印机　C. 激光打印机　D. 宽行打印机

66. 下列软件中，属于应用软件的是_____。
A. UNIX　　　　B. Word 2010　C. Windows　　D. DOS

67. 用高级程序设计语言编写的程序，若要转换成可执行程序，则必须经过_____。
A. 汇编　　　　B. 编辑　　　　C. 解释　　　　D. 编译和连接

68. 以下属于高级语言的是_____。
A. 汇编语言　　B. C 语言　　　C. 机器语言　　D. 以上都是

69. 在下列软件中，属于系统软件的是_____。
A. 自动化控制软件　　　　　　　B. 辅助教学软件
C. 信息管理软件　　　　　　　　D. 数据库管理系统

70. 能把汇编语言源程序翻译成目标程序的程序称为_____。
A. 编译程序　　B. 解释程序　　C. 编辑程序　　D. 汇编程序

71. 下列说法中，正确的说法是_____。
A. 编译程序、解释程序和汇编程序不是系统软件
B. 故障诊断程序、财务管理程序、系统服务程序都不是应用软件

C. 操作系统、财务管理程序、系统服务程序都不是应用软件
D. 操作系统和各种设计语言的处理程序都是系统软件

72. 下面是关于解释程序和编译程序的论述，其中正确的是_____。
A. 编译程序能产生目标程序而解释程序不能
B. 编译程序不能产生目标程序而解释程序能
C. 编译程序和解释程序均不能产生目标程序
D. 编译程序和解释程序均能产生目标程序

73. 为解决某一特定问题而设计的指令序列称为_____。
A. 文件　　　　B. 语言　　　　C. 程序　　　　D. 软件

74. 计算机能够直接执行的程序是_____。
A. 用机器语言编写的程序　　　　B. 用高级语言编写的程序
C. 用汇编语言编写的程序　　　　D. 由机器编写的程序

75. 计算机指令中该指令执行功能的部分为_____。
A. 源地址码　　B. 操作码　　　C. 目标地址码　　D. 数据码

76. 在以下参数中，_____直接影响显示器的清晰度。
A. 对比度　　　B. 亮度　　　　C. 屏幕大小　　　D. 显示分辨率

77. 硬盘工作时就特别注意避免_____。
A. 日光　　　　B. 潮湿　　　　C. 噪声　　　　D. 震动

78. 磁盘是一种_____介质存储器。
A. 半导体　　　B. 光电　　　　C. 磁　　　　　D. 光磁

79. 以下不属于应用软件的是_____。
A. Windows　　B. QQ　　　　　C. Photoshop　　D. WinRAR

80. 显示器的大小通常以_____为单位。
A. 寸　　　　　B. 英寸　　　　C. 厘米　　　　D. 像素

第 2 章

中文操作系统 Windows 7 习题

一、填空题

1. 在中文 Windows 7 中，为了实现全角与半角状态之间的切换，应按的键是_____。
2. 在 Windows 7 中，若一个程序长时间不响应用户要求，为结束该任务，应使用的组合键是_____。
3. 按_____键可以关闭窗口或退出应用程序。
4. Windows 7 的整个屏幕画面所包含的区域称为_____。
5. 在 Windows 7 中，进行系统硬件配置的程序组称为_____。
6. _____是字母锁定键，当连续输入大写字母或连续输入小写字母时，可以用它进行方式切换。
7. 在 Windows 7 中，控制菜单图标位于窗口的_____。
8. 若要取消单个已选定的文件，只需要按住_____键，并单击要取消的文件名即可。
9. 要将"回收站"中的内容全部清除，只需在窗口的文件菜单中执行_____命令。
10. 从完成管理任务的角度看，操作系统的功能主要包括_____、_____、设备管理、文件管理和用户接口五个方面。
11. 窗口最小化之后，以该窗口名称按钮的形式保留在_____中。
12. 设某菜单栏中含有"文件 [F]"项，则按_____键相当于用鼠标选择该菜单项。
13. 在 Windows 7 中，如果想显示或隐藏文件的扩展名，可以利用资源管理器中"工具"菜单的_____进行设置。
14. 如果想搜索所有的 BMP 文件，应在搜索对话框中输入_____。
15. Windows 7 系统提供了许多种字体，字体文件均存放在 C 盘 Windows 文件夹中的_____文件夹中。
16. 窗口的右上角一般有三个小按钮，分别为最小化按钮、最大化按钮或还原按钮、_____按钮。
17. 在 Windows 7 中进入和退出中文输入法时可按【Ctrl】+_____键。
18. 为调整显示器的属性，除了可用控制面板中的"个性化"命令外，还可以用在_____单击鼠标右键，在弹出来的快捷菜单中选择"个性化"命令。
19. 在资源管理器的工作区中，将已选定的内容取消而将未选定的内容选定的操作叫作_____。

20. 在 Windows 7 操作系统中，显示桌面的快捷键是_____。

二、单项选择题

1. 在打开"开始"菜单时，可以单击"开始"按钮，也可以使用_____组合键。
   A. 【Alt】+【Shift】   B. 【Ctrl】+【Alt】
   C. 【Ctrl】+【Esc】   D. 【Tab】+【Shift】

2. 若想直接删除文件或文件夹，而不将其放入"回收站"中，可在拖到"回收站"时按住_____键。
   A. 【Shift】   B. 【Alt】   C. 【Ctrl】   D. Delete

3. 资源管理器可以_____显示计算机内所有文件的详细图表。
   A. 在同一窗口   B. 多个窗口   C. 分节方式   D. 分层方式

4. 在 Windows 7 系统的任何操作过程中，按_____键一般可获得联机帮助。
   A. 【Esc】   B. 【Alt】   C. 【F1】   D. 【Enter】

5. 在 Windows 7 中，任务管理器一般可用于_____。
   A. 关闭计算机   B. 结束应用程序
   C. 修改文件属性   D. 修改屏幕保护

6. 在 Windows 7 的命令菜单中，变灰的菜单表示_____。
   A. 可弹出对话框   B. 该菜单命令正在运行
   C. 该菜单命令当前不起作用   D. 该菜单命令的快捷键

7. Windows 7 中将信息传送到剪贴板不正确的方法是_____。
   A. 用"复制"命令把选定的对象送到剪贴板
   B. 用"剪切"命令把选定的对象送到剪贴板
   C. 用【Ctrl】+【V】把选定的对象送到剪贴板
   D. 用【Ctrl】+【X】把选定的对象送到剪贴板

8. 退出 Windows 7 操作系统应先_____。
   A. 关闭所有已打开的程序   B. 关闭显示器、打印机等外部设备
   C. 断开服务器的连接   D. 直接关闭电源、不需要其他操作

9. 在 Windows 7 桌面上，鼠标无论处于何处，只要_____屏幕就会出现一个快捷菜单。
   A. 单击左键   B. 双击   C. 右键单击   D. 拖放

10. 当鼠标的光标移到窗口的边角处时，鼠标的光标会变成_____形状。
    A. 双向箭头   B. 无变化   C. 游标   D. 沙漏斗

11. 在 Windows 7 中不能运行一个应用程序的操作是_____。
    A. 在"资源管理器"中选择该应用程序图标
    B. 左键双击桌面上该应用程序的快捷方式图标
    C. 在"开始"菜单的"所有程序"下级菜单中找到此程序名称并单击
    D. 利用"开始"菜单的"运行"命令框

12. 若要把整个屏幕画面放入剪贴板时,则应按_____键。
   A.【Ctrl】   B.【Shift】
   C.【Alt】+【PrintScreen】   D.【PrintScreen】

13. 对于写字板,下面的叙述不正确的是_____。
   A. 可以对文本格式化   B. 可以对段落排版
   C. 可以进行查找和替换操作   D. 不可以插入图像等对象

14. 在Windows 7文件夹窗口中共有12个文件,用鼠标左键依次单击前5个文件,则有_____个文件被选定。
   A. 0   B. 1   C. 5   D. 24

15. 在Windows 7的"开始"菜单中,如果某菜单项后面有"▶"符号则表示_____。
   A. 该菜单不能操作   B. 选用该菜单会出现对话框
   C. 该菜单有下级菜单   D. 可用组合键来执行此菜单命令

16. 在Windows 7桌面的"任务栏"中部显示的是_____。
   A. 当前窗口的按钮   B. 除当前窗口外所有被最小化窗口的按钮
   C. 所有已被打开窗口的按钮   D. 除当前窗口外所有已被打开窗口的按钮

17. 在Windows 7文件夹窗口中选定若干个不相邻的文件,应先按住_____键,再单击各个待选的文件。
   A.【Shift】   B.【Ctrl】   C.【Tab】   D.【Alt】

18. Windows 7的"任务栏"_____。
   A. 只能改变位置不能改变大小   B. 只能改变大小不能改变位置
   C. 既不能改变位置也不能改变大小   D. 既能改变大小也能改变位置

19. 下列关于"回收站"的叙述中,错误的是_____。
   A. 放入"回收站"的文件可以恢复
   B. "回收站"可以暂时存放优盘上被删除的文件
   C. "回收站"可以暂时存放硬盘上被删除的文件
   D. "回收站"所占用的空间大小是可以调整的

20. 在Windows 7中,关于对话框的叙述不正确的是_____。
   A. 对话框没有最大化按钮   B. 对话框没有最小化按钮
   C. 对话框不能改变大小   D. 对话框不能移动

21. 以下四项不属于Windows 7操作系统特点的是_____。
   A. 图形界面   B. 多任务   C. 即插即用   D. 不会受到黑客攻击

22. 下列有关快捷方式的叙述,错误的是_____。
   A. 快捷方式改变了程序或文档在磁盘上的存放位置
   B. 快捷方式提供了对常用程序或文档的访问捷径
   C. 快捷方式图标的左下角有一个小箭头
   D. 删除快捷方式不会对源程序或文档产生影响

23. 不可能出现在任务栏上的内容为_____。
   A. 对话框窗口的图标   B. 正在执行的应用程序窗口图标
   C. 已打开文档窗口的图标   D. 语言栏对应图标

24. 在 Windows 7 资源管理器中选定了文件或文件夹后，若将它们移动到不同驱动器的文件夹中，操作方式为按下_____键拖动鼠标。

   A. 【Ctrl】　　　　B. 【Shift】　　　　C. 【Alt】　　　　D. 【Tab】

25. 在 Windows 7 中，下面的叙述正确的是_____。

   A. "写字板"软件是字处理软件，不能进行图文处理

   B. "画图"软件是绘图工具，不能输入文字

   C. "写字板"和"画图"软件均可以进行文字和图形处理

   D. "记事本"软件可以插入自选图形

26. 关于 Windows 7 窗口的概念，以下叙述正确的是_____。

   A. 屏幕上只能出现一个窗口，这就是活动窗口

   B. 屏幕上可以出现多个窗口，但只有一个是活动窗口

   C. 屏幕上可以出现多个窗口，但不止一个活动窗口

   D. 当屏幕上出现多个窗口时，就没有了活动窗口

27. 下列关于 Windows 7 的叙述中，错误的是_____。

   A. 删除应用程序快捷图标时，会连同其所对应的程序文件删除

   B. 设置文件夹属性时，可以将属性应用于其包含的所有文件和子文件夹

   C. 删除目录时，可将此目录下的所有文件及子目录一同删除

   D. 双击某类扩展名的文件，操作系统可启动相关的应用程序

28. 在 Windows 7 中，若在某一文档中连续进行了多次剪切操作，当关闭该文档后，"剪贴板"中存放的是_____。

   A. 空白　　　　　　　　　　　　B. 所有剪切过的内容

   C. 最后一次剪切的内容　　　　　D. 第一次剪切的内容

29. 有关"任务管理器"不正确的说法是_____。

   A. 计算机死机后，通过"任务管理器"关闭程序，有可能恢复计算机的正常运行

   B. 按"【Ctrl】+【Alt】+【Delete】"键可打开"任务管理器"

   C. "任务管理器"窗口中不能看到 CPU 使用情况

   D. 右键单击任务栏空白处，通过弹出的快捷菜单可以打开"任务管理器"

30. 把一个文件设置为"隐藏"属性后，在"资源管理器"或"我的电脑"的窗口中该文件一般不显示。若想让该文件再显示出来的操作是_____。

   A. 通过"文件"菜单的"属性"命令

   B. 执行"工具"菜单的"文件夹选项"命令，再选择"查看"选项卡就可进行适当的设置

   C. 执行"查看"菜单的"刷新"命令

   D. 选择"查看"菜单的"详细资料"项

31. 文件一般有一个扩展名，与其主名之间用一个小点"."隔开。在"记事本"中保存的文件，系统默认的文件扩展名是_____。

   A. .TXT　　　　B. .DOC　　　　C. .BMP　　　　D. .PPT

32. 关于 Windows 7 资源管理器的操作，不正确的说法是_____。

   A. 单击文件夹前的"◢"符号，可折叠该文件夹

B. 单击文件夹前的"▷"符号，可展开该文件夹

C. 单击文件夹前的"▷"符号，该文件夹前的"▷"符号变成"◢"符号

D. 单击文件夹前的"▷"符号，该文件夹前的"▷"符号变成"▶"符号

33. 在 Windows 7 "资源管理器"窗口中，左窗口显示的内容是_____。
   A. 所有未打开的文件夹　　　　　　B. 系统的树形文件夹结构
   C. 打开的文件夹下的子文件夹及文件　D. 所有已打开的文件夹

34. 在 Windows 7 中，文件名"LJD. DOC. EXE. TXT"的扩展名是_____。
   A. .LJD　　　　B. .DOC　　　　C. .EXE　　　　D. .TXT

35. 在 Windows 7 中，下列文件名中错误的是_____。
   A. My Program Group　　　　　　B. file1. file2. ppt
   C. L \ J. D　　　　　　　　　　　D. GXUFE. FOR

36. 在 Windows 7 中，如果要查找文件名的第二个字母为"L"的所有文件，查找命令对话框中输入的关键字为_____。
   A. ? L * . *　　　B. ? L . *　　　C. * L * . *　　　D. * L

37. 在查找文件时，通配符 * 与 ? 的含义是_____。
   A. * 表示任意多个字符，? 表示任意一个字符
   B. ? 表示任意多个字符，* 表示任意一个字符
   C. * 和 ? 表示乘号和问号
   D. 查找 * . ? 与 ? . * 的文件是一致的

38. 在 Windows 7 资源管理器中选定了文件或文件夹后，若要将它们复制到同一驱动器（同一个逻辑盘）的文件夹中的操作是_____。
   A. 直接拖动鼠标　　　　　　　　　B. 按下【Shift】键拖动鼠标
   C. 按下【Ctrl】键拖动鼠标　　　　D. 按下【Alt】键拖动鼠标

39. 在 Windows 7 中，"粘贴"命令的快捷组合键是_____。
   A. 【Ctrl】+【C】　　　　　　　　B. 【Ctrl】+【X】
   C. 【Ctrl】+【A】　　　　　　　　D. 【Ctrl】+【V】

40. 在 Windows 7 中，在选定文件或文件夹后，将其彻底删除的操作是_____。
   A. 用【Shift】+【Delete】键删除
   B. 用【Delete】键删除
   C. 用鼠标直接将文件或文件夹拖放到"回收站"中
   D. 用窗口中"文件"菜单中的"删除"命令

41. 在资源管理器中，可显示文件名、大小、类型、修改时间等内容，应选择的显示方式为_____。
   A. 大图标　　　　B. 小图标　　　　C. 列表　　　　D. 详细信息

42. 在 Windows 7 中，附件的"系统工具"菜单下，可以把一些临时文件、已下载的文件等进行清理，以释放磁盘空间的程序是_____。
   A. 磁盘清理　　　B. 系统信息　　　C. 系统还原　　　D. 磁盘碎片整理

43. Windows 7 中有很多功能强大的应用程序，其中"磁盘碎片整理程序"的主要用途是_____。
   A. 将进行磁盘文件碎片整理，提高磁盘的读写速度

B. 将进行磁盘文件碎片删除，释放磁盘空间
　C. 将进行磁盘文件碎片整理，并重新格式化
　D. 将不小心摔坏的磁盘碎片重新整理规划使其重新可用

44. 下列关于附件中画图程序说法不正确的是_____。
　A. 生成的文件默认为位图文件　　　B. 只能浏览图片
　C. 可以编辑图片　　　　　　　　　D. 打开的图片中可以输入文本内容

45. 用"写字板"、"记事本"和"Word"编辑文字时，切换编辑中"改写"和"插入"状态的键是_____。
　A.【Delete】　　B.【Ins】　　C.【Alt】　　D.【Ctrl】

46. 在 Windows 7 中，可以设置、控制计算机硬件配置和修改桌面布局的应用程序是_____。
　A. Word　　　B. Excel　　　C. 控制面板　　　D. 资源管理器

47. 在 Windows 7 中，不属于控制面板操作的是_____。
　A. 更改桌面显示和字体
　B. "添加新硬件"或者"添加/删除程序"
　C. 造字
　D. 调整鼠标的使用设置

48. 下列关于 Windows 7 剪贴板，说法不正确的是_____。
　A. 剪贴板是 Windows 7 在计算机内存中开辟的一个临时储存区
　B. 关闭电脑后，剪贴板中内容还会存在
　C. 用于 Windows 7 程序之间、文件之间传递信息
　D. 当对选定的内容进行复制、剪切或粘贴时要用剪贴板

49. 在 Windows 7 中，为迅速找到文件和文件夹，在"开始"菜单中应先使用的命令是_____。
　A. 运行　　　B. 搜索　　　C. 所有程序　　　D. 帮助和支持

50. 以下说法中，不正确的是_____。
　A. 在文本区工作时，用鼠标操作滚动条就可以移动"插入点位置"
　B. 所有运行中的应用程序，在任务栏的活动任务区中都有一个对应的按钮
　C. 每一个逻辑硬盘上"回收站"的容量可以分别设置
　D. 对用户新建的文档，系统默认的属性为存档属性

三、判断题

1. 操作系统的主要功能是实现软、硬件的转换。　　　　　　　　　　（　　）
2. 在 Windows 7 中，"写字板"文件默认的扩展名是".RTF"。　　　（　　）
3. 在 Windows 7 中，对文件的存取方式是按文件名进行存取。　　　（　　）
4. Windows 7 目录的文件结构是网状结构。　　　　　　　　　　　　（　　）
5. 给文件夹命名时，不能包括下划线。　　　　　　　　　　　　　　（　　）
6. 在 Windows7 中，单击菜单中的菜单项都会执行相应命令。　　　（　　）
7. 目前 Windows 系列操作系统的最高版本是 Windows 8。　　　　 （　　）
8. 在 Windows 7 中，能弹出对话框的操作是选择了带向右三角形箭头的菜单项。
　　　　　　　　　　　　　　　　　　　　　　　　　　　　　　　（　　）

9. 在 Windows 7 中，用来打开某个对象的快捷菜单的鼠标操作是右击鼠标。（   ）
10. 不允许同一目录的文件同名，但允许不同目录的文件同名。（   ）
11. 一个磁盘不允许有 5 级以上的子目录。（   ）
12. 正版 Windows 7 操作系统不需要安装安全防护软件。（   ）
13. 安装 Windows 7 操作系统时，系统分区必须格式化后才能安装。（   ）
14. 文件的类型可以根据文件的扩展名来识别。（   ）
15. 一个应用程序只可以关联某一种扩展名的文件。（   ）
16. 在 Windows 7 环境下，文本文件只能用记事本打开。（   ）
17. 计算机系统中的所有文件一般可分为可执行文件和非可执行文件两大类，可执行文件的扩展名类型主要有 .exe 和 .com。（   ）
18. 当改变窗口的大小，使窗口中的内容显示不下时，窗口中会自动出现垂直滚动条或水平滚动条。（   ）
19. Windows 7 的任务栏只能位于桌面的底部。（   ）
20. 磁盘上刚刚被删除的文件或文件夹都可以从"回收站"中恢复。（   ）

第 3 章

文字处理软件 Word 2010 习题

一、填空题

1. 在 Word 2010 中，使用_____功能可以预先了解文档打印输出的实际效果。
2. 要选中不连续的多处文本，应按下_____键控制选取。
3. 在打印 Word 2010 文本之前，常常要用_____选项卡的_____菜单项观察各页面的整体状况。
4. 在 Word 2010 编辑状态下，若要设置打印页面格式，应当使用_____选项卡中的"页面设置"。
5. 在 Word 2010 中，用户在用【Ctrl】+【C】组合键将所选内容复制到剪贴板后，可以使用_____组合键粘贴到所需要的位置。
6. 在 Word 2010 中一次可以打开多个文档，多份文档同时打开在屏幕上，当前插入点所在的窗口称为_____窗口，处理中的文档称为活动文档。
7. 将命令添加到快速访问工具栏时，需要调出_____对话框。
8. 在 Word 2010 中，利用格式刷按钮可以复制字符格式，对该按钮_____鼠标左键可连续复制多处。
9. 对 Word 2010 文档进行保存，则被保存的文档缺省的扩展名为_____。
10. 在 Word 2010 中，利用_____可以很直观地改变段落的缩进方式，也可以调整页的左右边距。
11. 在 Word 2010 环境下，如需要在编辑文章中插入页眉和页脚，则可在_____选项卡中选择。
12. 在 Word 2010 环境下，必须在_____视图方式下才能看到分栏排版的全部文档。
13. 在 Word 2010 环境下，实现粘贴功能的快捷键是_____。
14. 选择文本后，将其拖动到某一位置可实现文本的移动；按住_____键拖曳鼠标到某一位置可实现文本的复制。
15. 段落的缩进主要是指_____、左缩进、右缩进和_____形式。
16. 在 Word 2010 中，若想强行分页，需通过"页面布局"选项卡下的_____。
17. 在 Word 2010 中，所谓悬挂式缩进是指段落_____不缩进，其余部分相对于_____悬挂缩进。
18. 在 Word 2010 文档中，默认情况下图片是以_____方式插入文档中。

19. 若要在 Word 2010 文档中通过自选图形绘制圆，首先打开_____选项卡，在其"插图"组中选择"形状"中的椭圆，按下_____键并拖动鼠标则可绘制出一个圆。

20. 如果文档中包含大量图片，为了更好地管理这些图片，可以为图片添加_____，以对其进行编号和说明。

21. 在 Word 2010 文档中，可以借助_____键同时选中多个文本框，如果希望多个文本框能作为一个整体进行操作，应该做的操作是_____。

22. 打印文档之前最好先进行_____和_____，以保证取得良好的打印效果。

23. 脚注和尾注是由两个关联的部分组成，这两个部分是_____和其对应的_____。

24. 在表格中进行数据计算时，公式必须以_____符号开头，公式"= AVERAGE（ABOVE）"的含义是_____。

25. 在 Word 2010 环境下，要将 Word 文档中多处同样的文本错误一次修正，最快捷的操作是用"开始"选项卡中的_____功能。

26. Word 2010 中使用拼写检查的检查范围可以是单词、文本块或_____。

27. 在 Word 2010 中，要插入公式，需要使用_____选项卡的_____分组。

28. 在 Word 2010 中，要插入图形和文本框，需要使用_____选项卡的_____分组。

29. 在 Word 2010 中，要插入题注或尾注，需要使用_____选项卡的分组。

30. 在 Word 2010 中，要自动生成目录，需要使用_____选项卡的_____分组。

二、单项选择题

1. 汉字在机器内和显示输出时，能较好地表示一个汉字，至少分别需要_____。
   A. 二个字节、16×16 点阵   B. 一个字节、8×8 点阵
   C. 一个字节、32×32 点阵   D. 三个字节、64×64 点阵

2. 输入汉字时，计算机的输入法软件按照_____将输入编码转换成机内码。
   A. 字形码   B. 国标码   C. 区位码   D. 输入码

3. 计算机存储和处理文档的汉字时，使用的是_____。
   A. 字形码   B. 国标码   C. 机内码   D. 输入码

4. 存储一个 32×32 点阵汉字字型信息的字节数是_____。
   A. 64 B   B. 128 B   C. 512 B   D. 256 B

5. 半角状态下输入的"ABC 英语"在计算机内部占存储器的字节数为_____。
   A. 5   B. 10   C. 7   D. 8

6. 要存放 10 个 24×24 点阵的汉字字模时，需要的存储空间是_____。
   A. 72 B   B. 320 B   C. 720 B   D. 72 KB

7. 纯中文状态下输入的字符在显示器上占据_____。
   A. 1 个 ASCII 字符位置   B. 2 个 ASCII 字符位置

C. 3 个 ASCII 字符位置　　　　　　　D. 4 个 ASCII 字符位置

8. 在 Word 2010 中可以通过_____下的命令打开最近打开的文档。
A. 文件选项卡　　　　　　　　　　　B. 开始选项卡
C. 引用选项卡　　　　　　　　　　　D. 插入选项卡

9. 启动 Word 2010 后，第一个新文档自动命名为_____。
A. doc 1　　　B. *.doc　　　C. 文档 1　　　D. 没有文件名

10. Word 2010 默认文档扩展名为_____。
A. doc　　　B. txt　　　C. ppt　　　D. docx

11. 以下选择行方法不正确的是_____。
A. 用鼠标从行首拖至行尾　　　　　　B. 在该行左侧选择区中单击鼠标
C. 在该行任意位置三击鼠标　　　　　D. 先选中文本

12. 利用鼠标选定一个矩形区域的文字块时，需先按住_____键。
A.【Alt】　　　B.【Shift】　　　C.【Enter】　　　D.【Ctrl】

13. 在 Word 2010 文档编辑中，复制文本使用的快捷键是_____。
A.【Ctrl】+【C】　　　　　　　　　B.【Ctrl】+【A】
C.【Ctrl】+【Z】　　　　　　　　　D.【Ctrl】+【V】

14. 在 Word 2010 编辑状态下，要统计文档的字数，需要使用的选项卡是_____。
A. 开始　　　B. 插入　　　C. 页面布局　　　D. 审阅

15. 在 Word 2010 文档编辑中，使用_____选项卡中的"分隔符"命令，可以在文档中指定位置强行分页。
A. 开始　　　B. 插入　　　C. 页面布局　　　D. 视图

16. 在 Word 2010 编辑状态下，若要调整光标所在段落的行距，首先进行的操作是_____。
A. 打开"开始"选项卡　　　　　　　　B. 打开"插入"选项卡
C. 打开"页面布局"选项卡　　　　　　D. 打开"视图"选项卡

17. "剪贴板"是_____的一块区域。
A. 硬盘上　　　B. 内存中　　　C. 软盘上　　　D. 高速缓存中

18. 在 Word 2010 编辑状态，打开文档 ABC，修改后另存为 ABD，则_____。
A. ABC 是当前文档　　　　　　　　　B. ABD 是当前文档
C. ABC 和 ABD 均是当前文档　　　　　D. ABC 和 ABD 均不是当前文档

19. 在 Word 2010 中菜单项"打开"的作用是_____。
A. 将文档从内存中读入，显示
B. 将文档从外存中读入内存，显示
C. 为文档打开一个空白的窗口
D. 将文档从硬盘中读入内存，显示

20. 在 Word 2010 文档编辑中，使用"格式刷"不能实现的操作是_____。
A. 复制页面设置　　　　　　　　　　B. 复制段落格式
C. 复制文本格式　　　　　　　　　　D. 复制项目符号

21. 在 Word 2010 中要将光标快速定位于文档开头，可用_____。
   A. 【Ctrl】+【End】   B. 【Ctrl】+【Home】
   C. 【Ctrl】+【PageDown】   D. 【Ctrl】+【PageUp】
22. 在 Word 2010 中，要设置某一段落的首行缩进，需要进行的操作最恰当的表述是_____。
   A. 选定该段   B. 将插入点置于该段首
   C. 将插入点置于该段尾   D. 将插入点置于该段内任意处
23. 在 Word 2010 窗口上部的标尺中可以直接设置的格式是_____。
   A. 字体   B. 分栏   C. 段落缩进   D. 字符间距
24. 选定 Word 2010 文档的某一段落，可将指针移到该段左边的选定栏，然后_____。
   A. 双击左键   B. 双击右键   C. 单击左键   D. 右键单击
25. 在 Word 2010 已打开的文档中，要插入另一个文档的全部内容，可选的菜单项是_____。
   A. "插入"→"文件"   B. "插入"→"对象"
   C. "文件"→"打开"   D. "剪切"→"复制"
26. 在 Word 2010 中，"文件→打开"命令的作用是_____。
   A. 将文档从内存中读入，并显示
   B. 将文档从外存中读入内存，并显示
   C. 为文档打开一个空白的窗口
   D. 将文档从硬盘中读入内存，并显示
27. 在 Word 2010 的文档编辑状态，进行字体设置后，按所设的字体显示的是_____。
   A. 插入点所在段落的文字   B. 插入点所在行的文字
   C. 文档中被选择的文字   D. 文档的全部文字
28. 在 Word 2010 中可以利用状态栏中的_____来改变显示的大小。
   A. 标尺   B. 显示比例   C. 全屏显示   D. 放大镜
29. 设置"首字下沉"，应在_____选项卡中选择。
   A. 插入   B. 引用   C. 开始   D. 视图
30. Word 2010 提供了多种文档视图以适应不同的编辑需要，其中，页与页之间显示一条虚线分隔的视图是_____视图。
   A. 页面   B. 大纲   C. 普通   D. 草稿
31. 下列关于 Word 2010 文档窗口的说法中，正确的是_____。
   A. 只能打开一个文档窗口
   B. 可打开多个，但只有一个是活动窗口
   C. 可打开多个，但只能显示一个
   D. 可以打开多个活动的文档窗口
32. 在 Word 2010 文档中若要把多处同样的错误一次更正，最好的方法是_____。
   A. 使用"撤销"按钮   B. 使用"自动更正"功能
   C. 使用"替换"功能   D. 使用"格式刷"

33. 关闭正在编辑的 Word 2010 文档时，文档从屏幕上予以清除，同时也从_____中清除。
   A. 内存　　　　　　B. 外存　　　　　　C. 磁盘　　　　　　D. CD - ROM
34. 向右拖动标尺上的_____缩进标志，插入点所在的整个段落向右缩进。
   A. 左　　　　　　　B. 右　　　　　　　C. 首行　　　　　　D. 悬挂
35. 在 Word 2010 中，打开帮助的快捷键是_____。
   A.【F1】　　　　　B.【F2】　　　　　C.【F3】　　　　　D.【F4】
36. 在图形对象的"自动换行"选项中，不能设置的文字环绕方式是_____。
   A. 上下型　　　　　B. 左右型　　　　　C. 穿越型　　　　　D. 四周型
37. 在 Word 2010 中，_____不是图形对象。
   A. 艺术字　　　　　B. 剪贴画　　　　　C. 自选图形　　　　D. 下标
38. 在利用形状作图时，若要将若干个自选图形合并为一个图形，其操作方法为_____。
   A. 单击绘图工具栏中的"改变自选图形"
   B. 将这些图形放到同一个文本框中
   C. 按住【Shift】键选定这些图形，右键单击，在右键菜单中选择"组合"
   D. 单击"开始"选项卡的"编辑"组中的"选择"按钮
39. 在 Word 2010 中，对嵌入式对象的说法错误的是_____。
   A. 图片都是嵌入式对象
   B. 嵌入式对象不能放置在页面范围外
   C. 嵌入式对象与文字处于同一层
   D. 嵌入式也可以移动
40. Word 2010 中的项目符号和编号，是以_____为单位进行操作的。
   A. 段落　　　　　　B. 一行文本　　　　C. 标题　　　　　　D. 以上都对
41. 下列不能设置文本框文字环绕方式的操作是_____。
   A. 右击文本框，在快捷菜单中单击"其他布局选项"，在弹出的对话框中设置
   B. 选中文本框，在"绘图工具"选项卡"文本"组中"对齐文本"项中设置
   C. 选中文本框，在"绘图工具"选项卡"排列"组中设置
   D. 右击文本框，在其快捷菜单中选择"自动换行"，在其级联菜单中单击相应选项
42. 关于在 Word 2010 中使用图片，下面说法正确的是_____。
   A. 可以调整大小，但不能旋转
   B. 可以调整大小，也能旋转，但不能裁剪
   C. 可以调整大小，但不能裁剪
   D. 可以调整大小，能旋转，也能裁剪
43. 在 Word 2010 的编辑状态，项目编号的作用是_____。
   A. 为每个标题编号　　　　　　　　　　B. 为每个自然段落编号
   C. 为每行编号　　　　　　　　　　　　D. 以上都正确
44. 在 Word 2010 编辑状态下，给某一词加上尾注，应使用的选项卡是_____。
   A. 视图　　　　　　B. 开始　　　　　　C. 插入　　　　　　D. 引用

45. 设置"首字下沉"时，应在_____选项卡中设置。
   A. 插入   B. 引用   C. 开始   D. 视图
46. 选中表格一部分区域后，单击【Delete】键后，删除的是_____。
   A. 整个表格   B. 选中区域的单元格
   C. 选中区域的单元格中的内容   D. 表格中的所有内容
47. Word 2010 的表格数据计算操作中，求和的函数是_____。
   A. Total   B. Sum   C. Count   D. Average
48. 选择表格的某行单元格，再单击"开始"选项卡"剪贴板"组中的"剪切"按钮，则_____。
   A. 该行的边框线被删除   B. 该行单元格中的内容被删除
   C. 该行被删除   D. 该表格被拆分成两个表格
49. 在 Word 2010 中，表格中内容默认的对齐方式是_____。
   A. 水平，垂直居中   B. 水平左对齐，垂直居中
   C. 水平左对齐，垂直上对齐   D. 水平右对齐，垂直下对齐
50. 在 Word 2010 编辑状态下，关于单元格的拆分，正确的说法是_____。
   A. 可以自己设定拆分的行、列数
   B. 只能将单元格拆分为左、右两部分
   C. 只能将单元格拆分为上、下两部分
   D. 单元格拆分的行、列数没有限制
51. 下列关于 Word 2010 表格功能的描述，正确的是_____。
   A. Word 2010 对表格中的数据既不能进行排序，也不能进行计算
   B. Word 2010 对表格中的数据可以进行排序，但不能进行计算
   C. Word 2010 对表格中的数据不能进行排序，但可以进行计算
   D. Word 2010 对表格中的数据既能进行排序，也能进行计算
52. 在当前插入点所在表格中最后一个单元格内，按【Tab】键后可以_____。
   A. 使插入点移到表格外   B. 使插入点所在的行高加大
   C. 在表格末尾增加新的一行   D. 对表格不起作用
53. 在当前插入点所在单元格内，按【Enter】键，则_____。
   A. 插入点所在的列加宽   B. 插入点所在的行加高
   C. 在插入点所在行下插入一行   D. 不起任何作用
54. 不能作为 Word 2010 表格中数据计算时公式中的函数参数的是_____。
   A. BELOW   B. ABOVE   C. RIGHT   D. BEFORE
55. 在 Word 2010 的表格中输入计算公式必须以_____开头。
   A. +   B. =   C. -   D. ´
56. 鼠标在表格内移动时，表格外的左上角会出现按钮，单击它可选择_____。
   A. 一列   B. 整个表格   C. 一行   D. 一个元格
57. 在 Word 2010 中，按下_____组合键可以将一个表格拆分成两个。
   A.【Ctrl】+【Shift】   B.【Ctrl】+【Enter】
   C.【Shift】+【Enter】   D.【Ctrl】+【Shift】+【Enter】

58. 在 Word 2010 表格中，单元格中可以填入的信息有_____。
   A. 只限于文本形式　　　　　　　　B. 只限于数字形式
   C. 只限于文本和数字形式　　　　　D. 文字、数字和图形等形式都可以

59. 在编辑表格时，不可以设置_____。
   A. 表格浮于文字之上　　　　　　　B. 单元格中文字居中对齐
   C. 单元格中文字顶端对齐　　　　　D. 单元格中文字底端对齐

60. 在 Word 2010 中，表格拆分是指_____。
   A. 将原来的表格从某两列之间分为左、右两个表格
   B. 在表格中由用户任意指定一个区域，将其单独存为另一个表格
   C. 将原来的表格从某两行之间分为上、下两个表格
   D. 将原来的表格从正中间分为两个表格，其方向由用户指定

61. 在 Word 2010 默认情况下对输入了错误的英文单词的反应是_____。
   A. 系统响铃，提示出错
   B. 在单词下有红色下划波浪线
   C. 在单词下有绿色下划波浪线
   D. 自动更正错误的英文单词

62. 某公司要发大量内容相同的信，只是信中的称呼不一样，为了不做重复的编辑工作和提高效率，可用以下功能实现的是_____。
   A. 邮件合并　　　B. 书签　　　C. 信封和选项卡　　　D. 复制

63. 新生入学前，学校都需要发出大量的入学通知书，为了避免重复工作，可使用 Word 2010 的_____功能。
   A. 邮件合并　　　B. 模板　　　C. 复制　　　D. 修订

64. 如果想自动生成目录，那么应在文档中包含_____样式。
   A. 页眉　　　B. 表格　　　C. 页脚　　　D. 标题

65. 在 Word 2010 中，若要改变打印时的纸张大小，应在_____中设置。
   A. "开始"选项卡中的"段落"组
   B. "视图"选项卡中的"页面设置"组
   C. "页面布局"选项卡中的"页面设置"组
   D. "页面布局"选项卡中的"页面背景"组

66. 在页面设置中不能设置的是_____。
   A. 页边距　　　B. 页码大小　　　C. 纸张方向　　　D. 纸张大小

67. 在 Word 2010 中进行打印操作时，假设需使用 B5 大小纸张，用户在打印预览中发现文档最后一页只有两行内容，_____是把这两行内容移至上一页以节省纸张的最好方法。
   A. 纸张大小改为 A4　　　　　　　B. 添加页眉/页脚
   C. 减小页边距　　　　　　　　　D. 增大页边距

68. 在 Word 2010 中，关于封面页，下列说法正确的是_____。
   A. 制作封面时，必须先定位到文章的第一页
   B. 如果利用 Word 2010 提供的封面，则不能修改

C. 在封面页中可以修改文字,不能插入图片
D. 在封面页中既可以修改文字,也可以插入图片

69. 在 Word 2010 的页面设置中,默认的纸型为_____。
A. A4　　　　　B. A3　　　　　C. 16K　　　　　D. 不确定

70. 在"打印"对话框的"页面范围"选项组中的"当前页"是指_____。
A. 当前光标所在页　　　　　B. 当前窗口显示页
C. 第 1 页　　　　　　　　　D. 最后 1 页

71. 在"页面设置"对话框中不能设置的是_____。
A. 纸张大小　　B. 页边距　　　C. 打印范围　　　D. 文字方向

72. 如果选择的打印页码为"2-4,6,8",则表示打印的是_____。
A. 第 2 页,第 4 页,第 6 页,第 8 页
B. 第 2 页至第 4 页,第 6 页至第 8 页
C. 第 2 页至第 4 页,第 6 页,第 8 页
D. 第 2 页,第 4 页,第 6 页至第 8 页

73. 以下不可以在打印设置中设置的是_____。
A. 打印当前页　　B. 打印奇数页　　C. 打印份数　　D. 是否打印页眉

第 4 章

电子表格软件 Excel 2010 习题

一、填空题

1. 启动 Excel 2010 后自动创建的第一个空白工作簿的名称为_____。
2. 用 Excel 2010 创建的文件又称为_____，是由若干个_____构成的。
3. 一个新建的工作簿默认有_____张工作表。
4. Excel 2010 工作簿文件的扩展名是_____或_____。
5. 在扩展名为".xls"的工作簿中，一个工作表最多有_____行、_____列；在扩展名为".xlsx"的工作簿中，一个工作表最多有_____行、_____列。
6. 工作表中第 1 列的列标为_____，第 6 列的列标为_____，第 27 列的列标为_____，第 256 列的列标为_____，第 16 384 列的列标为_____。
7. 按住【Ctrl】键拖动工作表标签至新位置，可实现_____操作；若在拖动过程中不按【Ctrl】键，则实现_____操作。
8. 用鼠标拖动工作表标签的作用是_____。
9. 在同一个工作簿中对工作表 Sheet1 进行复制，复制后的工作表副本将自动取名为_____。
10. 在 Excel 2010 中，数据存储的最小单位为_____。
11. 单元格的地址由_____构成。第 3 行第 5 列单元格的地址为_____。
12. 正在操作的工作表称为_____，正在操作的单元格称为_____。
13. 要在工作表中选择不连续的多个单元格区域，应先选中第一个单元格区域，然后按住_____键不放，再选择其他单元格区域。
14. 在工作表选中 3 行，然后右击其行号，并选择快捷菜单中的"插入"命令，则在当前选中行的_____方插入_____个空行。
15. 工作表窗口的拆分可分为三种情况，即_____、_____以及_____。
16. 工作表窗口的冻结可分为三种情况，即_____、_____以及_____。
17. 编辑栏中"输入"按钮的作用是_____，"取消"按钮的作用是_____。
18. 在默认情况下，单元格中的文本靠_____对齐，数值靠_____对齐。
19. 如果某单元格已设置为百分比样式，那么在其中输入 50 时，该单元格显示的内容为_____。
20. 在 Excel 2010 中，为输入当前日期，可按_____组合键；为输入当前时间，可按_____组合键。

21. 在 Excel 2010 中，对于具有某个规律的数据，可使用_____功能实现快速输入。
22. 在单元格 A1 中输入数据"1年期"，然后用鼠标拖动该单元格的填充柄至 C1 单元格，则 B1 与 C1 单元格中数据分别是_____与_____。
23. 公式必须由_____开头，后面由_____和_____构成。
24. 在 Excel 2010 公式中用于连接两个字符串的运算符是_____。
25. Excel 2010 中的引用运算符有_____、_____与_____三种。
26. 若在 A5 单元格中输入公式"=6^2"，则在 A2 中显示结果为_____。
27. 若单元格中显示"#DIV/0!"，则说明_____。
28. 单元格 C3 中的公式为"=A2+$B3+C1"，将其复制到 D5 单元格后，D5 单元格中的公式为_____。
29. 编辑栏中"f_x"按钮的作用是_____。
30. 在 Excel 2010 中，单元格的引用方式分为_____、_____与_____三种。
31. 对于单元格 A101，其相对引用为_____，绝对引用为_____，混合引用为_____。
32. 从 B5 开始到 E10 结束的单元格区域可用_____表示，从第 3 行到第 5 行的所有单元格可用_____表示，从第 C 列到第 E 列的所有单元格可用_____表示。
33. Excel 2010 提供了多种用于计算的函数，其中用于求和的函数是_____，求平均值的函数是_____，求最大值的函数是_____，求包含数字的单元格个数的函数是_____。
34. 公式"=SUM（Sheet1：Sheet3！B1：C2）"的作用是_____。
35. 设 A1~A4 单元格的数值分别为"80"、"73"、"50"、"63"，在 A5 单元格输入公式 =IF（AVERAGE（A$1：A$4）>=60,"及格","不及格"），则 A5 单元格中显示的值是_____。若将 A5 单元格的全部内容复制到 B5 单元格，则 B5 单元格的公式为_____。
36. 单击"合并后居中"按钮的作用是_____。
37. 在 Excel 2010 中创建的图表分为两种，即_____与_____。
38. 在 Excel 2010 中，最适合反映单元数据在所有数据构成的总和中所占比例的一种图表类型是_____。
39. 在 Excel 2010 中，当生成图表的数据被更改后，则图表_____。
40. 在数据清单中，同一列中数据的类型_____。
41. Excel 2010 中数据管理功能主要包括_____、_____与_____。
42. Excel 2010 中的筛选功能包括_____与_____。
43. 在工作表中查找记录时，若查找条件与多个字段相关并要求一次查找完毕，应使用_____功能。
44. 在对工作表进行分类汇总前，必须先对分类的字段进行_____操作。
45. 若某个数据清单中包含部门、工资、奖金等项目，现要求统计出各部门发放的工资总和与奖金总和，应先对_____进行_____操作，然后再进行_____操作。
46. 如果只需要打印工作表中的部分数据，那么应先_____。
47. 要指定打印内容的居中方式，可在_____对话框的_____选项卡中设置。

48. 为工作表设置页眉和页脚，需打开_____对话框。

49. 单击_____工具栏中的_____按钮，可显示工作表的分页预览视图。

50. 在"页面设置"对话框中，单击_____可以进行打印预览。

二、单项选择题

1. Excel 2010 是 Office 办公套装软件中的一个组件，主要用于_____。
   A. 编辑文档　　　　　B. 绘制图形
   C. 制作电子表格　　　D. 创建关系数据库

2. 下列关于 Excel 2010 的说法中正确的是_____。
   A. 只能同时打开一个工作簿
   B. 可以同时打开多个工作簿，但只能显示一个工作簿
   C. 可以同时打开多个工作簿，并且可以同时显示打开的多个工作簿
   D. 以上叙述均不正确

3. Excel 2010 默认的工作簿名是_____。
   A. Book1　　　　B. 工作簿 1　　　　C. Document1　　　　D. 文档 1

4. 如要关闭工作簿，但不想退出 Excel 2010，可以选择_____命令。
   A. "文件/保存"　　　　　　B. "文件/打印"
   C. "文件/关闭"　　　　　　D. "文件/退出"

5. Excel 2010 工作簿中包含一般工作表和图表，当保存该工作簿时_____。
   A. 只保存工作表　　　　　　B. 只保存图表
   C. 分为两个文件保存　　　　D. 作为一个文件保存

6. 在 Excel 中，工作簿是由一系列的_____组成的。
   A. 数据　　　　B. 单元格　　　　C. 单元格区域　　　　D. 工作表

7. 在新建工作簿中，默认工作表的名称为_____。
   A. Book1、Book2、Book3
   B. Document1、Document2、Document3
   C. Sheet1、Sheet2、Sheet3
   D. Excel1、Excel2、Excel3

8. 在 Excel 2010 工作簿中，如果要同时选中多个不相邻的工作表，那么应在按住_____键的同时依次单击各个工作表的标签。
   A.【Tab】　　　　B.【Ctrl】　　　　C.【Shift】　　　　D.【Alt】

9. 若对工作表中的所有单元格都进行了保护，则_____。
   A. 无法对该工作表进行移动或复制　　B. 无法删除该工作表
   C. 无法打开该工作表　　D. 无法移动或修改单元格中的数据

10. 快速将 Z100 单元格选定为活动单元格的最简方法是_____。
    A. 拖动滚动条
    B. 按【Ctrl】+【Z】键后再输入"100"
    C. 在名称框中输入"Z100"后按【Enter】键
    D. 先按【Ctrl】+【↓】键移到 100 行，再按【Ctrl】+【→】键移到 Z 列

11. 在 Excel 2010 的单元格中，若要输入字符串"0510101"，则应输入_____。
 A. 0510101 B. "0510101" C. '0510101 D. #0510101
12. 下列数据中不能代表日期的是_____。
 A. 05/01 B. 2012/10/1 C. 2012－10－1 D. 2012.10.1
13. 要在一个单元格中存放分数 2/3，应该输入_____。
 A. 2/3 B. 2/3 C. ＝2/3 D. 0 2/3
14. 在 Excel 2010 中，当单元格宽度过小而不能容纳数值时将出现提示_____。
 A. ##### B. #DVI/0! C. #NAME? D. #VALUE!
15. 要想确保工作表中所输入数据的正确性，可以为单元格区域指定输入数据的_____。
 A. 条件格式 B. 有效性 C. 无效范围 D. 正确格式
16. 下列操作不能撤销拆分窗口的是_____。
 A. 双击窗口的拆分线
 B. 拖动窗口的拆分线
 C. 先选中窗口的拆分线，然后再按一下【Delete】键
 D. 单击"视图"→"窗口"功能组中的"拆分"按钮
17. Excel 2010 中的每个单元格都有其固定的地址，如"A5"表示_____。
 A. 单元格的数据   B. A 行第 5 列
 C. A 列第 5 行   D. 任意两个字符
18. 下列选项中为单元格绝对引用的是_____。
 A. A1 B. Sheet1！A1 C. ＄A1 D. ＄A＄1
19. 在 Excel 2010 中，若单元格引用随公式所在单元格位置的变化而改变，则称之为_____引用。
 A. 相对 B. 绝对 C. 混合 D. 以上都不对
20. 在 Excel 2010 中，下列地址为相对引用的是_____。
 A. F＄1 B. ＄D2 C. D5 D. ＄E＄7
21. 在单元格中输入公式时，所输入的第一个符号是_____。
 A. @ B. ＝ C. # D. ＄
22. 在 Excel 2010 中，下列几个算术运算符的优先级由大到小的顺序是_____。
 A. %＾*＋ B. %*＋＾ C. ＾*＋% D. ＾*%＋
23. 在 Excel 2010 中，运算符"&"表示_____。
 A. 逻辑值的与运算   B. 字符串的比较运算
 C. 数值型数据的无符号相加   D. 文本型数据的连接
24. 如果单元格 C6 中的公式为"＝A1＋A2"，那么在将 C6 复制到 D7 后，D7 中的公式是_____。
 A. ＝A1＋A2 B. ＝A2＋A3 C. ＝B1＋B2 D. ＝B2＋B3
25. 将工作表 B3 单元格的公式"＝C3＋＄D5"填充到同一工作表的 B4 单元格中，该单元格的公式为_____。
 A. ＝C3＋＄D5   B. ＝C4＋＄D5

C. ＝C4＋＄D6　　　　　　　　　D. ＝C3＋＄D6

26. 已知工作表 J7 单元格中的公式为"＝F7＊＄D＄4",则在第 4 行处插入一行后,J8 单元格中的公式为_____。

A. ＝F8＊＄D＄5　　　　　　　B. ＝F8＊＄D＄4
C. ＝F7＊＄D＄5　　　　　　　D. ＝F7＊＄D＄4

27. 在 Excel 2010 中,若单元格内显示错误信息＃VALUE,则表示该单元格中的_____。

A. 公式引用了一个无效的单元格数据
B. 公式中的参数或操作数出现类型错误
C. 公式的结果产生溢出
D. 公式中使用了无效的名字

28. 公式"＝＄A1＋C＄1"中的单元格引用是_____引用。

A. 相对　　　　B. 绝对　　　　C. 混合　　　　D. 任意

29. 在 Excel 2010 工作表中已输入如下数据:

	A	B	C
1	12.5	40.5	＝＄A＄1＋＄B＄2
2	15.5	30.0	

如果将 C1 单元格中的公式复制到 C2 单元格中,则 C2 单元格的值为_____。

A. 56　　　　B. 53　　　　C. 45.5　　　　D. 42.5

30. 在 Excel 2010 中,_____函数是计算若干个数据的总和。

A. TEXT　　　B. SUM　　　C. AVERAGE　　　D. COUNT

31. 在 Excel 2010 中,公式"＝SUM(8,MIN(8,4,2,30))"的值为_____。

A. 16　　　　B. 12　　　　C. 10　　　　D. 38

32. 要在当前工作表 Sheet1 的 A1 单元格中计算工作表 Sheet2 中 B1～C5 单元格的和,应为其输入的公式为_____。

A. ＝SUM(B1:C5)
B. ＝SUM(Sheet2! B1:C5)
C. ＝SUM([Sheet2]! B1:C5)
D. ＝SUM(Sheet2! B1:Sheet2! C5)

33. 若要对工作表中的某些数据求均值,应使用_____函数。

A. SUM　　　B. IF　　　C. AVERAGE　　　D. COUNT

34. 在 Excel 2010 中,公式"＝COUNT(C2:E3)"的含义是_____。

A. 计算区域 C2:E3 内字符的个数
B. 计算区域 C2:E3 内数值的个数
C. 计算区域 C2:E3 内数值的总和
D. 计算区域 C2:E3 内单元格的个数

35. 在 Excel 2010 中,IF 函数最多可以嵌套_____层。

A. 2　　　　B. 3　　　　C. 5　　　　D. 7

36. 在 Excel 2010 中，格式化单元格不能改变单元格的_____。
   A. 边框　　　　B. 底纹　　　　C. 数值　　　　D. 字体
37. 在工作表中选中某个单元格后，单击"格式刷"按钮，可以复制该单元格的_____。
   A. 格式　　　　B. 批注与格式　　C. 内容与格式　　D. 公式与格式
38. 下列关于列宽的描述，不正确的是_____。
   A. 可用鼠标拖动列分隔线以调整列宽
   B. 选中若干列后，当调整其中一列的列宽时，所有选中列都会具有相同的改变
   C. 使用"自动调整列宽"命令调整列宽的效果与双击列标右侧分隔线的效果一样
   D. 标准列宽不能改变
39. 在工作表中，若希望表格标题位于表格中央时，可使用对齐方式中的_____。
   A. 两端对齐　　B. 分散对齐　　C. 合并单元格　　D. 合并后居中
40. 在单元格中输入较长文本时，若希望文字能自动换行，可在"单元格格式"对话框的_____选项卡中选中"自动换行"复选框。
   A. 字体　　　　B. 边框　　　　C. 图案　　　　D. 对齐
41. 在 Excel 2010 中，图表是动态的，改变了图表_____后，Excel 2010 会自动更新图表。
   A. X 轴数据　　　　　　　B. Y 轴数据
   C. 标题　　　　　　　　　D. 所依赖的数据
42. 当对已建立的图表进行修改时，下列叙述正确的是_____。
   A. 先修改工作表的数据，再对图表做相应的修改
   B. 先修改图表中的数据，再对工作表中的相关数据进行修改
   C. 工作表的数据和相应的图表是关联的，用户只要对工作表的数据进行修改，图表就会自动相应更改
   D. 在图表中删除某个数据时，工作表中相应的数据也被删除
43. 在 Excel 2010 的数据清单中，除第一行外的其他各行均被认为是_____。
   A. 字段　　　　B. 字段名　　　C. 标题行　　　D. 记录
44. Excel 2010 数据清单中的每一列称为_____。
   A. 记录　　　　B. 单元格　　　C. 字段　　　　D. 对象
45. 在 Excel 2010 的"排序"对话框中，_____。
   A. 可以只指定主要关键字
   B. 可以只指定次要关键字
   C. 次要关键字最多只能指定一个
   D. 次要关键字最多只能指定两个
46. 在 Excel 2010 工作表中，按某一字段进行分类，并对每一类做出统计的是_____。
   A. 分类排序　　B. 分类汇总　　C. 筛选　　　　D. 求和
47. 在 Excel 2010 中，使用筛选功能可以_____。
   A. 只显示数据清单中符合指定条件的记录

B. 删除数据清单中符合指定条件的记录

C. 只显示数据清单中不符合指定条件的记录

D. 隐藏数据清单中符合指定条件的记录

48. 在"页面设置"对话框中不能设置的是_____。

A. 纸张大小 B. 页边距

C. 每页包含的行数 D. 打印的缩放比例

49. 在"页面设置"对话框的"工作表"选项卡中,可供设置打印顺序选项的有_____。

A. 先列后行 B. 先行后列

C. 先列后行或先行后列 D. 先列后行与先行后列

50. 以下关于分页符操作的叙述中,不正确的是_____。

A. 水平分页符是在选中单元格的上方插入的

B. 如果只需插入垂直分页符,那么应选中某一列或第一行中的某个单元格

C. 在分页预览视图中,可用鼠标拖动分页符来改变其在工作表中的位置

D. 选中新起页左上角的单元格,再按一下【Delete】键,即可删除相应的分页符

三、多项选择题

1. Excel 2010 所具备的功能是_____。

A. 表格处理 B. 数据管理分析 C. 创建图表 D. 制作演示文稿

2. 下列属于 Excel 2010 中常用的数据格式的是_____。

A. 分数 B. 科学计数法 C. 公式 D. 文本

3. 在单元格中输入日期时,年、月、日间的分隔符可以是_____。

A. : B. - C. / D. \

4. Excel 2010 的填充功能可以实现_____操作。

A. 填充等差数列 B. 复制数据或公式到相邻单元格中

C. 填充等比数列 D. 复制数据或公式到不相邻单元格中

5. 下列表示 A6 开始到 C10 结束的单元格区域正确的是_____。

A. A6：C10 B. A6,C10 C. C10：A6 D. C6：A10

6. Excel 2010 公式中的引用运算符有_____。

A. 冒号（:） B. 逗号（,） C. 分号（;） D. 问号（?）

7. 在 Excel 2010 的"排序"对话框中_____。

A. 只能指定 1 个排序关键字 B. 可以指定 1 个排序关键字

C. 可以指定 3 个排序关键字 D. 可以指定 5 个排序关键字

8. Excel 2010 的筛选功能包括_____。

A. 自动筛选 B. 简单筛选 C. 高级筛选 D. 智能筛选

9. 在 Excel 2010 中,_____可按某一字段进行分类,并对每一类执行汇总操作。

A. 排序 B. 分类汇总 C. 筛选 D. 数据透视表

10. 在"页面设置"对话框中,不能缩短打印时间的选项是_____。

A. 网络线 B. 单色打印 C. 草稿品质 D. 行号列标

四、判断题（正确的打"√"，错误的打"×"）

1. 在单元格中输入 Excel 2010 可识别的日期和时间数据前，用户必须先设定该单元格的日期或时间格式。（　　）
2. 改变工作表的数据后，相应的图表必须重新建立。（　　）
3. 工作表中的数据既可按列排序，也可按行排序。（　　）
4. 设 A1、B1、C1、D1、E1 单元格的内容分别为"10"、"20"、"AA"、"BB"、"30"，则公式"=COUNT（A1：E1）"的值为"2"。（　　）
5. 在引用单元格时，为区分不同工作表的单元格，可在单元格地址前增加工作表名，相互之间用冒号分隔。（　　）
6. 公式"=A1+A2+A3+A4+B1+B2"等效于"=SUM（A1：A4，B1，B2）"。（　　）
7. 在 Excel 2010 中，日期为一种数据类型。（　　）
8. 在 Excel 2010 中，按【Delete】键可清除单元格的内容与格式。（　　）
9. 工作表中相邻的单元格才能构成单元格区域。（　　）
10. 工作表中某个单元格的地址是可以改变的。（　　）
11. 在 Excel 2010 中，函数名 SUM 与 sum 是等效的。（　　）
12. 当工作表处于全选状态时，单击工作表的任意位置，可取消对整个工作表所有单元格的选定状态。（　　）
13. 在 Excel 2010 中，图表不能单独占据一个工作表。（　　）
14. 输入的公式只能在单元格中进行编辑。（　　）
15. 在某个工作表中使用公式或函数时，可以引用另外一个工作表中的单元格。（　　）
16. 在 Excel 2010 中，公式为一种数据类型。（　　）
17. 在 Excel 2010 中，日期与时间只能保存在不同的单元格中。（　　）
18. 在 Excel 2010 中，对任何字段进行分类汇总都是有意义的。（　　）
19. 在 Excel 2010 中，图表可由用户自行绘制。（　　）
20. 当单元格内出现一串"#"时，表明该单元格内的公式有错误。（　　）
21. 一个工作表窗口最多可拆分为 4 个子窗口。（　　）
22. 在冻结工作表窗口时，只能进行水平冻结或垂直冻结。（　　）
23. 图表一旦生成，其类型就不能更改。（　　）
24. 在数据清单中，同一列中数据的类型可以不同。（　　）
25. 默认情况下，打印工作表时是不打印网格线的。（　　）
26. 格式化单元格并不改变其中的数据与公式，只是改变其显示方式。（　　）
27. 数据透视表不能用来创建图表。（　　）
28. 在 Excel 2010 中，可通过选择性粘贴来进行算法运算。（　　）
29. 在 Excel 2010 中，行列转置是不可能通过选择性粘贴来实现的。（　　）
30. 在 Excel 2010 中，AVERAGE 函数的功能是求最大值与最小值的平均值。（　　）

第 5 章

计算机网络基础和 Internet 应用习题

一、填空题

1. 按照计算机网络覆盖的地理范围，将网络分为_____、_____和_____。
2. 网络资源共享分为硬件共享、_____和_____。
3. 网络的主要功能包括资源共享、_____、_____、_____和_____等。
4. 计算机网络从逻辑上分为_____和_____。
5. 有线传输介质包括_____、_____、_____。
6. 无线传输介质包括_____、_____、_____等。
7. 目前常用的 IP 地址是_____位的二进制数。
8. 计算机网络的拓扑结构有_____、_____、_____、_____、_____。
9. 常见的 Internet 服务功能有_____、_____、_____、_____等。
10. TCP/IP 协议体系结构分为_____、_____、_____、_____共四层。
11. A 类 IP 地址的第 1 字节的值范围是_____；B 类 IP 地址的第 1 字节的值范围是_____；C 类 IP 地址的第 1 字节的值范围是_____。
12. 属于 A 类私有网的 IP 地址范围是_____。
13. 属于 B 类私有网的 IP 地址范围是_____。
14. 属于 C 类私有网的 IP 地址范围是_____。
15. IPv6 地址为_____位的二进制数。
16. 常见的 Internet 接入方式有_____、_____、_____、_____等。
17. Windows 7 系统的用户账户有三种，它们是_____、_____、_____。
18. FTP 的中文译名是_____。
19. POP3 服务器是_____服务器，SMTP 服务器是_____服务器。
20. 信息安全分为_____、_____、_____三个层次。
21. 网络安全的主要技术有_____、_____、_____、_____等。
22. 为了保护数据，一般对数据采用_____方法加以保护。
23. 计算机病毒是_____的程序。
24. 计算机病毒的特点包括_____、_____、_____、_____等。
25. 按照计算机病毒的寄生方式，将病毒分为_____、_____、_____、_____。

26. 按照计算机病毒的传播方式，将病毒分为_____和_____。

27. 计算机病毒的传播途径主要有_____、_____、_____、_____、_____。

二、单项选择题

1. 计算机网络技术包含的两个主要技术是计算机技术和_____。
   A. 微电子技术　　　　　　　　B. 通信技术
   C. 数据处理技术　　　　　　　D. 自动化技术

2. 客户机/服务器模式的局域网，其网络硬件主要包括服务器、工作站、网卡和_____。
   A. 网络拓扑结构　　　　　　　B. 计算机
   C. 网络协议　　　　　　　　　D. 传输介质

3. _____属于广域网。
   A. Intranet　　　B. Internet　　　C. Novell　　　D. NT

4. 一个学校组建的计算机网络属于_____。
   A. 局域网　　　B. 城域网　　　C. 广域网　　　D. 万维网

5. 建立计算机网络的主要目的是实现_____。
   A. 查资料　　　B. 听音乐　　　C. 资源共享和通信　　　D. 聊天

6. 属于无线传输介质的是_____。
   A. 双绞线　　　B. 电话线　　　C. 微波　　　D. 同轴电缆

7. 属于有线传输介质的是_____。
   A. 光纤　　　B. 卫星　　　C. 红外线　　　D. 路由器

8. 局域网的拓扑结构主要有_____、环型、总线型和树型4种。
   A. 星型　　　B. 混合型　　　C. 链型　　　D. 关系型

9. 根据_____可将网络划分为广域网（WAN）、城域网（MAN）和局域网（LAN）。
   A. 计算机数量　　　B. 传输速率　　　C. 拓扑类型　　　D. 计算机分布的距离

10. 按照网络传输介质划分，将网络分为_____和无线网络。
    A. 局域网　　　B. 点对点网络　　　C. 有线网络　　　D. 公用网络

11. 按照网络通信方式划分，将网络分为_____和点对点网络。
    A. 广播式网络　　　B. 有线网络　　　C. 广域网　　　D. 专用网

12. 计算机网络的构成可分为_____、网络软件、网络拓扑结构和传输控制协议。
    A. 体系结构　　　B. 传输介质　　　C. 通信设备　　　D. 网络硬件

13. 计算机网络最突出的优点是_____。
    A. 共享软件、硬件资源　　　　B. 运算速度快
    C. 互相通信　　　　　　　　　D. 内存容量大

14. 为网络提供共享资源并对这些资源进行管理的计算机称为_____。
    A. 网卡　　　B. 服务器　　　C. 工作站　　　D. 网桥

15. 用局域网方式连入Internet，电脑上必须有_____。
    A. 调制解调器　　　B. 网卡　　　C. 打印机　　　D. 串行口

16. 用 ADSL 方式连入 Internet，电脑必须连接到_____。
A. ADSL 设备　　　B. 调制解调器　　　C. 打印机　　　D. 串行口
17. 将一个网络的信息转发到另一个网络的设备是_____。
A. 路由器　　　B. 交换机　　　C. 中继器　　　D. 网卡
18. 通过电话拨号上网时，必须使用的一种设备是_____。
A. 网卡　　　B. MODEM　　　C. ISP　　　D. Hub
19. 下列 4 种有线传输介质中，数据传输速率最高、传输距离长的是_____。
A. 双绞线　　　B. 电话线　　　C. 同轴电缆　　　D. 光纤
20. Web 上的信息是由_____语言来组织的。
A. C　　　B. BASIC　　　C. Java　　　D. HTML
21. 下列软件中，_____是网络操作系统。
A. UNIX　　　B. DOS　　　C. Foxmail　　　D. Internet Explorer
22. LAN 是_____的英文缩写。
A. 城域网　　　B. 局域网　　　C. 广域网　　　D. 互联网
23. 超文本与一般文档的最大区别是，它有_____。
A. 文本　　　B. 图像　　　C. 超链接　　　D. 都不是
24. IPv4 的 IP 地址由_____字节组成。
A. 2　　　B. 3　　　C. 4　　　D. 5
25. IP 地址格式正确的是_____。
A. 193.18.320.2　　　　　　B. 202.103.26.204
C. 202，103，26，204　　　D. 202：103：26：204
26. TCP/IP 是_____。
A. 网络名　　　B. 网络协议　　　C. 网络应用　　　D. 网络系统
27. 下列_____服务不是 Internet 的功能。
A. E-mail　　　B. WWW　　　C. FTP　　　D. Socket
28. 电子信箱地址的格式是_____。
A. 用户名@主机域名　　　　B. 主机域名@用户名
C. 用户名.主机域名　　　　D. 用户名
29. URL 的含义是_____。
A. 统一资源定位器　　　　　B. Internet 协议
C. 简单邮件传输协议　　　　D. 传输控制协议
30. 用于实现电子邮件发送和转发的协议是_____。
A. POP3　　　B. SMTP　　　C. HTTP　　　D. FTP
31. 在 Foxmail 和 Windows Live mail 的设置中，代表接收邮件的服务器是_____。
A. POP3　　　B. SMTP　　　C. MIME　　　D. HTTP
32. WWW 上采用的协议是_____。
A. HTTP　　　B. Telnet　　　C. FTP　　　D. SMTP
33. HTTP 是指_____。
A. 超文本标记语言　　B. 超文本　　　C. 超文本传输协议　　　D. 超媒体

34. TCP 是指_____。
A. 传输控制协议　　　　　　　　B. 网际协议
C. 文件传输协议　　　　　　　　D. 简单邮件传输协议
35. SMTP 是指_____。
A. 传输控制协议　　　　　　　　B. 网际协议
C. 文件传输协议　　　　　　　　D. 简单邮件传输协议
36. FTP 是指_____。
A. 传输控制协议　　　　　　　　B. 网际协议
C. 文件传输协议　　　　　　　　D. 简单邮件传输协议
37. IP 是指_____。
A. 传输控制协议　　　　　　　　B. 网际协议
C. 文件传输协议　　　　　　　　D. 简单邮件传输协议
38. 目前的 IP 地址分为_____类。
A. 3　　　　B. 4　　　　C. 5　　　　D. 6
39. 以下 IP 地址中，属于 C 类 IP 地址的是_____。
A. 210.136.36.29　　　　　　　　B. 190.12.29.4
C. 172.16.1.2　　　　　　　　　　D. 59.60.124.203
40. 属于私有 IP 地址的是_____。
A. 192.168.2.1　　　　　　　　　B. 172.10.3.12
C. 128.10.1.13　　　　　　　　　D. 202.103.224.59
41. 当电子邮件在发送过程中有误时，则_____。
A. 自动把有误的邮件删除
B. 原邮件退回，并给出不能寄达的原因
C. 邮件将丢失
D. 原邮件退回，但不给出不能寄达的原因
42. 下列正确书写的 URL 是_____。
A. http://www.sohu.com:8080/news/1303891.html
B. http:\\www.sohu.com:8080\news\1303891.html
C. http://www.sohu.com,8080/news/1303891.html
D. http://www.sohu.com:8080\news\1303891.html
43. http://www.gxedu.gov.cn 是 Internet 上一个网站的_____描述。
A. UPS　　　　B. CRT　　　　C. URL　　　　D. ISP
44. 浏览一个简体中文网页时，显示的却是全部看不懂的字符，极有可能的原因是_____。
A. 病毒　　　　　　　　　　　　B. 网站的系统有问题
C. 发送方计算机故障　　　　　　D. 浏览器的编码不对
45. Internet 上的每台主机必须有一个唯一的_____作为其标识符。
A. IP 地址　　B. 主机名　　C. 域名　　D. 路径
46. 电子邮件地址由用户名和域名两部分组成，它们之间用_____符号隔开。
A. @　　　　B. #　　　　C. %　　　　D. &

47. 在域名中，代表中国国家的顶级域名是_____。
A. cn　　　　　B. com　　　　　C. ch　　　　　D. 中国

48. Internet 采用的通信协议是_____。
A. TCP/IP　　　B. HTTP　　　　C. POP　　　　D. SMTP

49. Internet 上的主机采用域名来标识，是因为_____。
A. IP 地址不能唯一标识主机
B. IP 地址不便于记忆，而域名便于记忆
C. 主机必须用域名标识
D. 一台主机必须有一个域名

50. 域名 www.abc.com.cn 表明，它是_____。
A. 中国的商业界　　　　　　　B. 中国的教育界
C. 网络机构　　　　　　　　　D. 商业界

51. IE 浏览器中"收藏夹"收藏的是_____。
A. 网站的网址　　　　　　　　B. 网站的内容
C. 网页的网址　　　　　　　　D. 网页内容

52. DNS 系统的作用是_____。
A. 把域名转换为 IP 地址　　　B. 把 IP 地址转换为域名
C. 解释域名　　　　　　　　　D. 都不对

53. 浏览器中"历史记录"存放的是_____。
A. 访问过的网页内容　　　　　B. 搜索过的网址
C. 当前访问的网页内容　　　　D. 当前访问的 URL

54. 某用户的 E-mail 地址是 liwei@163.com，则相应的邮件服务器网址是_____。
A. liwei　　　B. liwei@　　　C. 163.com　　　D. liwei@163.com

55. 不属于文件下载工具软件的是_____。
A. FlashGet　　B. 迅雷　　　C. Photoshop　　D. CuteFTP

56. Windows 7 是一种_____。
A. 网络操作系统　　　　　　　B. 单用户、单任务操作系统
C. 办公自动化系统　　　　　　D. 应用程序

57. 在 Windows 7 系统中，为了共享某一文件夹，使网络用户只能复制该文件夹的内容而不能删除其中的内容，则该文件夹的共享权限应设置为_____。
A. 读取　　　　B. 读/写　　　C. 删除　　　　D. 都不对

58. Windows 7 系统中权限最高的用户账户是_____。
A. Administrator　　B. 标准用户　　C. Guest　　　D. 都不是

59. Windows 7 系统中，要访问局域网中主机名为"lab"的共享文件夹"T"，则其访问路径为_____。
A. //lab/T　　B. \\lab\T　　　C. \lab\T　　　D. /lab/T

60. Windows Live Mail 是一个_____。
A. 电子邮件收发软件　　　　　B. 浏览器软件
C. 文件下载软件　　　　　　　D. 聊天软件

61. 电子公告板的简写是_____。
    A. BBS	B. Gopher	C. Whois	D. FTP
62. 信息安全不包括_____。
    A. 数据安全	B. 计算机系统安全
    C. 网络安全	D. 人员安全
63. 能够阻止外部网的有害数据包进入内部网的设备是_____。
    A. 防火墙	B. 路由器	C. 网关	D. 入侵检测系统
64. 关于防火墙的描述，正确的是_____。
    A. 能杀灭计算机病毒
    B. 能阻隔外网对内网资源的非法访问
    C. 能防范机房发生火灾
    D. 能防范内部工作人员泄露企业敏感信息
65. 关于访问控制的描述，正确的是_____。
    A. 防止非法用户访问受保护的网络资源
    B. 防止合法用户访问已授权的网络资源
    C. 允许合法用户对未授权的网络资源进行访问
    D. 允许非法用户对未授权的网络资源进行访问
66. 关于虚拟私有网络（VPN）的描述，正确的是_____。
    A. 允许内部网访问公用网络
    B. 禁止内部网访问公用网络
    C. 允许通过公用网络访问内部网
    D. 禁止通过公用网络访问内部网
67. 关于对称加密算法的描述，正确的是_____。
    A. 用于加密和解密的密钥都相同
    B. 加密算法和解密算法是相同的
    C. 用于加密和解密的密钥是不相同的
    D. 都不是
68. 关于非对称加密算法的描述，正确的是_____。
    A. 所有用户都知道公钥，用户只知道自己的私钥
    B. 所有用户都知道公钥和私钥
    C. 每个用户的公钥和私钥是不同的
    D. 所有用户的公钥和私钥均相同
69. 不属于杀毒软件的是_____。
    A. 卡巴斯基	B. 瑞星	C. 金山毒霸	D. 木马程序
70. 计算机病毒是_____。
    A. 黑客	B. 人为编写能破坏计算机数据的程序
    C. 会在人类之间感染的	D. 都不是
71. 计算机病毒不会通过_____途径传播的。
    A. 计算机网络	B. 硬盘	C. U盘	D. 空气

72. 不属于计算机病毒的是_____。
　A. 非典　　　　　B. 木马　　　　　C. 蠕虫　　　　　D. 冲击波
73. 计算机病毒产生的原因是_____。
　A. 用户程序错误　　　　　　　　　B. 硬件故障
　C. 系统软件出错　　　　　　　　　D. 人为制造
74. 目前的防病毒软件可以_____。
　A. 查出任何已感染的病毒　　　　　B. 查出并清除任何病毒
　C. 清除已感染的任何病毒　　　　　D. 查出已知的病毒，清除部分病毒
75. 计算机病毒传播最快的途径是_____。
　A. 硬盘　　　　　B. U盘　　　　　C. 国际互联网　　　　　D. 键盘

第 6 章

数据库软件 Access 2010 习题

一、填空题

1. 建立 Access 2010 数据库要创建一系列对象，其中最基本的对象是_____。
2. Access 2010 数据库中的对象都是存放在一个以_____为扩展名的文件中。
3. 表间建立关系以后，在对数据表操作时要使相互间受到约束，应建立_____。
4. 一般来说，报表的组成包括_____、_____、_____、_____、_____五部分。
5. 窗体或报表的数据来源可以是_____或_____。
6. 在表中设置主关键字只能在_____视图中实现。
7. 输入掩码是给字段输入数据时设置的_____。
8. 查询分为五种类型，分别是_____、_____、_____、_____、_____。
9. Access 2010 数据库中的六种数据对象分别是表、查询、窗体、_____、_____、_____。
10. 报表页眉的内容只能在报表的_____打印输出。

二、单项选择题

1. 数据库是按一定的结构和规则组织起来的_____数据的集合。
   A. 相关　　　　　B. 无关　　　　　C. 杂乱无章的　　D. 排列整齐的
2. 在数据库中，下列说法不正确的是_____。
   A. 优良的数据库是不应该有数据冗余的
   B. 任何数据库必定有数据冗余，但应该有最小的数据冗余度
   C. 在数据库中，由于数据统一管理因此可以减少数据的冗余度
   D. 在数据库中，由于共享数据不必重复存储因此可以减少数据的冗余度
3. Access 2010 数据库的_____功能可以实现 Access 2010 与其他应用软件（如 Excel 2010）之间的数据传输和交换
   A. 数据定义　　　B. 数据操作　　　C. 数据控制　　　D. 数据通信
4. _____中所列不全包括在 Access 2010 可用的字段属性中。
   A. 字段大小，字型，格式　　　　　　B. 输入掩码小数位数
   C. 标题，默认值，索引　　　　　　　D. 有效性规则，有效性文本

5. 若使打开的数据库文件能为网上其他的用户共享，但只能浏览数据不能修改，则选择打开数据库的方式为_____打开。
　　A. 直接　　　　　B. 以只读方式　　C. 以独占方式　　D. 以独占只读方式
6. 在 Access 2010 数据库的六大对象中，用于存储数据的数据库对象是_____，用于和用户进行交互的数据库对象是_____。
　　A. 表　　　　　　B. 查询　　　　　C. 窗体　　　　　D. 报表
7. Access 2010 默认的数据库格式是_____。
　　A. MDB　　　　　B. ACCDB　　　　C. ACCDE　　　　D. MDE
8. 设已建立一个学生成绩表，若要查找"机试"和"笔试"成绩均在 85 分（包括 85 分）的学生的姓名、学院名称，可用设计视图创建一个选择查询，设置查询条件时应_____。
　　A. 在条件单元格键入：机试 >＝85 AND 笔试 >＝85
　　B. 在"机试"的条件单元格键入：>＝85；在"笔试"的条件单元格键入：>＝85
　　C. 在"机试"的条件单元格键入：机试 >＝85；在"笔试"的条件单元格键入：笔试 >＝85
　　D. 在条件单元格键入：机试成绩 >＝85 OR 笔试成绩 >＝85
9. 若要将总评字段值按"机试"和"笔试"成绩均在 85 分以上填写"优秀"，则可通过创建并运行一个_____实现。
　　A. 更新查询　　　B. 追加查询　　　C. 交叉查询　　　D. 选择查询
10. 用二维表数据来表示实体之间联系的模型叫作_____模型。
　　A. 层次　　　　　B. 关系　　　　　C. 网络　　　　　D. 实体—联系
11. 不同的数据库管理系统支持不同的数据模型，三种常用的数据模型对应的则是_____数据库。
　　A. 层次数据库，环状数据库和关系数据库
　　B. 网络数据库，链状数据库和环状数据库
　　C. 关系数据库，网状数据库和层次数据库
　　D. 层次数据库，链状数据库和网络数据库
12. 只要在报表的最后一页底部输出信息是通过_____设置的。
　　A. 报表页眉　　　B. 页面页脚　　　C. 报表主体　　　D. 报表页脚
13. 为方便大批量的数据打印，如打印准考证，应使用_____。
　　A. 纵栏式报表　　B. 表格式报表　　C. 图表报表　　　D. 标签报表
14. 关系数据模型有以下特性：
（1）一个二维表中，所有的记录格式_____，记录长度_____。
（2）同一字段数据的性质是相同的，它们均为同一属性的值。
（3）行和列的排列顺序_____。
则下列选项正确的是_____。
　　A. 相同、相同、并不重要　　　　　B. 相同、相同、不能变更
　　C. 不相同、不相同、并不重要　　　D. 不相同、不相同、不能变更

15. _____是计算机常用的数据管理系统软件。
    A. DBMS   B. Word   C. Access   D. WPS
16. 对数据表的数据进行修改，主要是在数据表的_____视图中进行的。
    A. 数据表   B. 数据透视表   C. 设计   D. 数据透视图
17. 下列查询中，不属于操作查询的是_____。
    A. 交叉表查询   B. 生成表查询
    C. 删除查询   D. 追加查询
18. 如果想建立一个根据姓名查询个人信息的查询，那么建立的查询最好是_____。
    A. 选择查询   B. 交叉表查询   C. 查找重复项查询   D. 参数查询
19. 在 Access 2010 中使用的对象有表、_____、报表、宏、模块。
    A. 视图、标签   B. 查询、窗体   C. 查询、标签   D. 视图、窗体
20. 打开数据表后，可以方便地输入、修改记录的数据，修改后的数据_____。
    A. 在光标离开被修改的记录后存入磁盘
    B. 在修改过程中随时存入磁盘
    C. 在光标离开被修改的字段后存入磁盘
    D. 在退出被修改的表后存入磁盘
21. 如果用户想要批量更改数据表中的某个值，那么可以使用的查询是_____。
    A. 追加查询   B. 更新查询   C. 选择查询   D. 参数查询
22. 在窗体的视图中，能够预览显示结果，并且又能够对控件进行调整的视图是_____。
    A. 设计视图   B. 窗体视图
    C. 布局视图   D. 数据表视图
23. 查询是在数据库的表中检索特定信息的一种手段，_____。
    A. 查询的结果集，以二维表的形式显示出来
    B. 查询的结果集，也是基本表
    C. 同一个查询的查询结果集是固定不变的
    D. 当 Access 2010 检索完与用户查询要求相匹配的记录以后，不能再对得到的信息进行排序或筛选
24. 表的一个记录对应二维表的_____。
    A. 一个横行   B. 一个纵列   C. 若干行   D. 若干列
25. 查询的数据源可以来自_____。
    A. 表   B. 查询   C. 窗体   D. 表和查询
26. 在描述实体间的联系中，1：n 表示的是_____。
    A. 一对一的联系   B. 一对多的联系
    C. 多对一的关系   D. 多对多的联系
27. 在对报表每一页的底部都输出信息时，则需要设置的区域是_____。
    A. 报表页眉   B. 页面页脚
    C. 页面页眉   D. 报表页脚
28. 在有关主键的描述中，错误的是_____。
    A. 主键可以由多个字段组成

B. 主键不能为空，创建后可以取消
C. 每个表都必须指定主键
D. 主键的值对于每个记录必须是唯一的

29. 字段的有效性规则的作用是_____。
A. 不允许字段的值超出某个范围
B. 不允许字段的值为空
C. 未输入数据前，系统自动提供数据
D. 系统给出输入数据的提示信息

30. 建立 Access 2010 数据库的首要工作是_____。
A. 建立数据库的查询
B. 建立数据库的基本表
C. 建立基本表之间的关系
D. 建立数据库的报表

31. 在数据表视图下，表示当前操作行的标识符是_____。
A. 三角形   B. 星形   C. 铅笔形   D. 方形

32. "按选定内容筛选"允许用户_____。
A. 查找所选的值
B. 输入作为筛选条件的值
C. 根据当前选中字段的内容，在数据表视图窗口中查看筛选结果
D. 以字母或数字顺序组织数据

33. 下列是关于数据库对象的删除操作的叙述，正确的是_____。
（1）打开的对象不能删除。
（2）不能直接删除与其他对象存在关系的对象。
A.（1）   B.（2）
C.（1）和（2）都对   D.（1）（2）都不对

34. Access 2010 数据库由数据基本表、表与表之间的关系、查询、窗体、报表等对象构成，其中数据基本表是___(1)___；查询是___(2)___；报表是___(3)___。
（1）A. 数据查询的工具   B. 数据库之间交换信息的通道
C. 数据库的结构，由若干字段组成   D. 一个二维表，它由一系列记录组成
（2）A. 维护、更新数据库的主要工具
B. 由一系列记录组成的一个工作表
C. 了解用户需求，以便修改数据库结构的主要窗口
D. 在一个或多个数据表中检索指定的数据的手段
（3）A. 按照需要的格式浏览、打印数据库中的数据的工具
B. 数据库的一个副本
C. 数据基本表的硬复制
D. 实现查询的主要方法

35. 更新数据的工作还可以在其他数据库对象中进行，其中不具备更新数据库数据的功能的对象是_____。
A. 宏   B. 查询   C. 报表   D. 窗体

36. 关于排序的叙述中，错误的是_____。
    A. 排序指的是按照某种标准对工作表的记录顺序排列
    B. 没有指定主键就不能排序
    C. 可以对窗体的记录进行排序
    D. 可以对多个字段进行排序
37. 输入数据时，如果希望输入的格式标准保持一致或希望检查输入时的错误，可以_____。
    A. 控制字段的大小	B. 设置默认值
    C. 定义有效性规则	D. 设置输入掩码
38. 假定已建立一个"工资表"，其包含编号、姓名、性别、年龄、基本工资、奖金、扣款和实发工资等字段。若要求用设计视图创建一个查询，查找实发工资在3 000元以上（包括3 000元）的女职工记录，正确的设置查询条件的方法是_____。
    A. 在"实发工资"的条件单元格键入：实发工资 >=3 000；在"性别"的条件单元格键入：性别 = "女"
    B. 在"实发工资"条件单元格键入：>=3 000；在"性别"条件单元格键入："女"
    C. 在条件单元格键入：实发工资 >=3 000 AND 性别 = "女"
    D. 在条件单元格键入：实发工资 >=3 000 OR 性别 = "女"
39. 数据库中表实施参照完整性以后，错误的是_____。
    A. 当主表有相关记录，相关表也必须有相同的记录
    B. 当主表没有相关记录，就不能将记录添加到相关表
    C. 主表的主键更新时，从表的相关字段也会更新
    D. 主表的某条记录被删除时，从表的相关记录也会被删除
40. 关于报表的叙述，正确的是_____。
    （1）可以利用剪贴画、图片或扫描图像来美化报表的外观。
    （2）可以在每页的顶部和底部打印标识信息的页眉和页脚。
    （3）可以利用图表和图形帮助说明报表数据的含义。
    A. （1）（2）	B. （2）（3）	C. （1）（3）	D. （1）（2）（3）
41. 如果一条记录的内容比较少，而独占一个窗体的空间就很浪费，此时可以建立_____窗体。
    A. 纵栏式	B. 图表式	C. 表格式	D. 数据透视表
42. 下面是在数据表视图的方式下删除记录的叙述，正确的是_____。
    （1）删除记录分为两个步骤：第一步先选中所要删除的记录；第二步按【Delete】键。
    （2）执行删除操作时，系统不会做任何提示便将选中的记录删除。
    （3）执行删除操作时，系统会给出提示，让用户进行确认，因为删除的数据是无法恢复的。
    A. （1）（2）	B. （1）（3）	C. （2）（3）	D. （1）（2）（3）
43. Access 2010中的选择查询是最常见的查询类型，它可以_____中检索数据。
    A. 仅从一个表	B. 最多从两个表
    C. 从一个或多个表	D. 从一个或多个记录

44. 下面所给的数据类型中，_____数据类型不能用来建立索引。
   A. 数字　　　　　B. 文本　　　　　C. 日期/时间　　　D. 备注
45. 下列有关窗体的描述，错误的是_____。
   A. 数据源可以是表和查询
   B. 可以存储数据，并以行和列的形式显示数据
   C. 可以用于显示表和查询中的数据，输入数据、编辑数据和修改数据
   D. 由多个部分组成，每个部分称为一个"节"
46. "输入掩码"是用户为数据输入定义的格式，用户可以为_____数据设置输入掩码。
   A. 文本型、备注型、是/否型、日期/时间型
   B. 文本型、数字型、货币型、是/否型
   C. 文本型、备注型、货币型、日期/时间型
   D. 文本型、数字型、货币型、日期/时间型
47. 下列对数据输入无法起到约束作用的是_____。
   A. 输入掩码　　　B. 有效性规则　　C. 字段名称　　　D. 数据类型
48. 如果不想显示数据表中的某些字段，可以使用的命令是_____。
   A. 隐藏　　　　　B. 删除　　　　　C. 冻结　　　　　D. 筛选
49. 以下列出的关于修改的叙述，只有_____是正确的。
   （1）修改表时，对于已建立关系的表，要同时对相互关联表的有关部分进行修改
   （2）修改表时，必须先将欲修改的表关闭
   （3）在关系表中修改关联字段必须先删除关系，并要同时修改原来相互关联的字段。修改之后，重新建立关系。
   A. （1）（2）（3）　　　　　　　　B. （1）（2）
   C. （1）（3）　　　　　　　　　　D. （2）（3）
50. 在用"设计视图"创建报表之初，系统只打开"页面页眉/页脚"和"主体"节，要想打开"报表页眉/页脚"节，可单击_____菜单进行选择。
   A. 编辑　　　　　B. 视图　　　　　C. 插入　　　　　D. 格式
51. 表"设计视图"包括两个区域：字段输入区和_____。
   A. 格式输入区　　　　　　　　　　B. 数据输入区
   C. 字段属性区　　　　　　　　　　D. 页输入区
52. 默认值设置是通过_____操作来简化数据输入。
   A. 清除用户输入数据的所有字段
   B. 用指定的值填充字段
   C. 消除了重复输入数据的必要
   D. 用与前一个字段相同的值填充字段
53. Access 2010 查询的结果总是与数据源中的数据保持_____。
   A. 不一致　　　　B. 同步　　　　　C. 不同步　　　　D. 无关
54. Access 2010 中表和数据库的关系是_____。
   A. 一个数据库可以包含多个表

B. 一个表只能包含两个数据库

C. 一个表可以包含多个数据库

D. 一个数据库中能包含一个表

55. 数据库（DB）、数据库系统（DBS）和数据库管理系统（DBMS）之间的关系是_____。

A. DBMS 包括 DB 和 DBS   B. DBS 包括 DB 和 DBMS

C. DB 包括 DBS 和 DBMS   D. DB、DBS 和 DBMS 是平等关系

56. Access 2010 数据库的核心与基础是_____。

A. 表   B. 宏   C. 窗体   D. 模块

57. 下面关于 Access 2010 表的叙述中，错误的是_____。

A. 在 Access 2010 表中，可以对备注型字段进行"格式"属性设置

B. 若删除表中含有自动编号字段的一条记录后，Access 不会对表中自动编号型字段重新编号

C. 创建表之间的关系时，应关闭所有打开的表

D. 可在 Access 2010 表的设计视图"说明"列中，对字段进行具体的说明

58. 下列关于 OLE 对象的叙述中，正确的是_____。

A. 用于输入文本数据   B. 用于处理超级链接数据

C. 用于生成自动编号数据   D. 用于链接或内嵌 Windows 支持的对象

59. Access 2010 数据库系统中数据来源可以是_____。

A. 表   B. 查询   C. 窗体   D. 表和查询

60. Access 2010 数据库中的查询有很多种，其中最常用的查询是_____、交叉表查询向导、查找重复项查询向导、查找不匹配项查询向导。

A. 简单查询向导   B. 字段查询向导

C. 记录查询向导   D. 数据查询向导

三、判断题

1. 数据库系统是利用数据库技术进行数据管理的计算机系统。（   ）

2. 表一旦建立，表结构就不能修改了。（   ）

3. 表中的主关键字段不能包含相同的值，但可以为空值。（   ）

4. 报表和表一样，能存储原始数据。（   ）

5. 在输入数据时，记录指针变成了一支铅笔，表明该记录正在被编辑。（   ）

6. 新记录指针总是显示在表的最后一行。（   ）

7. 筛选使得表中只会显示符合条件的记录，其他数据都会放置在符合条件记录的后面。（   ）

8. 在表视图中浏览数据时，可以使用排序按钮对数据进行排序。（   ）

9. 在选择查询中，连接表的默认方法就是把两个表的所有记录合并在一起。（   ）

10. 报表可以执行简单的数据浏览和打印功能，但不能对数据进行比较、汇总和小计。（   ）

第 7 章

多媒体技术基础习题

一、填空题

1. 多媒体即_____（英文），它是由_____和_____复合而成。
2. 多媒体技术处理的信息媒体不再局限于数值和文字，而是扩展到图形、_____、音频、_____和动画等多种表现形式。
3. 多媒体技术的集成性表现在_____集成和_____集成两方面。
4. 多媒体技术具有以下特点：_____、_____、_____、_____和_____。
5. 美国人托马斯·阿尔瓦·爱迪生设计的_____是世界上最早的录音装置。
6. _____和_____压缩标准是面向广播级或准广播级应用的。
7. Photoshop 是_____处理软件。
8. _____是面向对象基于图标流程线的多媒体合成软件。
9. _____是专门用于制作演示多媒体投影片和幻灯片模式的多媒体 CAI。
10. 声音的三要素是_____、_____、_____。
11. 显示媒体包括_____、_____两种。
12. _____是能正确描述媒体的环境范围的概念。
13. 扫描仪按扫描方式可分为_____和_____两种方式。
14. 视频叠加有_____和_____两种方式。
15. 色彩三要素中，_____要素是由可见光的振幅决定的。
16. 三基色原理是指大多数颜色的光可以分解成_____、_____、_____。
17. 计算机显示器采用_____彩色空间。
18. 存储容量最大的光盘类型是_____。
19. 超文本与超媒体具有很大的发展潜力，在以后的发展中，超媒体将向_____和_____方向发展。
20. _____反映在图像序列中的相邻帧图像（电视图像、动画）之间有较大的相关性。

二、单项选择题

1. 所谓媒体是指_____。
   A. 计算机的输入、输出信息　　　　B. 各种信息的编码
   C. 表示和传播信息的载体　　　　　D. 计算机的屏幕显示信息

2. 下列_____不是多媒体硬件系统应包括的。
   A. 计算机最基本的硬件设备
   B. 多媒体通信传输设备
   C. 音频输入、输出和处理设备
   D. CD – ROM

3. 多媒体技术的应用主要体现在_____上。
   A. 教育与培训　　　　　　　　　　B. 军事与安全
   C. 娱乐与服务　　　　　　　　　　D. 以上都是

4. 多媒体技术中，自然界的各种声音被定义为_____。
   A. 存储媒体　　B. 表现媒体　　C. 感觉媒体　　D. 表示媒体

5. 用多媒体的教学手段进行教学，从计算机应用角度来看，是在_____方面的应用。
   A. 计算机辅助系统　　　　　　　　B. 信息管理
   C. 人工智能　　　　　　　　　　　D. 数据处理

6. 声音媒体是多媒体最容易被人感知的媒体形式，声音的格式主要有_____两种。
   A. WAVE 和 MIDI　　　　　　　　　B. WAVI 和 MIDI
   C. BMP 和 JPEG　　　　　　　　　　D. WAVE 和 AVI

7. 下面属于音频文件的是_____。
   A. MIDI　　　B. MP3　　　C. WAVE　　　D. 全选

8. 以下关于多媒体技术的描述中，错误的是_____。
   A. 多媒体技术将各种媒体以数字化的方式集中在一起
   B. 多媒体技术是指将多媒体进行有机组合而成的一种新的媒体应用技术
   C. 多媒体技术就是能用来观看数字电影的技术
   D. 多媒体技术与计算机技术的融合开辟出一个多学科的崭新领域

9. 下面功能中_____不属于 MPC 的图形、图像处理能力的基本要求。
   A. 可产生形象丰富、逼真的图形
   B. 实现三维动画
   C. 可以逼真、生动地显示彩色静止图像
   D. 实现一定程度的二维动画

10. 要把一台普通的计算机变成多媒体计算机，_____不是要解决的关键技术。
    A. 视频、音频信号的共享
    B. 多媒、体数据压缩编码和解码技术
    C. 视频、音频数据的实时处理和特技
    D. 视频、音频数据的输出技术

11. 多媒体一般不包括_____媒体类型。
   A. 图形　　　B. 图像　　　C. 音频　　　D. 视频
12. 多媒体技术中使用数字化技术，与模拟方式相比，_____不是数字化技术的专有特点。
   A. 经济、造价低
   B. 数字信号不存在衰减和噪声干扰问题
   C. 数字信号在复制和传送过程中不会因噪声的积累而衰减
   D. 适合数字计算机进行加工和处理
13. 下面格式中，_____是音频文件格式。
   A. WAV 格式　　B. JPG 格式　　C. DAT 格式　　D. MIC 格式
14. 使用录音机录制的声音文件格式为_____。
   A. MIDI　　　B. WAV　　　C. MP3　　　D. CD
15. 下面程序中_____不属于音频播放软件工具。
   A. Windows Media Player　　　B. GoldWave
   C. QuickTime　　　　　　　　　D. ACDsee
16. 多媒体技术的主要特点是_____。
   A. 实时性和信息量大　　　B. 集成性和交互性
   C. 实时性和分布性　　　　D. 分布性和交互性
17. 多媒体处理的信息是_____。
   A. 模拟信号　　　　　　　B. 数字化信息
   C. 电视信息　　　　　　　D. 网络信息
18. 下列有关多媒体计算机概念的描述，正确的是_____。
   A. 多媒体技术可以处理文字、图像和声音，但不能处理动画和影像
   B. 多媒体计算机系统主要由多媒体硬件系统、多媒体操作系统和支持多媒体数据开发的应用工具软件组成
   C. 传输媒体主要包括键盘、显示器、鼠标、声卡和视频卡等
   D. 多媒体技术具有同步性、集成性、交互性和综合性的特征
19. 下面关于多媒体系统的描述中，不正确的是_____。
   A. 多媒体系统一般是一种多任务系统
   B. 多媒体系统是对文字、图像、声音、活动图像及对资源进行管理的系统
   C. 多媒体系统只能在微型计算机上运行
   D. 数字压缩是多媒体处理的关键技术
20. 在多媒体计算机系统中，不能用以存储多媒体信息的是_____。
   A. 磁带　　　B. 光缆　　　C. 磁盘　　　D. 光盘
21. 在多媒体计算机中，麦克风属于_____。
   A. 输入设备　　B. 输出设备　　C. 扩音设备　　D. 录音设备
22. 下列各项中，不属于多媒体硬件的是_____。
   A. 光盘驱动器　　B. 视频卡　　C. 音频卡　　D. 加密卡
23. 一种比较确切的说法是：多媒体计算机是能够_____的计算机。
   A. 接受多种媒体信息

B. 输出多种媒体信息
C. 将多种媒体信息融为一体进行处理
D. 播放 CD 音乐

24. 在 Windows 中，多媒体的应用程序在_____管理中。
   A. 帮助　　　　　　B. 多媒体　　　　　C. 附件　　　　　　D. 设置

25. 数字、声音、图像、图形和_____属于信息载体。
   A. 光盘　　　　　　B. 硬盘　　　　　　C. 文字　　　　　　D. 软盘

26. 下列各项中，_____是多媒体技术的关键特性。
   A. 持续性　　　　　B. 交互性　　　　　C. 扩展性　　　　　D. 封闭性

27. 磁带、磁盘、半导体存储器和_____属于存储信息的实体。
   A. 数字　　　　　　B. 声音　　　　　　C. 图像　　　　　　D. 光盘

28. 下列属于多媒体计算机硬件系统的是_____。
   A. 工作站、打印机、电视机、冰箱
   B. 声卡、通信卡、电风扇、鼠标
   C. 摄像机、音箱、键盘、操纵杆
   D. 硬盘、麦克风、充电器、录音机

29. 所谓媒体，在计算机领域有两种含义：一种是指存储信息的实体；另一种是指_____。
   A. 信息接口　　　　B. 信息载体　　　　C. 介质　　　　　　D. 网络

30. 多媒体技术中的媒体是指_____，如数字、文字、声音、图形和图像等。
   A. 信息载体　　　　B. 存储信息的实体　C. 光盘　　　　　　D. 磁盘

第 8 章

演示文稿制作软件 PowerPoint 2010 习题

一、单项选择题

1. 关于幻灯片母版，以下说法错误的是_____。
   A. 在母版中定义标题的格式后，在幻灯片中还可以修改
   B. 根据当前幻灯片的布局，通过幻灯片切换按钮，可能出现两种不同的母版
   C. 可以通过鼠标操作在各类模版之间直接切换
   D. 在母版中插入图片对象后，在幻灯片中可以根据需要进行编辑
2. 幻灯片的母版设置有_____作用。
   A. 统一整套幻灯片的风格   B. 统一页码
   C. 统一图片内容   D. 统一标题内容
3. _____菜单项是 PowerPoint 2010 特有的。
   A. 视图   B. 工具   C. 幻灯片放映   D. 布局
4. 要选择多张不连续的幻灯片，可借助_____键。
   A.【Shift】   B.【Ctrl】   C.【Alt】   D.【Delete】
5. 在 PowerPoint 2010 中绘制图形时，如果画的是椭圆想变成圆时应按住键盘上的_____。
   A.【Ctrl】   B.【Shift】   C.【Tab】   D.【CapsLock】
6. PowerPoint 2010 中，执行了插入新幻灯片的操作，被插入的幻灯片将出现在_____。
   A. 当前幻灯片之前   B. 当前幻灯片之后
   C. 最前   D. 最后
7. PowerPoint 2010 中的幻灯片可以_____。
   A. 在投影仪上放映   B. 在计算机屏幕上放映
   C. 打印成幻灯片使用   D. 以上三种均可以完成
8. 进入幻灯片母版的方法是_____。
   A. 在"设计"选项卡上选择一种主题
   B. 在"视图"选项卡上单击"幻灯片浏览视图"按钮
   C. 在"文件"选项卡上选择"新建"命令项下的"样本模版"
   D. 在"视图"选项卡上单击"幻灯片母版"按钮
9. 在任何版式的幻灯片中都可以插入图表，除了在"插入"选项卡中单击"图表"按钮来完成图表的创建外，还可以用_____实现图表的插入操作。

A. SmartArt 图形中的矩形图　　　　　B. 图片占位符
C. 表格　　　　　　　　　　　　　　D. 图表占位符
10. 在 PowerPoint 2010 中，下列说法错误的是_____。
A. 在文档中可以插入音乐
B. 在文档中可以插入影片
C. 在文档中插入多媒体内容后，只能自动放映，不能手动放映
D. 在文档中可以插入声音
11. 在 PowerPoint 2010 中自带很多图片文件，若将它们加入演示文稿中，应使用插入_____操作。
A. 对象　　　　B. 剪贴画　　　　C. 自选图形　　　　D. 符号
12. 制作演示文稿时，如果要设置每张幻灯片的播放时间，那么需要通过执行_____操作来实现。
A. 幻灯片切换的设置　　　　　　　　B. 录制旁白
C. 自定义动画　　　　　　　　　　　D. 排练计时
13. PowerPoint 2010 中要移动文本框时，应选中该文本框，鼠标指针放在边框上，使光标变成_____。
A. 十字形四个方向箭头　　　　　　　B. 斜方向双向箭头
C. 竖直双向箭头　　　　　　　　　　D. 水平双向箭头
14. PowerPoint 2010 的"超级链接"的作用是_____。
A. 在演示文稿中插入幻灯片　　　　　B. 关闭演示文稿
C. 内容跳转　　　　　　　　　　　　D. 删除幻灯片
15. PowerPoint 2010 的主要功能是_____。
A. 文字处理　　B. 表格处理　　　C. 图表处理　　　D. 电子演示文稿处理
16. 对于 PowerPoint 2010，正确的是_____。
A. 在 PowerPoint 2010 中，每一张幻灯片就是一个演示文稿
B. 每当插入一张新幻灯片时，PowerPoint 2010 要为用户提供若干种幻灯片参考版式
C. 用 PowerPoint 2010 只能创建、编辑演示文稿，而不能播放演示文稿
D. 选择"应用设计模版"，不能为个别幻灯片设计外观
17. 在 PowerPoint 2010 中，若想同时查看多张幻灯片，应选择_____视图。
A. 幻灯片视图　　B. 大纲视图　　C. 备注页视图　　D. 幻灯片浏览视图
18. 为所有幻灯片设置统一的、特有的外观风格时，应使用_____。
A. 母版　　　　B. 配色方案　　　C. 自动版式　　　D. 幻灯片切换
19. 当在交易会上进行广告片的放映时，应选择_____放映方式。
A. 演讲者放映　　B. 观众自行放映　　C. 在展台浏览　　D. 幻灯片放映
20. 如果幻灯片能够在无人操作的环境下自动播放，应事先对演示文稿进行_____。
A. 设置动画　　B. 排练计时　　　C. 存盘　　　　　D. 打包
21. 下列叙述中，错误的是_____。
A. 用演示文稿的超级链接可以跳到其他演示文稿
B. 幻灯片中动画的顺序由幻灯片中文字或图片出现的顺序决定

C. 幻灯片可以设置定时播放
D. 利用"应用设计模版"可以快速地为演示文稿选择统一的背景图案和配色方案

22. 如果要终止幻灯片的放映,可直接按_____键。
   A.【Ctrl】+【C】   B.【End】   C.【Alt】+【F4】   D.【Esc】

23. 对于演示文稿中不准备放映的幻灯片可用_____选项卡中"隐藏幻灯片"命令隐藏。
   A. 工具   B. 视图   C. 幻灯片放映   D. 编辑

24. 在 PowerPoint 2010 的_____视图下,可以用鼠标拖动的方法改变幻灯片的顺序。
   A. 幻灯片   B. 备注页   C. 幻灯片放映   D. 幻灯片浏览视图

25. 在播放演示文稿时,_____。
   A. 只能按幻灯片的自然排列顺序播放   B. 只能按幻灯片的编号顺序播放
   C. 能按任意顺序播放   D. 不能倒回去播放

26. 为了在切换幻灯片时播放声音,可以单击_____选项卡的"声音"按钮。
   A. 幻灯片放映   B. 设计   C. 动画   D. 切换

27. 幻灯片母版不能用于控制幻灯片的_____。
   A. 标题字号   B. 大小尺寸   C. 项目符号样式   D. 背景色

28. 在 PowerPoint 2010 中,不能对幻灯片内容进行修改的视图是_____。
   A. 大纲视图   B. 普通视图   C. 幻灯片浏览视图   D. 幻灯片视图

29. 在放映演示文稿时,如果需要从第 1 张切换至第 3 张,应该_____。
   A. 在放映时,单击鼠标左键
   B. 停止放映,双击第 3 张后再放映
   C. 放映时双击第 3 张即可切换
   D. 右击幻灯片,在快捷菜单中选择"切换至第 3 张"

30. 下列说法正确的是_____。
   A. 通过"设计"选项卡的"背景样式"只能为一张幻灯片添加背景
   B. 通过"设计"选项卡的"背景样式"只能为所有幻灯片添加背景
   C. 通过"设计"选项卡的"背景样式"既能为一张幻灯片添加背景也可为所有幻灯片添加背景
   D. 以上说法都不对

31. 关于自定义动画,以下说法不正确的是_____。
   A. 可以调整顺序   B. 有些可设置参数
   C. 可以带声音   D. 只能为文字设置自定义动画

32. 用 PowerPoint 2010 创建的文件扩展名是_____。
   A. .pptx   B. .ppt   C. .txt   D. .mdb

33. 在 PowerPoint 2010 中,如果为插入在幻灯片上的图片、表格等对象设置动态演示效果,则应该应用_____。
   A. 自定义放映   B. 自定义动画   C. 动画方案   D. 幻灯片切换

34. 在 PowerPoint 2010 中建立超级链接,可以链接到_____。
   A. 某一张幻灯片   B. 一个应用程序

C. 某个电子邮件地址 D. 以上全部均可

35. 在 PowerPoint 2010 中，"自定义动画"的功能是_____。
   A. 插入 Flash 动画 B. 设置放映方式
   C. 设置幻灯片的放映方式 D. 给幻灯片内的对象添加动画效果

36. 若要设置幻灯片换页效果为百叶窗，则应使用_____选项卡的"切换到此幻灯片"。
   A. 幻灯片放映 B. 动画 C. 切换 D. 设计

37. _____是能够复制一个对象的动画，并将这些动画应用到其他对象的工具。
   A. 动画排序 B. 动画刷 C. 触发 D. 计时

38. 有关自定义放映的说法中错误的是_____。
   A. 自定义放映功能可以产生该演示文稿的多个版本
   B. 通过自定义放映，不用再针对不同的受众创建多个几乎完全相同的演示文稿
   C. 多个自定义放映在演示过程中可以进行切换
   D. 创建自定义放映时，不能改变幻灯片的显示次序

39. 如果将 PowerPoint 2010 演示文稿用 IE 浏览器打开，则文件的保存类型应选择为_____。
   A. 网页 B. 演示文稿 C. PowerPoint 放映 D. 设计母版

二、多项选择题

1. 在 PowerPoint 2010 中，若创建新演示文稿时选择了某种幻灯片版式，则以下说法正确的是_____。
   A. 当添加一张新幻灯片时会自动选择这种版式
   B. 只能决定幻灯片的内容布局，不能决定幻灯片的背景和色彩
   C. 根据需要演示文稿中不同的幻灯片，还可以选择不同的版式
   D. 该演示文稿中所有的幻灯片都只能用这种版式进行内容的布局

2. 在 PowerPoint 2010 中，创建新演示文稿有_____方法。
   A. 打开内置模版 B. 空演示文稿 C. 打开自定义模版 D. 打开已有的演示文稿

3. PowerPoint 2010 能轻松将演示文稿转换为视频，并通过 CD/DVD、Web 或电子邮件发布共享，这样的视频文件包括使用者在制作演示文稿时所具有的_____功能。
   A. 幻灯片放映中未隐藏的所有幻灯片
   B. 链接或嵌入的压缩包
   C. 所有录制的计时、旁白和激光笔势
   D. 原有的动画、切换和媒体

4. PowerPoint 2010 中可以集成的多媒体信息包括_____。
   A. 文字、图片 B. 超链 C. 音乐、旁白 D. 视频、动画

5. 在 PowerPoint 2010 中，幻灯片版式有_____。
   A. 文字版式 B. 内容版式 C. 文字和内容版式 D. 其他版式

6. 在 PowerPoint 2010 中，下列_____对象可以创建超链接。
   A. 文本 B. 表格 C. 图片 D. 形状

7. 在"设置幻灯片放映"对话框中,"放映选项"有_____。
  A. 循环放映 B. 放映时不加旁白 C. 单独放映 D. 放映时不加动画
8. PowerPoint 2010 中的普通视图下,包含_____。
  A. 大纲/幻灯片窗格 B. 幻灯片窗格
  C. 备注窗格 D. 任务窗格
9. 幻灯片被隐藏后,可在_____看到幻灯片的隐藏标记。
  A. 幻灯片浏览视图 B. 普通视图的"大纲"选项卡
  C. 普通视图的"幻灯片"选项卡 D. 幻灯片放映视图
10. 页眉、页脚设置包括_____。
  A. 幻灯片编号 B. 日期 C. 页眉文字信息 D. 页脚文字信息
11. 下列可选中整张幻灯片进行复制、剪切、删除等操作的是_____。
  A. 普通视图的"大纲"选项卡 B. 普通视图的"幻灯片"选项卡
  C. 幻灯片浏览视图 D. 在"幻灯片"窗格中全选
12. 设置幻灯片切换时,可进行的操作是_____。
  A. 切换效果 B. 切换速度 C. 换片方式 D. 切换时是否有声音
13. 在使用幻灯片放映视图放映演示文稿的过程中,若要结束放映,则可_____。
  A. 按【Esc】 B. 右键单击,从快捷菜单中选择"结束放映"
  C. 按【Ctrl】+【E】 D. 按【Enter】
14. 在"打印"选项中,提供了_____打印版式。
  A. 备注页 B. 大纲 C. 讲义 D. 幻灯片
15. PowerPoint 2010 可用于_____。
  A. 学术交流 B. 产品演示 C. 制作授课讲座 D. 制作商业演示广告
16. 在 PowerPoint 2010 中,幻灯片通过大纲形式创建和组织_____。
  A. 标题 B. 图片 C. 图形 D. 正文
17. 在 PowerPoint 2010 中,母版分为_____几种类型。
  A. 幻灯片母版 B. 标题母版 C. 讲义母版 D. 备注母版
18. 在 PowerPoint 2010 中,页面设置可以_____。
  A. 设置幻灯片大小 B. 设置演示文稿大小
  C. 设置演示文稿方向 D. 设置幻灯片方向
19. 下列关于调整幻灯片位置方法的叙述,正确的是_____。
  A. 在幻灯片浏览视图中,直接用鼠标拖到合适位置
  B. 可以在大纲视图下拖动
  C. 可以用"剪切"和"粘贴"的方法
  D. 以上操作都不对
20. 在使用了版式之后,幻灯片标题_____。
  A. 可以修改格式 B. 不能修改格式 C. 可以移动位置 D. 不能移动位置

三、判断题

1. 演示文稿广播时只能是纯文本，不包含音频和视频。（ ）
2. 大纲视图是制作幻灯片的主要视图。（ ）
3. 使用"视图"选项卡下的"母版视图"可以改变幻灯片的背景。（ ）
4. 演示文稿可以通过计算机或投影机播放，但不能打印出来。（ ）
5. 在幻灯片浏览视图中，可以对幻灯片进行移动、删除、复制、设置动画效果，也能对单独的幻灯片内容进行编辑。（ ）
6. 在幻灯片上如果需要一个按钮，当放映幻灯片时单击此按钮可跳转到另一张幻灯片，则需要为此按钮设置动作或超级链接。（ ）
7. 在5种视图模式中，能够以全屏幕方式显示幻灯片的是幻灯片放映视图。（ ）
8. 做完一张幻灯片后要做第二张时，应选择"插入"→"幻灯片"。（ ）
9. 绘图笔和激光笔是放映时演讲者在幻灯片上做标注用的工具，此功能可以让用户自行选择绘图笔和激光笔的颜色。（ ）
10. 在设置放映幻灯片时，可以选择放映全部幻灯片，也可指定放映幻灯片起止编号范围内的幻灯片。（ ）
11. 在PowerPoint 2010中，不能按事先设定的时间或排练时间自动切换幻灯片。（ ）
12. 在放映演示文稿时，只能通过鼠标来控制幻灯片的播放顺序而不能使用键盘。（ ）
13. 幻灯片切换效果可以为一组幻灯片指定同一种切换方式，也可以为每张幻灯片设置不同的切换方式。（ ）

四、填空题

1. 在PowerPoint 2010中，为每张幻灯片设置放映时的切换方式，可以使用两种方式：一种是单击时换片；一种是_____。
2. PowerPoint 2010演示文稿的扩展名是_____。
3. 在一个演示文稿中_____（能、不能）同时使用不同的模板。
4. 在PowerPoint 2010中，可以对幻灯片进行移动、删除、复制、设置动画效果，但不能对单独的幻灯片内容进行编辑的视图是_____。
5. 仅显示演示文稿的文本内容，不显示图形、图像、图表等对象，应选择_____视图方式。
6. 插入一张新幻灯片，可以单击"开始"选项卡下的_____按钮。
7. 幻灯片删除可以先选定要删除的幻灯片，然后通过快捷键_____或快捷菜单下的_____命令进行删除。
8. 演示文稿的放映方式分为人工放映方式和_____。
9. 在讲义母板中，包括4个可以输入文本的占位符，它们分别为页眉区、_____、日期区和_____。

第 8 章　演示文稿制作软件 PowerPoint 2010 习题

10. PowerPoint 2010 中，在浏览视图下，按住 CTRL 并拖动某幻灯片，可以完成_____操作。

11. PowerPoint 2010 中，在_____视图中，用户可以看到画面变成上下两半，上面是幻灯片，下面是文本框，可以记录演讲者讲演时所需的一些提示重点。

12. PowerPoint 2010 的演示文稿具有幻灯片、幻灯片浏览、_____、幻灯片放映和_____ 5 种视图。

13. 对于演示文稿中不准备放映的幻灯片可以用_____选项卡中的"隐藏幻灯片"命令隐藏。

14. 在 PowerPoint 2010 中，插入图片操作时可在"插入"选项卡中选择_____按钮。

15. 使用_____选项卡中的"背景"按钮改变幻灯片的背景。

16. 如果要在幻灯片视图中预览动画效果，应使用_____选项卡中的_____按钮。

第 9 章

信息获取与发布习题

一、填空题

1. Internet 是基于_____协议的。
2. 在互联网上了解国内外大事属于信息活动过程中的信息_____环节。
3. 检索工具具有两个方面的职能：存储职能和_____职能。
4. 已知一篇参考文献的著录为："Levitan, K. B. Information resource management. NewBrunswick: RutgersUP, 1986"，该作者的姓是_____。
5. 将文献作者的姓名按字顺排列编制而成的索引称为_____索引。
6. 以单位出版物为著录对象的检索工具是_____。
7. 某同学在 www.baidu.com 的搜索栏中输入"广西财经学院"然后单击"搜索"，他的这种信息资源是属于_____搜索。
8. _____是 world wide web 的缩写，其被称为环球网或万维网。
9. 根据检索信息的内容不同，信息检索可划分为数据检索、事实检索和_____检索三种主要类型。
10. 将制作好的网页上传到网上的过程即是网站的_____。
11. 在 Dreamweaver 中提供了_____站点、远程站点和测试服务器站点共三类站点。
12. 在 Dreamweaver 中段落对齐有左对齐、右对齐、居中对齐和_____对齐共 4 种方式。
13. 在 Dreamweaver 中，默认情况按边框粗细设置为_____像素显示表格。
14. 在 Dreamweaver 中，选择菜单"窗口"→"_____"命令，或按【Shift】+【F11】组合键可以打开"CSS 样式"面板。
15. HTML 的全称是超文本标记语言，HTML 文件的扩展名可用 .htm 或_____表示。
16. 在 Dreamweaver 中，在"属性"面板的"目标"对话框中"_blank"表示在_____窗口中打开目标链接。
17. 设置网页文档的页边距是在_____对话框中设置。
18. 浏览器指的就是安装在_____，用来查看万维网中的超级文本的一种工具。
19. Dreamweaver 中的文档可以显示为 3 种视图：_____视图、设计视图和代码视图。
20. 在 Dreamweaver 中，网页的背景色和背景图像是在_____对话框中设置的。

二、单项选择题

1. 一般来说，关键词出现在文献的不同字段时，其表达的相关性也不同，以表达的相关性从强到弱排序为_____。
   A. 关键词＞标题＞文摘＞正文   B. 关键词＞文摘＞正文＞标题
   C. 标题＞关键词＞文摘＞正文   D. 正文＞文摘＞关键词＞标题

2. 关于索引型搜索引擎的采集和索引机制，错误的说法是_____。
   A. 采用网页采集机器人 robot，循着超链接不停采集访问到的页面
   B. 网页采集机器人可以采集到所有的页面
   C. 自动提取网页中的关键词建立索引
   D. 网页的更新有一定的周期，有时候存储的网页信息已经过时

3. 搜索含有 "data bank" 的 PDF 文件，正确的检索式为_____。
   A. "data bank" + filetype：pdf   B. data and bank and pdf
   C. data + bank + pdf   D. data + bank + file：pdf

4. 要检索某位作者的文摘被引用的情况时，应该检索_____。
   A. 引文索引   B. 分类索引   C. 主题索引   D. 作者索引

5. _____数据库是开放式的数字图书馆。
   A. 超星   B. 维普   C. 万方数据   D. ELSEVIER

6. 关于 WWW 的说法，不正确的是_____。
   A. 需要 Web 浏览器访问信息   B. 采用 HTTP 协议进行通信控制
   C. 可以访问多媒体信息   D. 必须通过拨号网络连接方式访问

7. 以下不是搜索引擎网站的是_____。
   A. www.google.com   B. www.baidu.com   C. www.yahoo.com   D. www.bgy.gd.cn

8. 百度是一种_____工具。
   A. 编程   B. 下载   C. 电子邮件   D. 网络信息资源检索

9. 在互联网上信息发布的常见方式不包括_____。
   A. 博客   B. 文件传输   C. 新闻组服务器 D. 网络技术论坛

10. 不属于获取网络信息的方法是_____。
    A. 在论坛上发表见解   B. 使用搜索引擎
    C. 直接访问论坛   D. 直接访问网页或在线数据库

11. _____不是信息发布的方式。
    A. 博客   B. 软件下载   C. 新闻发布会   D. 报刊

12. 网络搜索引擎的搜索策略是_____。
    A. 精准搜索   B. 使用方便   C. 宁滥勿缺   D. 模糊搜索

13. 在万维网上使用的一种按主题层次排列，并将主题分成若干子类或子目录，以方便用户检索相关信息，这种检索的方法可称为_____。
    A. 元搜索   B. 百度搜索   C. Google 搜索 D. 主题目录搜索

14. 以下说法不正确的是_____。
    A. 可以保存浏览的网页   B. 可以修改正在浏览的页面

C. 浏览的内容可以打印出来　　　　　D. 可以保存浏览的网页地址

15. Internet Explorer 主要用于_____。
A. 收发电子邮件　　B. 设置网络属性　　C. 视频聊天　　D. 浏览网页

16. 为了标识一个 HTML 文件，应该使用的 HTML 标记是_____。
A. <p>　</p>　　　　　　　　　B. <boby>　</body>
C. <html>　</html>　　　　　　D. <table>　</table>

17. 关于表格的描述，正确的一项是_____。
A. 可以同时选定不相邻的单元格　　B. 在单元格内不能继续插入整个表格
C. 粘贴表格时，不粘贴表格的内容　　D. 可以并排多个水平方向独立的表格

18. 关于信息的说法，正确的是_____。
A. 信息就是消息　　　　　　　　B. 信息是指加工处理后的有用的消息
C. 信息是指能用计算机处理的　　D. 信息是指人民能看到和听到的消息

19. 下列不属于信息的特性是_____。
A. 可获取性　　B. 可传输性　　C. 可遗传性　　D. 可处理性

20. 信息可以脱离其所表达的事物而单独存在并被保存，这指的是信息的_____特性。
A. 时效性　　B. 可变换性　　C. 可存储性　　D. 可处理性

21. 下列关于 Dreamweaver 工作区的描述中，正确的是_____。
A. 用户可以定制工作区　　　　　B. 对象面板不能移动，只能放在菜单下方
C. 工作区的大小不能调整　　　　D. 属性工具栏只能关闭，不能隐藏

22. 关于网页的说法，不正确的是_____。
A. 网页就是网站　　　　　　　　B. 网页可以包含多种媒体
C. 网页可以有超级链接　　　　　D. 网页可以实现一定的交互功能

23. 设计网页时，插入表格的目的一般是_____。
A. 能在网页中插入图片
B. 能在网页中插入声音
C. 能在网页中插入视频
D. 在网页中控制文字、图片等在网页中的位置

24. 链接到同一页面内指定位置的超链接称为_____。
A. 自身链接　　B. 空链接　　C. 锚记链接　　D. 图像热点链接

25. 下列关于网页制作的说法，错误的是_____。
A. 不可以使用记事本来编辑网页文件
B. 网站内的网页是通过超链接的方式连接在一起
C. 网页布局包括帧布局、表格布局和层布局
D. FrontPage 和 Dreamweaver 都是可视化网页制作的工具

26. 下列软件中专门用于网页制作的是_____。
A. Word　　B. Excel　　C. Dreamweaver　　D. Photoshop

27. 站点的上传是指将站内的所有网页文件和文件夹上传到_____，建立远程站点。
A. 远程登录　　B. 电子邮件　　C. QQ 空间　　D. 一台 Web 服务器上

28. 设置网页_____可以统一规定网页的基本格式，比如，文字的字体、字号、颜色、网页背景图像或背景、超链接等。

　　A. 背景　　　　　B. 属性　　　　　C. 布局　　　　　D. 框架

29. 站点中网页是通过_____连接在一起，构成超文本或超媒体。

　　A. 文件　　　　　B. 文件夹　　　　C. 网站　　　　　D. 超链接

30. 指向本地站点的文档的链接称为_____，而外部链接要用 URL 指明在 Internet 的位置。

　　A. 外部链接　　　B. 内部链接　　　C. 超链接　　　　D. 网页定位

第 10 章

图像处理软件 Photoshop CS6 入门知识习题

一、单项选择题

1. 下面图像格式中属于 Photoshop 的专用图像格式的是_____。
   A. TIFF　　　　　　B. GIF　　　　　　C. PSD　　　　　　D. JPEG
2. 下面工具最适合进行不规则形状的选择的是_____。
   A. 矩形选框工具　　B. 磁性套索工具　　C. 单行选框工具　　D. 移动工具
3. 色彩的饱和度是指色彩的_____。
   A. 明暗程度　　　　B. 纯度　　　　　　C. 色系　　　　　　D. 颜色
4. 在 RGB 模式下,屏幕显示的色彩是由 RGB(红、绿、蓝)三种色光所合成的,给彩色图像中每个像素的 RGB 分量分配一个从 0~_____范围的强度值。
   A. 64　　　　　　　B. 255　　　　　　 C. 128　　　　　　 D. 256
5. 在 RGB 模式下,屏幕显示黑色时,应给每个像素的 RGB 分量分配一个_____的强度值。
   A. 0　　　　　　　 B. 255　　　　　　 C. 128　　　　　　 D. 256
6. 在 RGB 模式下,屏幕显示白色时,应给每个像素的 RGB 分量分配一个_____的强度值。
   A. 0　　　　　　　 B. 255　　　　　　 C. 128　　　　　　 D. 256
7. 在 Photoshop 中,不能改变图像文件大小的操作是_____。
   A. 使用放大镜工具　　　　　　　　　 B. 使用裁切工具
   C. 执行"画布大小"命令　　　　　　 D. 执行"图像大小"命令
8. 下列为 Photoshop 图像最基本的组成单元的是_____。
   A. 节点　　　　　　B. 色彩空间　　　　C. 像素　　　　　　D. 路径
9. 用于印刷的色彩模式是_____。
   A. RGB 模式　　　　B. 灰度模式　　　　C. 索引色模式　　　D. CMYK 模式
10. 位图图像是由许多点组成,这些点称为像素。图像的大小取决于像素的_____。
    A. 大小　　　　　　B. 多少　　　　　　C. 形状　　　　　　D. 颜色
11. 下列_____工具可以迅速、方便地选取边缘对比度强的图像。
    A. 矩形选框工具　　B. 磁性套索工具　　C. 套索工具　　　　D. 魔棒工具

12. 选择下列_____组合键可以从中心开始绘制正圆。
    A. 【Shift】+【Alt】   B. 【Shift】+【Ctrl】
    C. 【Ctrl】+【Alt】   D. 【Ctrl】+【Alt】+【Shift】
13. 下列选项中，属于填充工具组的是_____。
    A. 油漆桶工具   B. 历史画笔工具   C. 移动工具   D. 橡皮擦工具
14. 可将样本像素的纹理、光照、透明度和阴影与所修复的像素进行匹配的工具是_____。
    A. 铅笔工具   B. 污点修复画笔工具
    C. 注释工具   D. 切片工具
15. 使用橡皮图章工具在图像中取样的方法是_____。
    A. 在取样的位置单击鼠标并拖拉
    B. 按住【Shift】键的同时单击取样位置来选择多个取样像素
    C. 按住【Alt】键的同时单击取样位置
    D. 按住【Ctrl】键的同时单击取样位置
16. 下面对模糊工具功能的描述，正确的是_____。
    A. 模糊工具只能使图像的一部分边缘模糊
    B. 模糊工具的压力是不能调整的
    C. 模糊工具可降低相邻像素的对比度
    D. 如果在有图层的图像上使用模糊工具，那么只有所选中的图层才会起变化
17. 当编辑图像时，使用减淡工具可以达到的目的是_____。
    A. 使图像中某些区域变暗   B. 删除图像中的某些像素
    C. 使图像中某些区域变亮   D. 使图像中某些区域的饱和度增加
18. 下面工具可以减少图像的饱和度的是_____。
    A. 海绵工具
    B. 减淡工具
    C. 加深工具
    D. 任何一个在选项调板中有饱和度滑块的绘图工具
19. 下列工具可以选择连续的相似颜色区域的是_____。
    A. 矩形选择工具   B. 椭圆选择工具   C. 魔术棒工具   D. 磁性套索工具
20. 在路径曲线线段上，方向线和方向点的位置决定了曲线段的_____。
    A. 角度   B. 形状   C. 方向   D. 像素
21. 绘制选框和图形时，以某点为中心应按住_____键。
    A. 【Ctrl】   B. 【Alt】   C. 【Shift】   D. 【Tab】
22. 通过图层面板复制层时，先选取需要复制的图层，然后将其拖动到图层面板底部的_____按钮上即可。
    A. 删除图层   B. 创建新图层   C. 图层样式   D. 添加图层蒙版
23. 自由变换的快捷键是_____。
    A. 【Ctrl】+【F】 B. 【Ctrl】+【R】 C. 【Ctrl】+【E】 D. 【Ctrl】+【T】
24. 创建一个新文件的快捷键是_____。

A.【Ctrl + O】　　B.【Ctrl】+【N】　　C.【ALT】+【F4】　　D.【Ctrl】+【W】

25. 打开图像文件的快捷键是_____。

A.【Ctrl】+【O】　B.【Ctrl】+【X】　　C.【Ctrl】+【D】　　D.【Ctrl】+【W】

26. 退出 Photoshop 程序的快捷键是_____。

A.【Ctrl】+【F4】　B.【Ctrl】+【W】　　C.【ALT】+【F4】　　D.【ALT】+【W】

27. 按键盘【T】键可以激活的工具是_____。

A. 文字工具　　　B. 渐变工具　　　　C. 选取工具　　　　D. 铅笔工具

28. 利用移动工具移动图像时,按住_____键可以复制图像。

A.【Shift】　　　B.【Ctrl】　　　　　C.【Alt】　　　　　D.【Delete】

29. 显示/隐藏图层面板的快捷键是_____。

A.【F4】　　　　B.【F5】　　　　　　C.【F6】　　　　　　D.【F7】

30. 要使某图层与其下面的图层合并可按_____组合键。

A.【Ctrl + K】　B.【Ctrl】+【E】　　C.【Ctrl】+【D】　　D.【Ctrl】+【L】

31. 当要在现有选区的基础上增加选区时应按住_____键。

A.【Shift】　　　B.【Alt】　　　　　C.【Ctrl】　　　　　D.【Ctrl】+【Alt】

32. 图像分辨率的单位是_____。

A. dpi　　　　　B. ppi　　　　　　　C. lpi　　　　　　　D. pixel

33. 使用_____可以移动某个锚点的位置,并可以对锚点进行变形操作。

A. 钢笔工具　　　B. 路径选择工具　　　C. 添加锚点工具　　D. 直接选择工具

34. 向画面中快速填充前景色的快捷键是_____。

A.【Alt】+【Delete】　　　　　　　　B.【Ctrl】+【Delete】
C.【Shift】+【Delete】　　　　　　　D.【Shift】+【Alt】

35. 分辨率是指_____。

A. 单位长度上分布的像素个数　　　　B. 单位面积上分布的像素个数
C. 整幅图像上分布的像素总数　　　　D. 当前图层上分布的像素个数

36. 以 100% 的比例显示图像的方法是_____。

A. 在图像上按住【Alt】键的同时单击鼠标
B. 选择"图像"→"全部显示"命令
C. 双击抓手工具
D. 双击缩放工具

37. 使用图层的最大好处是_____。

A. 增加图像层次感　　　　　　　　　B. 能够严格区分各图像对象
C. 能区分各图像对象的编辑顺序　　　D. 对象的编辑不影响其他任何对象

38. Photoshop 中利用背景橡皮擦工具擦除图像背景层时,被擦除的区域填充_____。

A. 黑色　　　　　B. 透明　　　　　　C. 前景色　　　　　D. 背景色

39. Photoshop 中执行_____,能够最快在同一幅图像中选取不连续的不规则颜色区域。

A. 全选图像后,按【Alt】键用套索减去不需要的被选区域
B. 用钢笔工具进行选择

C. 使用魔棒工具单击需要选择的颜色区域，并且取消其"连续的"复选框的选中状态
D. 没有合适的方法

40. Photoshop 中利用单行或单列选框工具选中的是_____。
A. 拖动区域中的对象　　　　　　　B. 图像行向或竖向的像素
C. 一行或一列的像素　　　　　　　D. 当前图层中的像素

二、填空题

1. 按键盘中的_____键可以将工具箱、属性栏和控制面板同时显示或隐藏。
2. 除了使用 ╳ 按钮进行 Photoshop 软件的退出之外，还有其他 3 种方法同样可以将软件关闭，分别是_____、_____、按键盘中的【Ctrl】+【Q】键。
3. 在 "RGB 颜色面板"中，"R"是_____颜色、"G"是_____颜色、"B"是_____颜色。
4. 数字图像可分为两大类：_____和_____。
5. 使用矩形选框工具的同时，按住_____键可创建正方形选区。
6. 在 Photoshop 系统中，新建文件默认分辨率值为_____像素点/英寸。
7. 按键盘中的_____键，可以将前景色和背景色分别设置为系统默认的"白色"和"黑色"。
8. 在利用选区进行图像选取时，按住键盘中的_____键，可以在现有的选区内增加选区；按住键盘中的_____键，可以在现有的选区内减少选区。
9. 套索工具中包含三种不同类型的套索，分别为_____、_____、_____。
10. Photoshop 中通道分为_____、_____、_____。
11. 用于屏幕显示的色彩模式是_____模式，用于印刷的色彩模式是_____模式。
12. 使用画笔工具时，首先要设置_____，并在选项栏中设置笔头形状、大小、模式及不透明度等参数。
13. 使用画笔工具时，按住_____键再拖动鼠标，可以画出水平或垂直的线条。
14. 对图像进行自由变形操作时，按住_____和_____键，可以从中心按比例缩放图像。
15. 使用文字工具输入文字后，在图层面板上将自动添加一个_____。
16. 使用_____的好处是文字能够自动换行，并可以更好地控制文本的对齐。
17. 图像的质量取决于_____，_____的图像像素多、品质好。
18. 标尺的显示和隐藏可以通过_____菜单命令实现。
19. 抓手工具的作用是_____。
20. Photoshop 中默认的前景色是_____，默认的背景色是_____。

三、判断题

1. 通过 Photoshop 生成的图像文件为矢量图。　　　　　　　　　　　　　　（　　）
2. 一幅位图可以看成是由无数个点组成，组成图像的一个点就是一个像素，像素是构成位图图像的最小单位，它的形态是一个小方点。　　　　　　　　　　　　（　　）

3. 矢量图又称为向量图形，是由线条和像素点组成的图像。（　　）
4. PSD 格式是一种分层的且完全保存文件颜色信息的文件存储格式。（　　）
5. 利用图章工具可以进行图像修复。（　　）
6. 为了确定磁性套索工具对图像边缘的敏感程度，应调整边缘对比度。（　　）
7. 填充前景色的快捷键为【Ctrl】+【Delete】。（　　）
8. 在使用移动工具时按下【Shift】键可以复制图像。（　　）
9. 在一个图像完成后，其色彩模式不允许再发生变化。（　　）
10. 在 Photoshop 中从打开着的文件上可以看出文件的颜色模式。（　　）
11. 在 Photoshop 中的"背景层"始终在最底层。（　　）
12. 在 Photoshop 中双击图层调板中的背景层，并在弹出的对话框中输入图层名称，可把背景层转换为普通的图像图层。（　　）
13. 背景色橡皮擦工具与橡皮擦工具使用方法基本相似，背景色橡皮擦工具可将颜色擦掉从而变成没有颜色的透明部分，背景色橡皮擦工具选项栏中的"容差"选项是用来控制擦除颜色的范围。（　　）
14. 在画笔调板中，用户可以通过新画笔的预设来增加画笔的笔尖形状，也可以将画笔的笔尖形状返回到默认预设画笔库。（　　）
15. 用户可以自己创建样式存储在图层样式调板中。（　　）

第3篇　计算机等级考试一级笔试模拟试题

全国高校计算机联合考试一级笔试模拟题 1

闭卷考试 考试时间：60分钟

考生注意： ① 本次考试试卷种类为 [A]，请考生务必将答题卡上的试卷种类栏中的 [A] 方格涂黑。② 本次考试全部为选择题，每题下都有四个备选答案，但只有一个是正确的或是最佳的答案。答案必须填涂在答题卡上，标记在试卷上的答案一律无效。每题只能填涂一个答案，多涂本题无效。③ 请考生务必使用2B铅笔按正确的填涂方法，将答题卡上相应的题号的答案的方格涂黑。④ 请考生准确填涂准考证号码。⑤ 本试卷包括第一卷和第二卷。第一卷各模块为必做模块；第二卷各模块为选做模块，考生必须选做其中一个模块，多选无效。

第一卷 必做模块

必做模块一 计算机基础知识（每项1.5分，14项，共21分）

一、以二进制和程序控制为基础的计算机结构是 __1__ 提出的。目前电子计算机已经发展到 __2__ 阶段。

1. A. 布尔　　　　　　B. 冯·诺依曼　　　C. 巴贝奇　　　　D. 图灵
2. A. 晶体管电路　　　　　　　　　　　　B. 集成电路
   C. 大规模和超大规模集成电路　　　　　D. 电子管电路

二、计算机系统由 __3__ 组成。硬件系统包括运算器、 __4__ 、存储器、输入和输出设备。

3. A. 硬件系统和软件系统　　　　　B. 硬件系统和程序
   B. 主机、显示器、鼠标、和键盘　D. 系统软件和应用软件
4. A. 显示器　　　B. 磁盘驱动器　　C. 控制器　　　　D. 鼠标器

三、下列存储器中， __5__ 是利用磁存储原理来存储数据的。下列有关存储器读写速度快慢排列顺序正确的是 __6__ 。

5. A. CMOS　　　B. 光盘　　　　C. DVD 光盘　　　D. 硬盘
6. A. RAM > Cache > 硬盘 > 光盘　　B. Cache > RAM > 硬盘 > 光盘
   C. Cache > 硬盘 > RAM > 光盘　　D. RAM > 硬盘 > 光盘 > Cache

四、计算机硬件能够直接识别和执行的语言是 __7__ 。C/C++ 属于 __8__ 。

7. A. 机器语言　　B. 汇编语言　　C. 高级语言　　　D. 低级语言
8. A. 机器语言　　B. 汇编语言　　C. 高级语言　　　D. 低级语言

五、在计算机使用过程中，关于"死机"现象的解释是 __9__ 。关于计算机运算速度，不正确的说法是 __10__ 。

9. A. 未安装打印机　　　　　　　B. 因故障导致计算机无法正常工作
   C. 显示器使用寿命到期　　　　D. 未安装性能测试软件
10. A. 主频越高，运算速度越快
    B. 内存越大，运算速度越快

C. 单位时间内 CPU 处理的数据越多，运算速度越快

D. 存取周期越长，运算速度越快

六、计算机采用二进制数的主要理由是___11___。计算机进行数据处理时，一次存取、加工和传送的数据长度是___12___。在以下算式中，___13___的计算机结果是十进制数 10。

11. A. 符合人的习惯　　　　　　　B. 数据输入和输出方便
　　C. 存储信息量大　　　　　　　D. 易于用电子元件实现

12. A. 位　　　　B. 字节　　　　C. 8 位二进制　　　　D. 字长

13. A. $(5)_{10} + (100)_2$　　　　B. $(6)_{10} + (101)_2$
　　C. $(7)_{10} + (011)_2$　　　　D. $(8)_{10} + (110)_2$

七、显示器性能指标中的"1 024×768"，通常是指___14___。

14. A. 分辨率　　　B. 色彩深度　　　C. 显示存储器容量　　　D. 颜色种类

必做模块二　操作系统及应用（每题 1.5 分，14 项，共 21 分）

一、Windows 7 能够实现的功能不包括___15___。

15. A. 路由管理　　　B. 硬盘管理　　　C. 处理器管理　　　D. 进程管理

二、在 Windows 7 中，给文件命名时不允许使用___16___。在 Windows 7 下可直接运行扩展名为___17___的文件。一个文件标识符为"C:\groupa \ text1 \ 293. txt"，其中的 text1 表示___18___。

16. A. 多个圆点符号　　　　　　　B. 长达 255 个字符
　　C. "?" 和 " * " 字符　　　　　D. 汉字字符

17. A. .EXE　　　B. .ASC　　　C. .BAK　　　D. .SYS

18. A. 文件　　　B. 根文件夹　　　C. 文件夹　　　D. 文本文件

三、在 Windows 7 中，任务栏的主要作用是___19___。在 Windows 7 中，可以打开 BMP 文件的程序是___20___。

19. A. 显示系统的开始菜单　　　　B. 方便实现窗口之间的切换
　　C. 显示正在后台工作的窗口　　D. 显示当前的活动窗口

20. A. 记事本　　　B. 画图　　　C. 写字板　　　D. Excel

四、下列文件名中，能与"ABC? . *"匹配的是___21___。计算机文件管理术语"路径"描述的是___22___。

21. A. AB12. MDB　　　B. ABCD. DOC　　　C. ABC12. TXT　　　D. ABSC. C

22. A. 用户操作步骤　　　　　　　B. 程序的执行过程
　　C. 文件的存储容量　　　　　　D. 文件在磁盘的目录位置

五、在 Windows 7 操作系统中，桌面指的是___23___。它包括___24___。

23. A. 办公桌面　　　　　　　　　B. 登录 Windows 7 后出现在屏幕上的整个区域
　　C. Windows 7 的主控窗口　　　D. 活动窗口

24. A. 回收站、菜单、文件夹　　　B. 图标、开始按钮、任务栏
　　C. 我的文档、菜单、资源管理器　D. 附件、任务栏、我的电脑

六、当应用程序窗口最小化后，该应用程序将___25___。查看 Windows 7 的版本、CPU 型号和主频、内存大小等信息，可以使用的操作是___26___。

25. A. 终止执行　　　B. 被删除　　　C. 转入后台执行　　　D. 暂停执行

26. A. 右击"计算机"图标,选择"属性"
    B. 在"控制面板"窗口中双击"显示"图标
    C. 右击"计算机"图标,选择"管理"
    D. 在"控制面板"窗口中双击"管理工具"图标

七、在 Windows 7 的资源管理器窗口中,右边为文件夹内容窗口,显示的是__27__,文件夹图标前的"▷"标记表示__28__。

27. A. 计算机的磁盘目录结构   B. 系统盘所包含的文件夹和文件
    C. 当前盘所包含的全部文件   D. 当前文件夹所包含的文件和子文件夹

28. A. 该文件夹已经展开   B. 该文件夹包含有子文件夹
    C. 该文件夹不包含有子文件夹 D. 该文件夹曾经增添过文件

必做模块三　字表处理软件使用（每项 1.5 分,14 项,共 21 分）

一、在 PC 机内,,采用__29__表示汉字机内码。16×16 点阵字形用__30__个字节存储一个汉字。

29. A. 汉字拼音字母的 ASCII 代码   B. 简化的汉语拼音字母的 ASCII 代码
    C. 按字形笔画设计的二进制编码   D. 两个字节的二进制编码

30. A. 128   B. 32   C. 288   D. 72

二、在 Word 2010 的编辑状态,若选定的文字块中包含不同字号的文字,在字体工具栏的"字号"框中将显示__31__。使用"文件"菜单的"另存为"命令保存文件时,不可以__32__。

31. A. 块首字符的字号   B. 空白
    C. 块尾字符的字号   D. 块中最大的字符

32. A. 将文件保存为文本文件
    B. 将文件存放到另一驱动器中
    C. 修改原文件的扩展名而形成新文件
    D. 保存到新文件后,自动删除原文件

三、在 Word 2010 编辑文本时,要调节行间距。则应该选择__33__工具栏中的"行和段落间距"工具。在 Word 2010 的"剪贴板"工具栏中,如果"复制"和"剪切"工具呈灰色,则表示__34__。

33. A. 字体   B. 段落   C. 样式   D. 文本
34. A. 在文档中没有选定任何对象   B. 编辑的是页眉和页脚的内容
    C. 剪贴板已满   D. 选定的文档太长,剪贴板无法容纳

四、在 Word 2010 中,要将所有的"Excel"替换为"excel",只有当选中__35__选项时才能实现。

35. A. 区分全/半角 B. 匹配模式   C. 全字匹配   D. 区分大小写

五、在 Word 2010 中可以使用屏幕显示与打印结果相同视图是__36__。

36. A. 全屏视图   B. 大纲视图   C. 页面视图   D. Web 版式视图

六、在 Word 2010 中,利用文本框可以将某些文本信息放在指定的位置,文本框__37__。

37. A. 环绕方式只有 1 种   B. 环绕方式多于 3 种

C. 不可竖排　　　　　　　　　　D. 会随着框内文字内容的增多而自动增大

七、在新创建的 Excel 2010 工作簿中，第一张默认的工作表名是　38　。

38. A. word1　　　B. book1　　　C. Excel1　　　D. Sheet1

八、工作表的 F5 单元格的值为 38 236.6，执行了某个操作之后，F5 单元格中显示一串"#"号，说明该单元格的　39　。

39. A. 列的显示宽度不够，调整列宽即可正常显示

　　B. 公式有误，无法正确计算

　　C. 数据格式与类型不匹配，无法正确显示

　　D. 因操作有误，数据已丢失

九、在 Excel 2010 中，如果将工作表的 B7 单元格的公式"＝C3＋$D5"填充到同一工作表的 B8 单元格中，则 B8 单元格内的公式为　40　。

40. A. ＝C3＋$D5　　B. ＝C4＋$D5　　C. ＝C4＋$D6　　D. ＝C3＋$D6

十、在 Excel 2010 中进行分类汇总前，必须对分类字段进行　41　。

41. A. 筛选　　　B. 排序　　　C. 筛选后排序　　　D. 排序后筛选

十一、在 Excel 2010 中可以创建各类图表如柱形图、条形图等。为了显示数据系列中每一项占该系列数值总和的比例大小，应该使用的图表为　42　。

42. A. 柱形图　　　B. 条形图　　　C. 折线图　　　D. 饼图

必做模块四　计算机网络基础（每项 1.5 分，14 项，共 21 分）

一、建立计算机网络的主要目的是　43　。在计算机网络中，通常把提供管理功能和共享资源的计算机称为　44　。

43. A. 收发电子邮件　　　　　　　B. 便于协同合作

　　C. 实现资源共享　　　　　　　D. 提供综合服务

44. A. 工作站　　　B. 服务器　　　C. 网关　　　D. 客户端

二、在下列传输介质中，传输距离长、速率高、抗干扰能力最强的是　45　。

45. A. 光纤　　　B. 双绞线　　　C. 同轴电缆　　　D. 电话线

三、根据覆盖范围大小，计算机网络可分为局域网、城域网、和　46　三类。

46. A. 广域网　　　B. 电路交换网　　　C. 通信子网　　　D. 资源子网

四、以下选项中，　47　不是有效的 IP 地址。域名和 IP 地址通过　48　服务器进行转换。

47. A. 16.126.23.4　　B. 204.12.0.10　　C. 60.273.12.15　　D. 11.5.56.39

48. A. E－mail　　　B. WWW　　　C. DNS　　　D. FTP

五、设置 IE 浏览器的主页，可以在　49　中进行。IE 浏览器的收藏夹可以用来　50　。中国教育科研计算机网用　51　表示。

49. A. "Internet 选项"对话框中"连接"选项卡下的"地址"文本框

　　B. "Internet 选项"对话框中"内容"选项卡下的"地址"文本框

　　C. "Internet 选项"对话框中"安全"选项卡下的"地址"文本框

　　D. "Internet 选项"对话框中"常规"选项卡下的"地址"文本框

50. A. 收集文件的内容　　　　　　B. 保存文件名

　　C. 保存网页的内容　　　　　　D. 保存网页地址

51. A. CERNET　　　B. ISDN　　　　C. CSTNET　　　　D. CHINAGBNET

六、电子邮件到达时，收件人的电脑没有开机，那么该电子邮件将__52__。

52. A. 永远不再发送　　　　　　　B. 保存在服务商 ISP 的主机上
　　C. 退回给发件人　　　　　　　D. 需要对方在重新发送

七、电脑病毒是__53__。电脑病毒传播速度最快的途径是通过__54__传播。

53. A. 人为编制的具有破坏性的一段程序代码
　　B. 由于使用电脑方法不当而产生的软硬件故障
　　C. 由于电脑内数据存放不当而产生的软硬件故障
　　D. 电脑自身产生的软硬件故障

54. A. 硬件　　　　B. U 盘　　　　C. 光盘　　　　D. 网络

八、为防止黑客的入侵，下列做法中有效的是__55__。

55. A. 关紧机房的门窗　　　　　　B. 在机房安装电子报警装置
　　C. 定期整理磁盘碎片　　　　　D. 在计算机中安装防火墙

九、计算机信息安全技术分为两个层次，其中的第一层为__56__。

56. A. 计算机安全系统　　　　　　B. 计算机数据安全
　　C. 计算机物理安全　　　　　　D. 计算机网络安全

第二卷　选做模块

选做模块一　数据库技术基础（每项 1.6 分，10 项，共 16 分）

注意：选答此模块者，请务必将答题卡中第 100 题号的 [A] 方格涂黑

一、Access 2010 数据库对象不包括__57__。Access 2010 数据表中，用于唯一标识一个记录的字段或字段组合称为__58__。

57. A. 报表　　　　B. 查询　　　　C. 窗体　　　　D. 关系
58. A. 主索引　　　B. 参照完整性　　C. 主键　　　　D. 有效性规则

二、Access 2010 的运算符不包括__59__。Access 数据库的__60__功能，可以实现在 Access 与其他应用软件（如 Excel）之间进行数据的传输和交换。

59. A. &　　　　　B. like　　　　　C. /　　　　　　D. @
60. A. 数据定义　　B. 数据操作　　　C. 数据控制　　　D. 数据通信

三、在"表设计"工具栏中，"主键"按钮的作用是__61__。在 Access 2010 数据库中，__62__不是记录的筛选方式。

61. A. 只能把选定的字段设置为关键字
　　B. 把选定的字段设置为关键字，或将已设置好的关键字取消
　　C. 弹出设置关键字对话框，以便设置关键字字段
　　D. 查找关键字字段

62. A. 按选定内容筛选　　　　　　B. 按窗体筛选
　　C. 高级筛选　　　　　　　　　D. 自动筛选

四、Access 2010 查询向导中没有__63__。下列关于查询的说法中，__64__是正确的。

63. A. 替换查询向导　　　　　　　B. 交叉表查询向导

C. 简单查询向导 D. 查找重复项查询向导

64. A. 选择查询和数据表是两个不同的数据库对象，它们分别有自己的数据
    B. 在选择查询结果集中的数据可以被修改，但不会影响数据表中的数据
    C. 在选择查询结果集中的数据不能被修改
    D. 在选择查询结果集中修改数据，实际上就是修改数据表中的数据

五、下列关于窗体的叙述中，不正确的是___65___。用"设计视图"修改报表的内容不包括___66___。

65. A. 窗体对数据表可以编辑数据、添加新纪录、删除记录
    B. 窗体的数据源可以是表，也可以是查询
    C. 窗体对数据表可以根据需要设置允许/禁止编辑数据、添加新纪录、删除记录
    D. 窗体不能对数据表添加新纪录、删除记录，只能编辑数据

66. A. 更改报表记录源 B. 向报表工作区添加控件
    C. 在报表中加入数据访问页 D. 设置和修改报表的属性

选做模块二　多媒体技术基础（每项 **1.6** 分，**10** 项，共 **16** 分）

注意：选答此模块者，请务必将答题卡中第 100 题号的 [B] 方格涂黑

一、多媒体技术发展的基础是___67___。下列文件格式中，___68___格式属于网络音乐的主要格式。

67. A. CPU 的发展
    B. 多媒体数据库与计算机网络的结合
    C. 通信技术、数字化技术和计算机技术的结合
    D. 通信技术的发展

68. A. mp3　　　B. avi　　　C. mpeg　　　D. wav

二、下列文件格式中，___69___属于 Photoshop 软件的专用文件格式。存储一幅 1024×768 真彩色（24 位）的图像，其文件大小约为___70___。

69. A. AI　　　B. PSD　　　C. BMP　　　D. GIF
70. A. 2.25MB　　B. 2.25KB　　C. 18KB　　　D. 18MB

三、数字音频采样和量化过程所用的设备是___71___。下列方法采集的波形声音中___72___的声音质量最好。

71. A. 数字解码器 B. 数字编码器
    C. A/D（模/数）转换器 D. D/A（数/模）转换器

72. A. 单声道，8 位量化，22.05 kHz 采样频率
    B. 单声道，16 位量化，22.05 kHz 采样频率
    C. 双声道，8 位量化，44.1 kHz 采样频率
    D. 双声道，16 位量化，44.1 kHz 采样频率

四、PowerPoint 2010 演示文档的默认扩展名是___73___。

73. A. .pptx　　　B. .pot　　　C. .xslx　　　D. .docx

五、在 PowerPoint 2010 中，"动画"的功能是___74___。

74. A. 插入 Flash 动画 B. 设置放映方式
    C. 设置幻灯片的放映方式 D. 给幻灯片内的对象添加动画效果

六、PowerPoint 2010 的"幻灯片设计"一般包括__75__。

75. A. 设计模板、配色方案、动画方案
    B. 幻灯片版式、配色方案、动画方案
    C. 幻灯片背景颜色、配色方案、动画方案
    D. 幻灯片版式、背景颜色、配色方案

七、关于 PowerPoint 2010 幻灯片母版的使用，不正确的说法是__76__。

76. A. 通过对母版的设置，可以控制幻灯片中不同部分的表现形式
    B. 通过对母版的设置，可以预定义幻灯片的前景、背景颜色和字体的大小
    C. 修改母版不会对演示文稿中任何一张幻灯片带来影响
    D. 标题母版为使用标题版式的幻灯片设置了默认格式

选作模块三 信息获取与发布（每项1.6分，10项，共16分）
注意：选答此模块者，请务必将答题卡中第100题号的［C］方格涂黑

一、BBS 是__77__的英文简称。在互联网上信息发布的常见方式不包括__78__。

77. A. 微博   B. 博客   C. 电子公告板   D. 搜索引擎
78. A. 新闻组服务   B. 网络技术论坛 C. 博客   D. 文件传输

二、HTTP 是指__79__。在 IE 的地址栏里输入的网址称为__80__。

79. A. 超文本传输协议   B. 文件传输协议
    C. 超级链接   D. 浏览器
80. A. WWW   B. URL   C. Web   D. FTP

三、以下__81__是可视化网页制作工具。一个网站首页通常起名为__82__。

81. A. FrontPage   B. Firefox   C. 记事本   D. 3DSMAX
82. A. Hyperlink   B. Web Page   C. HomePage   D. index

四、常用的网页布局工具不包括__83__。连接到同一页面内指定位置的超级链接称为__84__。

83. A. 表格   B. 层   C. 框架   D. 表单
84. A. 自身链接   B. 锚点链接   C. 图像热点链接 D. 空链接

五、下列关于 Dreamweaver 工作区的描述中，正确的是__85__。要向网页中插入特殊字符时，需要在插入菜单栏中选择__86__对象。

85. A. 用户可以定制工作区   B. 对象面板不能移动，只能放在菜单下方
    C. 属性工具栏只能关闭，不能隐藏 D. 工作区的大小不能调整
86. A. 字符   B. 文本   C. 常用   D. HTML

全国高校计算机联合考试一级笔试模拟题 2

闭卷考试　考试时间：60 分钟

考生注意：①本次考试试卷种类为［A］，请考生务必将答题卡上的试卷种类栏中的［A］方格涂黑。②本次考试全部为选择题，每题下都有四个备选答案，但只有一个是正确的或是最佳的答案。答案必须填涂在答题卡上，标记在试卷上的答案一律无效。每题只能填涂一个答案，多涂本题无效。③请考生务必使用 2B 铅笔按正确的填涂方法，将答题卡上相应题号的答案的方格涂黑。④请考生准确填涂准考证号码。⑤本试卷包括第一卷和第二卷。第一卷各模块为必做模块；第二卷各模块为选做模块，考生必须选做其中一个模块，多选无效。

第一卷　必做模块

必做模块一　计算机基础知识（每项 1.5 分，14 项，共 21 分）

一、计算机之所以能做到运算速度快、自动化程度高是由于＿＿1＿＿。所谓"裸机"是指＿＿2＿＿。

1. A. 设计先进、元器件质量高　　　　B. CPU 速度快、功能强
   C. 采用数字化方式表示数制　　　　D. 采取由程序控制计算机运行的工作方式
2. A. 单片机　　　　　　　　　　　　B. 单板机
   C. 不安装任何软件的计算机　　　　D. 只安装操作系统的计算机

二、计算机硬件系统的五大部分包括运算器、＿＿3＿＿、存储器、输入设备、输出设备。既可作为输入设备又可作为输出设备的是＿＿4＿＿。

3. A. 显示器　　　B. 控制器　　　C. 磁盘驱动器　　　D. 鼠标器
4. A. 显示器　　　B. 磁盘驱动器　　C. 键盘　　　　　　D. 图形扫描仪

三、以下算式中，相减结果得到十进制数为 0 的是＿＿5＿＿。

5. A. $(4)_{10} - (111)_2$　　　　　　B. $(5)_{10} - (111)_2$
   C. $(6)_{10} - (111)_2$　　　　　　D. $(7)_{10} - (111)_2$

四、软件系统分为＿＿6＿＿两大类。下列各组软件中，都属于应用软件的是＿＿7＿＿。

6. A. 系统软件和应用软件　　　　　　B. 操作系统和计算机语言
   C. 程序和数据　　　　　　　　　　D. Windows XP 和 Windows 7
7. A. 图书管理软件、Windows XP、C/C++
   B. Photoshop、Flash、QQ
   C. Access、UNIX、QQ
   D. Windows 7、Office2003、视频播放器软件

五、微型计算机的主机由 CPU 与＿＿8＿＿组成。64 位计算机种的"64"是指该计算机＿＿9＿＿。"倍速"是光盘驱动器的一个重要指标，光驱的倍速越大，＿＿10＿＿。

8. A. 外部处理器　　B. 主机板　　　C. 内部存储器　　　D. 输入输出设备

9. A. 能同时处理 64 位二进制数　　　　B. 能同时处理 64 位十进制数
   C. 具有 64 条数据总线　　　　　　　D. 运算精度可达小数点后 64 位
10. A. 数据传输越快　　　　　　　　　B. 纠错能力越差
    C. 所能读取光盘的容量越大　　　　　D. 数据传输越慢

六、计算机的硬盘和光盘__11__。若突然停电，则__12__中的数据全部丢失。

11. A. 属于内部存储器　　　　　　　　B. 属于外部存储器
    C. 分别是内部存储器、外部存储器　　D. 属于随机存储器
12. A. 硬盘　　　　B. ROM　　　　C. 光盘　　　　D. RAM

七、一个英文字符的 ASCII 码用__13__个字节存储。

13. A. 1　　　　　B. 4　　　　　C. 8　　　　　D. 16

八、源程序一般是指__14__。

14. A. 用高级语言写的程序　　　　　　B. 用汇编语言写的程序
    C. 由程序员编写的程序　　　　　　　D. 由用户编写的程序

必做模块二　操作系统及应用（每项 1.5 分，14 项，共 21 分）

一、计算机的操作系统属于__15__，它的主要作用是__16__。

15. A. 系统软件　　　　　　　　　　　B. 应用软件
    C. 语言编译程序和调度程序　　　　　D. 视窗操作程序
16. A. 把源程序译成目标程序
    B. 方便用户进行数据管理
    C. 管理和调度计算机系统的硬件和软件资源
    D. 实现软、硬件的转接

二、Windows 7 所有的操作都可以从__17__。在 Windows 7 中，有的对话框右上角有 按钮，它的功能是__18__。

17. A. "开始"按钮开始　　　　　　　　B. "计算机"开始
    C. "任务栏"开始　　　　　　　　　　D. "资源管理器"开始
18. A. 关闭对话框　　　　　　　　　　B. 要求用户输入问号
    C. 获取帮助信息　　　　　　　　　　D. 将对话框最小化

三、对于磁盘的格式化，正确的说法是__19__。

19. A. 只能格式化 U 盘　　　　　　　　B. 格式化将清除磁盘中的所有文件
    C. 只能格式化有数据的磁盘　　　　　D. 不能对有坏扇区的磁盘格式化

四、"计算机"中改变图标的排列方式，可使用__20__菜单来设置。删除硬盘中的文件时，若不想将其放入"回收站"，可以采用的操作方式为__21__键加【Delete】键。

20. A. 文件　　　　B. 编辑　　　　C. 查看　　　　D. 工具
21. A. 【Enter】　　B. 【Shift】　　C. 【Ctrl】　　D. 【Alt】

五、设置屏幕保护的目的之一是__22__。可以在"__23__"窗口中设置显示器的分辨率。

22. A. 保护屏幕从而延长显示器工作寿命
    B. 保护屏幕的颜色
    C. 减少屏幕辐射

D. 提高显示器工作效率
23. A. 系统　　　　　B. 显示　　　　　C. 库　　　　　D. 任务栏

六、在 Windows 7 中，屏幕上同时打开若干个应用程序窗口时___24___。当窗口最大化后，该应用程序窗口将___25___。

24. A. 只有当前活动窗口的应用程序不运行，其余的都在运行
　　B. 只有当前活动窗口的应用程序在运行
　　C. 打开的应用程序都不运行
　　D. 打开的应用程序都在运行

25. A. 扩大到全屏，程序继续运行
　　B. 不能用鼠标拉动改变大小，程序停止运行
　　C. 扩大到全屏，程序运行速度加快
　　D. 可以用鼠标拉动改变大小，程序继续运行

七、一个完整的文件标识符包括___26___。
26. A. 盘符、文件名　　　　　　　　B. 路径、文件名
　　C. 盘符、路径、文件名　　　　　D. 文件名

八、在 Windows 7 的"资源管理器"的左窗格中，文件夹图标前"◢"标记表示___27___。"回收站"是___28___。

27. A. 该文件夹包含有子文件夹，且该文件夹已经展开
　　B. 该文件夹已经被查看过
　　C. 该文件夹包含有子文件夹，且该文件夹处于折叠状态
　　D. 该文件夹曾经增添过文件

28. A. 内存中的一块区域　　　　　　B. 硬盘上的一块区域
　　C. 光盘上的一块区域　　　　　　D. 高速缓存中的一块区域

必做模块三　字表处理软件使用（每项 1.5 分，14 项，共 21 分）

一、汉字信息处理过程分为汉字___29___、加工处理和输出三个阶段。
29. A. 输入　　　　　B. 编辑　　　　　C. 打印　　　　　D. 排版

二、打开 Word 2010 文档是指___30___。在 Word 2010 中，正在编辑的文档名显示在___31___上。

30. A. 把文档从外存读取到内存并显示在屏幕上
　　B. 打开一个空白的文档窗口
　　C. 把文档从外存直接读取到显示器上
　　D. 打印文档的内容

31. A. 状态栏　　　　B. 标题栏　　　　C. 菜单栏　　　　D. 工具栏

三、在 Word 2010 文档编辑中，使用"格式刷"不能实现的操作是___32___。
32. A. 复制页面设置　　　　　　　　B. 复制段落格式
　　C. 复制文本格式　　　　　　　　D. 复制项目符号

四、在 Word 2010 中，进行复制或移动操作的第一步是___33___。
33. A. 单击粘贴按钮　　　　　　　　B. 单击复制按钮
　　C. 选定要操作的对象　　　　　　D. 单击剪切按钮

五、在 Word 2010 中能显示出页码、页眉和页脚的视图是___34___。为 Word 2010 文档添

加页码时,在"插入页码"窗格中,页码不可以选择放在文档顶部或底部的__35__位置。

34. A. 草稿视图　　　B. 大纲视图　　　C. 页面视图　　　D. Web 版式视图
35. A. 左侧　　　　　B. 居中　　　　　C. 右侧　　　　　D. 1/3 处

六、在 Word 2010 中编辑长文档时,若要迅速将光标定位到 83 页,可以使用"查找和替换"对话框的__36__功能。

36. A. 替换　　　　　B. 查找和定位　　C. 定位　　　　　D. 查找

七、在编辑 Word 文本时,快速将光标移动到文本行首或文本行尾,使用的操作是__37__。

37. A. Home 或 End　B. ^Home 或^End　C. Up 或 Down　　D. ^Up 或^Down

八、在创建的 Excel 2010 工作簿中,默认包含__38__张工作表。

38. A. 5　　　　　　B. 3　　　　　　C. 1　　　　　　D. 2

九、在 Excel 2010 中,在单元格中输入字符串如"051081"时,应输入__39__。

39. A. 051081　　　B. "051081"　　　C. '051081　　　D. 051081#

十、在 Excel 2010 的单元格中,以下不属于公式的表达式是__40__。

40. A. = SUM(B2, C3)　　　　　　　B. SUN(B2：C3)
　　C. = B2 + B3 + C2 + C3　　　　　D. = B2 + B3 + C2 + C3 + 5

十一、在 Excel 2010 的工作表中,有姓名、性别、专业、助学金等列,现要统计计算机专业助学金的总和,应该先按__41__进行排序,然后再进行分类汇总。

41. A. 姓名　　　　　B. 专业　　　　　C. 性别　　　　　D. 助学金

十二、在 Excel 中,图表是动态的,改变了图表__42__后,Excel 会自动更新图表。

42. A. X 轴数据　　　B. Y 轴数据　　　C. 标题　　　　　D. 所依赖的数据

必做模块四　计算机网络基础（每项 1.5 分,14 项,共 21 分）

一、下面不属于网络硬件组成的是__43__。

43. A. 网络服务器　　　　　　　　　B. 个人计算机工作站
　　C. 网卡　　　　　　　　　　　　D. 网络操作系统

二、计算机网络基本的拓扑结构包括__44__、树型、总线型、环型、网状型。目前常用的计算机局域网所用的传输介质有光缆、同轴电缆和__45__。

44. A. 标准型　　　　B. 并联型　　　　C. 串联型　　　　D. 星型
45. A. 双绞线　　　　B. 微波　　　　　C. 激光　　　　　D. 电话线

三、以拨号方式接入网络的用户需要使用__46__。

46. A. 网关　　　　　B. 中继器　　　　C. 调制解调器　　D. 网桥

四、Internet 上每台计算机都有一个唯一的地址,即__47__地址。而 IPv6 协议的显著特征是 IP 地址采用__48__编码。

47. A. IP　　　　　　B. DNS　　　　　C. FTP　　　　　D. HTTP
48. A. 16 位　　　　B. 32 位　　　　C. 64 位　　　　D. 128 位

五、使用浏览器访问页网站时,网站上第一个被访问的网页称为__49__。在 IE 浏览器中单击"刷新"按钮,则__50__。

49. A. 网页　　　　　B. 网站　　　　　C. HTML　　　　　D. 主页
50. A. 终止当前页的访问,返回空白页

B. 自动下载浏览器要更新程序并安装
C. 更新当前显示的网页
D. 浏览器会更新一个当前窗口

六、通常申请免费电子邮箱需要通过__51__申请。电子邮件地址由两部分组成，用@分开，其中@号左边是__52__。

51. A. 在线注册　　B. 电话　　　　　C. 电子邮件　　　D. 写信
52. A. 本机域名　　B. 邮件服务器名称　C. 用户名　　　　D. 密码

七、激发型计算机病毒是在__53__时发作。计算机病毒具有很强的破坏性，导致__54__。__55__不能预防计算机病毒。

53. A. 程序复制　　B. 程序移动　　　C. 病毒繁殖　　　D. 程序运行
54. A. 烧毁 CPU　　B. 破坏程序和数据　C. 损坏显示器　　D. 磁盘物理损坏
55. A. 不能随便使用在别的机器上使用过的存储介质
    B. 机房内保持清洁卫生
    C. 反病毒软件必须随着新病毒的出现而升级
    D. 不使用盗版光盘上的软件

八、采用__56__安全防范措施，不但能防止来自外部网络的恶意入侵，也可以限制内部网络计算机对外的通信。

56. A. 防火墙　　　B. 调制解调器　　C. 反病毒软件　　D. 网卡

第二卷　选做模块

选做模块一　数据库技术基础（每项 1.6 分，10 项，共 16 分）

注意：选答此模块者，请务必将答题卡中第 100 题号的 [A] 方格涂黑。

一、Access 2010 数据库是一种__57__数据库。数据表中的每一行称为一个__58__。

57. A. 树型　　　　B. 逻辑型　　　　C. 层次型　　　　D. 关系型
58. A. 记录　　　　B. 连接　　　　　C. 字段　　　　　D. 模块

二、在数据库中，若包含"员工 ID、姓名、工资、主要业绩"等字段。如果要将"工资"的数据范围设定为 2 000 ~ 4 000 元，则该字段的有效性规则应该使用__59__；如果"主要业绩"字段需要输入 1 000 个字符以内的内容，则该字段的数据类型应该选择__60__。

59. A. >2 000，<4 000　　　　　　　B. >=2 000 or <=4 000
    C. 2 000 ~ 4 000　　　　　　　　D. >=2 000 and <=4 000
60. A. 文本　　　　B. 备注　　　　　C. 数字　　　　　D. OLE 对象

三、下列与主键有关的说法中，不正确的是__61__。对"数字"数据类型，表示的数据范围最小的"字段大小"是__62__。

61. A. 主键字段中不允许有 Null（空值）
    B. 主键字段中的数据不能出现重复值
    C. 必要时可以定义多个主键
    D. 如果用户没有指定主键，系统会显示出错提示

62. A. 双精度型　　　B. 单精度型　　　C. 整型　　　　　D. 长整型

四、Access 2010 数据库中的查询向导不能创建__63__。查询的数据源可以是__64__。

63. A. 交叉表查询　　B. 选择查询　　　C. 重复项查询　　D. 参数查询
64. A. 报表　　　　　B. 表和查询　　　C. 页　　　　　　D. 窗体

五、如果一条记录的内容比较少，独占一个窗体的空间就很浪费，此时，可以建立__65__窗体。

65. A. 纵栏式　　　　B. 图表式　　　　C. 表格式　　　　D. 数据表

六、Access 2010 有多种创建报表的方式，但不包括__66__。

66. A. 报表向导：向导根据用户所选定的字段自动创建报表
　　B. 报表设计：用户不使用向导，自主设计新的报表
　　C. 自动创建报表：创建简单的表格式报表，其中包含用户在导航窗格中选择的记录源中的所有字段
　　D. 自动创建报表：向导根据用户所选定的字段自动创建数据表报表

选做模块二　多媒体技术基础（每项1.6分，10项，共16分）

注意：选答此模块者，请务必将答题卡中第100题号的［B］方格涂黑。

一、多媒体课件能够根据用户答题情况给予正确或错误的回复，突出显示了多媒体技术的__67__。多媒体元素不包括__68__。

67. A. 多样性　　　　B. 集成性　　　　C. 交互性　　　　D. 实时性
68. A. 文本　　　　　B. 光盘　　　　　C. 声音　　　　　D. 图像

二、下列输入设备中，__69__不属于多媒体输入设备。视频采集卡能支持多种视频源输入，__70__不是视频采集卡支持的视频源。

69. A. 红外探测器　　B. 数码摄像机　　C. 路由器　　　　D. 触摸屏
70. A. 放像机　　　　B. 摄像机　　　　C. 影碟机　　　　D. 胶片照相机

三、在因特网上传输图片，常见的存储格式是__71__。提高网络流媒体文件播放的流畅性，最有效的措施是__72__。

71. A. JPG　　　　　B. WAV　　　　　C. MPG　　　　　D. MP3
72. A. 转换文件格式　　　　　　　　　B. 选用最新版本的播放器
　　C. 安装最新版本的操作系统　　　　D. 加大网络宽带

四、在 PowerPoint 2010 演示文稿中统一整体布局、背景图案、字体字号等，可在__73__中设置。为幻灯片中的文本、图片等对象分别设置放映效果时，应该使用__74__。

73. A. 母版　　　　　B. 配色方案　　　C. 幻灯片切换　　D. 背景
74. A. 自定义放映　　B. 动画　　　　　C. 插入动作　　　D. 幻灯片切换

五、在 PowerPoint 2010 中，创建"超链接"的作用是__75__。设置幻灯片切换的"换片模式"是指__76__。

75. A. 重复放映幻灯片　　　　　　　　B. 隐藏幻灯片
　　C. 放映内容跳转　　　　　　　　　D. 删除幻灯片
76. A. 设置幻灯片的放映程序
　　B. 分别定义幻灯片中各对象的播放顺序和效果
　　C. 设置幻灯片的切换方式和幻灯片效果

D. 设置幻灯片的放映时间

选做模块三　信息获取与发布（每项 1.6 分，10 项，共 16 分）

注意：选做此模块者，请务必将答题卡中第 100 题号的［C］方格涂黑

一、通过互联网获取信息资源的主要途径不包括___77___。使用百度搜索引擎不能实现的操作是___78___。

77. A. 访问虚拟图书馆 IP　　　　　　B. 访问网络信息资源数据库
　　C. 开设博客　　　　　　　　　　D. 使用 Web 搜索引擎
78. A. 查找网页　　B. 查找软件　　C. 查找人物传记　　D. 上传数据

二、关于网页的说法，不准确的是___79___。利用浏览器___80___功能可以保存访问的网页地址。

79. A. 网页就是网站的主页　　　　　B. 网页可以实现一定的交互功能
　　C. 网页可以包含多种媒体　　　　D. 网页中可以没有超链接
80. A. 刷新　　B. 搜索引擎　　C. 收藏夹　　D. 账户

三、关于建立站点的说法，不正确的是___81___。在 Dreamweaver 中，下面的步骤不会进入历史记录的是___82___。

81. A. 本地站点和远程站点要使用相同的结构
　　B. 建立站点可以方便管理网站中的各种资源
　　C. 站点可以先在本地建立之后上传到远程服务器上
　　D. 站点必须有一个名为 PIC 的资源文件夹
82. A. 在建立的文档窗口中输入文字
　　B. 在其他文件窗口中的操作
　　C. 在建立的文档窗口中输入表格
　　D. 在建立的文档窗口中创建超链接

四、html 文件不能使用___83___应用程序打开和编辑。HTML 语言使用的换行标志是___84___。

83. A. Dreamweaver　　B. Photoshop　　C. 写字板　　D. 记事本
84. A. < hn > </hn >　　　　　　　B. < pre > </pre >
　　C. < br /> 　　　　　　　　　　D. < p > </p >

五、在 Dreamweaver 中，若要在新浏览器窗口中打开一个页面，则应从属性检查器的"目标"弹出菜单中选择___85___。创建空链接应使用___86___符号。

85. A. _top　　B. _Photoshop　　C. _self　　D. _blank
86. A. #　　B. *　　C. &　　D. @

全国高校计算机联合考试一级笔试模拟题 3

闭卷考试　考试时间：60 分钟

考生注意：①本次考试试卷种类为［B］，请考生务必将答题卡上的试卷种类栏中的［B］方格涂黑。②本次考试全部为选择题，每题下都有四个备选答案，但只有一个是正确的或是最佳的答案。答案必须填涂在答题卡上，标记在试题卷上的答案一律无效。每题只能填涂一个答案，多涂本题无效。③请考生务必使用2B铅笔按正确的填涂方法，将答题卡上相应题号的答案的方格涂黑。④请考生准确填涂准考证号码。⑤本试卷包括第一卷和第二卷。第一卷各模块为必做模块；第二卷各模块为选做模块，考生必须选做其中一个模块，多选无效。

第一卷　必做模块

必做模块一　操作系统（14 项，每项 1.5 分，共 21 分）

一、关于操作系统的作用，正确的说法是___1___。Windows 7 不能实现的功能是___2___。

1. A. 与硬件的接口　　　　　　　　B. 把源程序翻译成机器语言程序
   C. 进行编码转换　　　　　　　　D. 控制和管理系统资源
2. A. 处理器管理　　B. 存储管理　　C. 文件管理　　　D. CPU 超频

二、在 Windows 7 中，不能运行已经安装的应用软件的方法是___3___。操作系统的"多任务"功能是指___4___。在 Windows 7 中，程序运行时，默认方式下鼠标指针为 ◎ 形状时表示___5___。

3. A. 利用"开始"菜单中的"运行"命令
   B. 单击"开始"按钮，利用"所有程序"选项，单击欲运行的应用程序选项
   C. 双击该软件在"桌面"上对应的快捷方式图标
   D. 在资源管理器中，选择该应用程序名，然后按空格键
4. A. 可以同时由多个人使用　　　　B. 可以同时运行多个程序
   C. 可连接多个设备运行　　　　　D. 可以装入多个文件
5. A. 没有任务正在执行　　　　　　B. 正在执行一项任务，不可执行新任务
   C. 正在取消一项任务　　　　　　D. 正在执行一项任务，仍可执行新任务

三、图标是 Windows 7 的重要元素之一，下面对图标的描述错误的是___6___。"资源管理器"的主要功能是___7___。在搜索文件或文件夹时，若用户输入文件名"A＊.＊"，则将搜索___8___。

6. A. 图标可以表示被组合在一起的多个程序
   B. 图标既可以代表程序也可以代表文档
   C. 图标可能是仍然在运行但窗口被最小化的程序
   D. 图标只能代表某个应用程序
7. A. 用于管理磁盘文件　　　　　　B. 与"控制面板"完全相同
   C. 编辑图形文件　　　　　　　　D. 查找各类文件

8. A. 名为 A * 的这个文件　　　　　　B. 所有扩展名中含有"*"的文件
   C. 以 A 开头的所有文件　　　　　　D. 所有主名中含有"*"的文件

四、Windows 7 中，如果不小心删除了桌面上的某个应用程序的快捷方式图标，那么__9__。对于删除文件操作，说法错误的是__10__。

9. A. 该应用程序再也不能运行　　　　B. 该应用程序也被彻底删除
   C. 该应用程序被放入回收站　　　　D. 可以重建这个应用程序的快捷方式图标
10. A. 用鼠标拖放到回收站的文件不能被恢复
    B. U 盘上的文件被删除后不放入回收站
    C. 用【Shift】+【Delete】删除的文件不放入回收站
    D. 在回收站的文件，用"还原"可恢复

五、文件扩展名是用来区分文件的__11__。以__12__为扩展名的文件称为文本文件。

11. A. 类型　　　　B. 建立时间　　　　C. 大小　　　　D. 建立日期
12. A. .exe　　　　B. .txt　　　　　　C. .com　　　　D. .doc

六、在 Windows 7 中，各应用程序之间的信息交换是通过__13__进行的。

13. A. 记事本　　　B. 画图　　　　　　C. 剪贴板　　　　D. 写字板

七、下列关于 Windows 7 对话框的叙述中，错误的是__14__。

14. A. 对话框是选中带有"…"的菜单后弹出的窗口
    B. 对话框是系统给用户输入信息或提供选项的窗口
    C. 对话框可以改变其位置和大小
    D. 对话框没有"最大化"和"最小化"按钮

必做模块二　基础知识（14 项，每项 1.5 分，共 21 分）

一、现代计算机在性能等方面发展迅速，但是__15__并没有发生变化。计算机采用了两项重要的技术__16__，因而能高效、自动地连续进行数据处理。

15. A. 耗电量　　　B. 体积　　　　　　C. 运算速度　　　D. 基本工作原理
16. A. 二进制和存储程序控制　　　　　B. 半导体器件和机器语言
    C. 引入了 CPU 和内存储器　　　　　D. ASCII 编码和高级语言

二、计算机内部的数据不采用十进制表示的原因是__17__。设 a 为二进制数 101，b 为十进制数 15，则 a+b 为十进制数__18__。

17. A. 运算法则麻烦　　　　　　　　　B. 运算速度慢
    C. 容易与八进制、十六进制混淆　　D. 在计算机电路上实现相对困难
18. A. 16　　　　　B. 18　　　　　　　C. 20　　　　　　D. 116

三、计算机术语"CAD"的含义是__19__。在微型计算机中，应用最广泛的字符编码是__20__。

19. A. 计算机辅助教学　　　　　　　　B. 计算机辅助设计
    C. 计算机辅助分析　　　　　　　　D. 计算机辅助制造
20. A. 国标码　　　　　　　　　　　　B. 补码
    C. 反码、文字的编码标准　　　　　D. ASCII 码

四、CPU 中配置高速缓存（cache）后，能够提高__21__。

21. A. 从磁盘输入数据的速度　　　　　B. CPU 读写内存信息的效率

C. 打印机的输出质量　　　　　　D. 显示器的刷新频率

五、外部设备必须通过__22__与主机相连。CPU 调用硬盘中的数据需要通过__23__。

22. A. 接口电路　　B. 电脑线　　　C. 设备　　　　D. 插座
23. A. 键盘　　　　B. 硬盘指示灯　C. 光盘　　　　D. 内存

六、关于计算机指令，正确的说法是__24__。关于应用软件，不正确的说法是__25__。

24. A. 计算机所有程序的集合构成了计算机的指令系统
    B. 不同指令系统的计算机软件相互不能通用，这是因为基本指令的条数不同
    C. 加法运算指令是每一种计算机都具有的基本指令
    D. 用不同程序设计语言编写的程序，无须转化为计算机的基本指令就可执行

25. A. 应用软件是为满足特定的应用目的而编制的
    B. 应用软件的运行离不开系统软件
    C. 应用软件不能完全替代系统软件
    D. 应用软件的价格一定比系统软件低

七、计算机的运算速度主要取决于__26__。计算机的技术指标有多种，最重要的是__27__。

26. A. CPU 的运算速度　　　　　　B. 硬盘的存取速度
    C. 内存的存取速度　　　　　　D. 显示器的显示速度

27. A. 制造商　　B. 价格　　　　C. 主频　　　　D. 品牌

八、如果某一光盘的容量为 4GB，则可容纳__28__。

28. A. 4 * 1 024 * 1 024 * 1 024 个英文字符
    B. 4 * 1 024 * 1 024 个汉字
    C. 4 * 1 024 * 1 024 * 1 024 个汉字
    D. 4 * 1 024 * 1 024 个英文字符

必做模块三　计算机网络技术（每项 1.75 分，12 项，共 21 分）

一、计算机网络按通信方式来划分，可以分为__29__。

29. A. 点对点传输网络和广播式传输网络
    B. 高速网和低速网
    C. 局域网、城域网和广域网
    D. 外网和内网

二、计算机网络的拓扑结构是指__30__。

30. A. 网络的通信线路的物理连接方法
    B. 网络的通信线路和节点的连接关系和几何结构
    C. 互相通信的计算机之间的逻辑联系
    D. 互连计算机的层次划分

三、局域网由__31__统一指挥、调度资源、协调工作。

31. A. 网络操作系统　　　　　　　B. 磁盘操作系统 DOS
    C. 网卡　　　　　　　　　　　D. Windows 2000

四、TCP/IP 协议是 Internet 中计算机之间通信所必须共同遵循的__32__。"URL" 的意思是__33__。

32. A. 信息资源　　B. 通信协议　　C. 软件规范　　D. 硬件标准
33. A. 未知路径标示　　　　　　B. 更新重定位线路
　　C. 统一资源定位器　　　　　D. 传输控制协议

五、为了能在因特网上进行正确的通信，每个网站和每台主机都分配了一个唯一的地址，该地址由纯数字组成并用小数点分隔，称为___34___。

34. A. WWW 服务器地址　　　　B. TCP 地址
　　C. WWW 客户机地址　　　　D. IP 地址

六、通过计算机网络收发电子邮件，不需要做的工作是___35___。

35. A. 如果是发邮件，需要知道接收者的 E-mail 地址
　　B. 拥有自己的电子邮箱
　　C. 将本地计算机与 Internet 网连接
　　D. 启动 Telnet 远程登录到对方主机

七、域名 www.gxcme.edu.cn 表明，它对应的主机属于___36___。

36. A. 教育界　　B. 政府部门　　C. 工商界　　D. 网络机构

八、个人用户访问 Internet 最常用的途径是通过___37___。

37. A. 公用电话网　　B. 综合业务数据网　　C. DNN 专线　　D. X25 网

九、计算机信息安全之所以重要，受到各国的广泛重视，其主要是因为___38___。

38. A. 计算机应用范围广，用户多
　　B. 用户对计算机信息安全的重要性认识不足
　　C. 计算机犯罪增多，危害大
　　D. 信息资源的重要性和计算机系统本身固有的脆弱性

十、以下关于防火墙的说法，不正确的是___39___。

39. A. 防火墙是一种网络隔离技术
　　B. 防火墙的主要工作原理是对数据包及来源进行检查，阻断被拒绝的数据
　　C. 防火墙的主要功能是查杀病毒
　　D. 尽管利用防火墙可以保护网络免受外部黑客的攻击，提高网络的安全性，但不可能保证网络绝对安全

十一、下面关于密码的设置，不够安全的是___40___。

40. A. 建议经常更新密码
　　B. 密码最好是数字、大小写字母、特殊符号的组合
　　C. 密码的长度最好不要少于 6 位
　　D. 为了方便记忆，使用自己或家人的名字、电话号码

必做模块四　字表处理（每项 1.5 分，12 项，共 18 分）

一、输入汉字时，计算机的输入法软件将输入码转换成___41___。在汉字编码输入法中，以汉字字形特征来编码的称为___42___。

41. A. 字形码　　B. 国标码　　C. 区位码　　D. 机内码
42. A. 音码　　　B. 输入码　　C. 区位码　　D. 形码

二、关于 Word 2010 文档窗口的说法，正确的是___43___。

43. A. 只能打开个文档窗口

B. 可以同时打开多个文档窗口且窗口都是活动的
C. 可以同时打开多个文档窗口，只有一个是活动窗口
D. 可以同时打开多个文档窗口，只有一个窗口是可见文档窗口

三、在 Word 2010 文档中插入的图片，不可以进行的操作是__44__。

44. A. 更改图片分辨率　　　　　B. 剪裁图片
　　C. 缩放图片　　　　　　　　D. 另存图片

四、在利用 Word 2010 的"查找"命令查找"com"时，要使"Computer"不被查到，应选中__45__复选框。

45. A. 区分大小写　　B. 区分全/半角　　C. 模式匹配　　D. 全字匹配

五、下列有关 Word 2010 格式刷的叙述中__46__是正确的。

46. A. 格式刷只能复制字体格式　　　　B. 格式刷可用于复制全文本的内容
　　C. 格式刷只能复制段落格式　　　　D. 格式刷可同时复制字体和段落格式

六、在 Word 2010 中，对先前做过的有限次编辑操作，以下说法中，__47__是正确的。

47. A. 不能对已做的操作进行撤销
　　B. 能对已做的操作进行撤销，但不能恢复撤销后的操作
　　C. 能对已做的操作进行撤销，也能恢复撤销后的操作
　　D. 不能对已做的操作进行多次撤销

七、在 Excel 2010 数据清单中，按某一字段进行归类，并对每一类做出统计的操作是__48__。

48. A. 分类排序　　B. 分类汇总　　C. 筛选　　D. 记录单处理

八、Excel 2010 工作簿中既有工作表又有图表时，当执行"文件"菜单的"保存"命令后49。

49. A. 只保存工作表
　　B. 只保存图表
　　C. 将工作表和图表作为一个文件来保存
　　D. 分成两个文件来保存

九、当单元格太小而导致单元内数值或数据无法完全显示时，系统将以一串__50__显示。

50. A. #　　　　B. *　　　　C. ?　　　　D. $

十、在 Excel 2010 中，函数__51__计算所选定单元格区域内数值的最小值。"B1：C2"表示单元格区域是__52__。

51. A．SUM　　　　B．COUNT　　　　C．MAX　　　　D．MIN
52. A. B1、B2、C1、C2　　　　　　B. B1、C2
　　C. B1、C1、C2　　　　　　　　D. B1、B2、C2

第二部分　选做模块

选做模块一　多媒体技术基础（10 项，每项 1.9 分，共 19 分）

注意： 选答此模块者，请务必将答题卡中第 100 题号的［A］方格涂黑

一、多媒体技术基本特性中的"多样性"是指__53__。多媒体计算机系统主要由

___54___ 组成。

53. A. 用户群体来自不同的行业
    B. 信息媒体的多样化、多维化
    C. 存储介质的多样化
    D. 多种媒体信息的集成和多种信息处理设备的集成
54. A. 多媒体硬件和软件系统　　　　B. 多媒体硬件系统和多媒体操作系统
    C. 多媒体输入系统和输出系统　　D. 多媒体输入设备和多媒体软件系统

二、以下文件中不是声音文件的是___55___。以双声道、22.05 kHz 采样频率、16 位采样精度进行采样，两分钟长度的声音不压缩的数据量是___56___。

55. A. MP3 文件　　　B. WMA 文件　　　C. WAV 文件　　　D. JPG 文件
56. A. 5.24 MB　　　 B. 10.34 MB　　　 C. 10.09 MB　　　 D. 10.58 MB

三、图像的色彩模型是用数值方法指定颜色的一套规则和定义。常用的色彩模型有___57___模型和 CMYK 模型。以下说法中，不正确的是___58___。

57. A. PSD　　　　　B. PAL　　　　　　C. RGB　　　　　　D. GIF
58. A. 像素是构成位图图像的最小单位
    B. 位图进行缩放时不容易失真，而矢量图缩放时容易失真
    C. 组成一幅图像的像素数目越多，图像的质量越好
    D. GIF 格式图像最多只能处理 256 种色彩，故其不能存储真彩色的图像文件

四、PowerPoint 2010 是专门用于制作___59___的软件。PowerPoint 2010 创建的文件由若干张___60___组成。这种文件可以通过计算机屏幕或在投影仪上播放，播放的方式不包括___61___。

59. A. 演示文稿　　　B. 电子表格　　　 C. 压缩文件　　　D. 声音合成
60. A. 照片　　　　　B. 工作表　　　　 C. 幻灯片　　　　D. 动画
61. A. 演讲者放映　　B. 观众自行浏览　 C. 在展台浏览　　D. 自动播放

五、在 PowerPoint 2010 中，如果要将两个自选图形组成一个图形，应该选择绘图工具"格式"菜单排列栏中的___62___。

62. A. 连接符　　　　B. 标注　　　　　 C. 对齐　　　　　D. 组合

选做模块二　　信息获取与发布（10 项，每项 1.9 分，共 19 分）

注意： 选答此模块者，请务必将答题卡中第 100 题号的［B］方格涂黑

一、关于信息的下列说法，不正确的是___63___。

63. A. 信息可以影响人们的行为和思维
    B. 信息就是指计算机中保存的数据
    C. 信息需要通过载体才能传播
    D. 信息有多种不同的表示形式

二、下列不属于信息的特性是___64___。

64. A. 可获取性　　　B. 可传输性　　　 C. 可遗传性　　　D. 可处理性

三、个人在互联网上发布信息的途径不包括___65___。按照工作原理划分，搜索引擎分 3 个基本类别，不包括___66___。

65. A. 发布网页　　　B. 微博　　　　　 C. BBS　　　　　 D. 下载数字电影

66. A. 全文搜索引擎　　　　　　　　B. 机器人搜索引擎
    C. 目录索引搜索引擎　　　　　　D. 元搜索引擎

四、在网页中经常用的两种图像格式是___67___。

67. A. bmp 和 jpg　　B. gif 和 jpg　　C. png 和 bmp　　D. pps 和 gif

五、下列有关 Internet Explorer（简称 IE）功能和操作的叙述中，不正确的是___68___。关于网页的说法，不准确的是___69___。

68. A. IE 是浏览器软件，用户不能通过该软件收发电子邮件
    B. 刷新网页可以使 IE 跳过缓冲区，直接从网页的原始地址下载
    C. 收藏夹是指用于收藏经常需要访问的网页或地址的文件夹
    D. 频道是用于从 Internet 向用户计算机传递内容的 Web 站点

69. A. 网页可以包含多种媒体　　　　B. 网页可以实现一定的交互功能
    C. 网页就是网站　　　　　　　　D. 网页可以有超级链接

六、制作网页常用的网页布局工具是___70___。设计网页时，插入表格的目的一般是___71___。网站的发布（上传）一般需经过___72___、远程服务器注册和发布等步骤。

70. A. 表格、层、框架　　　　　　　B. 表单、层
    C. 表单、层、框架　　　　　　　D. 表格、框架、图像

71. A. 能在网页中插入图片
    B. 能在网页中插入声音
    C. 能在网页中插入视频
    D. 能在网页中控制文字、图片等在网页中的位置

72. A. 网页制作　　B. 网站优化　　C. 空间申请　　D. 网站管理和维护

选做模块三　数据库（10 项，每项 1.9 分，共 19 分）

注意：选答此模块者，请务必将答题卡中第 100 题号的［C］方格涂黑

一、数据模型用于表示实体间的联系，以下___73___不是常用的数据模型。关系数据库以___74___的形式组织和存放数据。

73. A. 链状模型　　B. 网状模型　　C. 关系模型　　D. 层次模型
74. A. 窗体　　　　B. 报表　　　　C. 二维表　　　D. 查询

二、Access 2010 的基本功能有 3 个，但不包括___75___。Access 2010 中建立的对象都存放在同一个数据库文件中，这个文件的扩展名是___76___。

75. A. 建立数据库　　　　　　　　　B. 编辑图片
    C. 与其他软件的数据通信　　　　D. 数据库操作

76. A. .docx　　　B. .dbf　　　C. .xlsx　　　D. .accdb

三、表设计视图上半部分的表格用于设计表中的字段，表格的每一行均由 4 部分组成，它们从左到右依次为___77___。在 Access 2010 中，有关主键的描述，正确的是___78___。

77. A. 行选择区、字段名称、数据类型、字段大小
    B. 行选择区、字段名称、数据类型、说明区
    C. 行选择区、字段名称、数据类型、字段特性
    D. 行选择区、字段名称、数据类型、字段属性

78. A. 主键只能由一个字段组成
    B. 主键创建后，就不能取消

C. 主键的值，对于每个记录必须是唯一的

D. 在输入记录时，主键的值可以是空值

四、在数据表视图的方式下，用户可以进行的操作不包括___79___。

79. A. 修改表中记录的数据

B. 更改数据表的外观，如行高、列宽、隐藏网格线

C. 对表中的记录进行查找、排序、筛选

D. 修改表中的字段属性

五、在"财务.accdb"数据库下建立一个职工工资表，其字段如下：

  字段名称   数据类型

   1 姓名   文本

   2 性别   文本

   3 应发工资 数字

若要求用设计视图创建一个查询，包括姓名、性别、应发工资字段，查找应发工资在3 000元及以上的所有女职工的记录，设置查询条件时应___80___。

80. A. 在应发工资的条件单元格键入：应发工资＞＝3 000 OR 性别＝"女"

B. 在应发工资的条件单元格键入：应发工资＞＝3 000 AND 性别＝"女"

C. 在应发工资的条件单元格键入：应发工资＞＝3 000；在性别的条件单元格键入：性别"女"

D. 在应发工资的条件单元格键入：＞＝3 000；在性别的条件单元格键入："女"

六、字段的有效性规则的作用是___81___。

81. A. 不允许字段的值超出某个范围

B. 不允许字段的值为空

C. 未输入数据前，系统自动提供数据

D. 系统给出输入数据的提示信息

七、在Access 2010中，关于报表的错误说法是___82___。

A. 利用报表可以对数据库里的数据进行排序、分类汇总、累计求和等操作

B. 报表的全部信息来自于它所基于的查询

C. 报表可以以打印格式显示数据

D. 系统提供了报表设计、报表向导等多种创建报表的方式

第4篇 计算机等级考试一级机试模拟试题

计算机等级考试（一级）机试模拟题 1

考试时间：50 分钟　（闭卷）

准考证号：_____ 姓名：_____ 选做模块的编号□

注意：（1）试题中"T□"是文件夹名（考生的工作目录），"□"用考生自己的准考证号（11 位）填入。

（2）本试卷包括第一卷和第二卷。第一卷各模块为必做模块，第二卷各模块为选做模块，考生必须选做其中一个模块，多选无效。请考生在本页右上方"选做模块的编号□"方格中填上所选做模块的编号。

（3）答题时应先做好必做模块一，才能做其余模块。

第一卷　必做模块

必做模块一　文件操作（15 分）

打开"资源管理器"或"计算机"窗口，按要求完成下列操作：

（1）在"F:\"下新建一个文件夹"T□"，并将"E:\EE1"文件夹中的所有文件和文件夹复制到"T□"文件夹中。（4 分）

（2）在"T□"中建一个子文件夹"mysub1"，并将文件夹"T□"中的扩展名为".docx"".txt"".xlsx"".pptx"和".accdb"文件复制到文件夹"mysub1"中。（4 分）

（3）把"T□\mysub1"文件夹中的所有".txt"文件压缩到文件"mysub1.rar"中，并保存在同一文件夹中。（3 分）

（4）将"T□\mysub1"文件夹中的"wj11.txt"文件重命名为"bf1.txt"，并设置其属性为"只读"。（4 分）

必做模块二　Word 操作（25 分）

打开"T□\mysub1"文件夹中的 Word 文档"ssm1.docx"，将文件以另一文件名"newssm1.docx"保存在"T□\mysub1"文件夹中（1 分）。对"newssm1.docx"文档按要求完成下列操作：

（1）页面设置：设置纸张大小为"16 开"，页边距上、下、左、右各为"2 厘米"。（3 分）

（2）将标题段文字"壮族"设置为"三号字、加粗、居中"。（3 分）

（3）在表格前空白段插入文档文件"T□\mysub1\ins1.docx"。（3 分）

（4）输入如下文字作为正文的第二段，并将字体颜色设置为"蓝色"：（6 分）

壮族是我国人口最多的少数民族。广西的壮族人口为 1 500 多万人，占全区总人口的 33%。其主要分布在广西的南宁、百色、河池、柳州四个地区，少数分布在桂林市、钦州市、贵港市和贺州地区。

（5）将正文各段落首行缩进 2 字符，段前间距为 0.5 行。（3 分）

（6）对文档中的表格完成以下操作：（6 分）

①在第三行的上边插入一行；

②设置第一列的底纹为黄色；

③设置所有单元格对齐方式为水平、垂直居中。

（7）保存退出。

必做模块三　Excel 操作（20 分）

打开"T□\mysub1"文件夹中的 Excel 文件"EX1.xlsx"，完成以下操作：

（1）在 Sheet1 中用公式或函数计算：职工平均工资和个人所得税，其中：个人所得税＝（实发工资－3 500）×0.03。（7 分）

（2）在 Sheet1 工作表中，用条件格式将实发工资高于 5 000 元的数据设为"红色"。（3 分）

（3）在 Sheet1 工作表中建立如下图所示职工实发工资的簇状柱形图。（6 分）

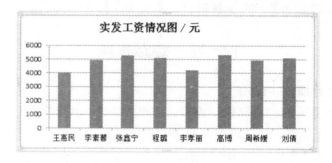

（4）在 Sheet2 工作表中按"部门"分类汇总各部门"实发工资"的总和。（4 分）

（5）存盘退出。

必做模块四　网络操作（20 分）

（1）打开"T□"中的"wy1.html"文件，将该网页中的全部文本以文件名"net1.txt"保存到"T□\mysub1"文件夹中。（3 分）将"划龙舟"图片以文件名"tuweb.gif"保存到"T□\mysub1"文件夹中。（3 分）

（2）启动收发电子邮件软件，编辑电子邮件。（11 分，其中 IP 地址和 DNS 服务器地址各占 4 分）

收件人地址：js01@sina.com

主题：T□稿件

正文如下：

陈老师：您好！

本机的 IP 地址是：（注意：请考生输入本机的 IP 地址）

DNS 服务器地址是：（注意：请考生输入本机的 DNS 服务器地址）

　　　　　　　　（考生姓名）

　　　　　2012 年 12 月 15 日

（3）将"T□\mysub1"文件夹中的"net1.txt"和"tuweb.gif"文件作为电子邮件的附件，另存电子邮件到考生的工作目录"T□"中。（3 分）

第二卷　选做模块

本卷各模块为选做模块，考生只能选做其中一个模块，多做无效。

选做模块一　数据库技术基础（20分）

打开"T□\mysub1"文件夹中的数据库文件"cjxt1.accdb"。

（1）修改基本表"cjd1"结构，在"学号"前增加"序号"字段，类型是"自动编号"，将"学号"字段设为主键，增加"是否录取"字段作为最后一个字段。（8分）

字段名　　数据类型

是否录取　是/否

（2）删除表中"系别"为"金融系"的两条记录。（3分）

（3）输入表中"系别"为"会计系"两位同学的口语成绩，分别为：9、8。（1分）

（4）创建一个名为"总成绩"的查询，其包含学号、姓名、系别、总成绩，其中总成绩=（英语成绩+数学成绩+体育成绩）/3+口语成绩，并要求按照总成绩从高到低排序。（5分）

（5）在同一数据库中，为基本表"cjd1"做一个备份，其表名为"bak1"。（3分）

（6）关闭数据库，退出Access。

选做模块二　多媒体操作（20分）

打开"T□\mysub1"文件夹中的演示文稿"pssm1.pptx"，完成以下操作：

（1）将"奥斯汀"设计主题应用到所有幻灯片上。（2分）

（2）在第1张幻灯片中设置标题为"楷体60磅"，副标题设为"楷体32磅"。插入"T□"文件夹中的文件"adio.mp3"，开始设定为"自动"播放，停止播放设定为"在5张幻灯片后"。（5分）

（3）在第1张幻灯片后面插入一张新的幻灯片，选定其版式为"标题和内容"，在标题栏中键入"壮族节日"，在内容框插入"T□"文件夹中的图片"pins1.jpg"。（5分）

（4）设置所有幻灯片切换效果为"自左侧擦除"，换片方式为"单击鼠标时"和"每隔3秒"。（4分）

（5）设置自定义放映顺序为：第1张→第4张→第2张，幻灯片放映名称为："壮族"。（4分）

（6）保存退出。

选做模块三　信息获取与发布（20分）

启动Dreamweaver CS5，打开"T□"文件夹中的"wy1.htm"文件，完成以下操作：

（1）修改页面属性，将页面字体大小设为"12像素"；变换图像链接设为"红色"，标题文字设为"黑体"；标题1的大小设为"24像素"，颜色为"蓝色"；文档标题设为"唐诗赏析"。（6分）

（2）设置表格边框为"0"；背景色为"#EFFCA9"；第2行的背景色为"#FFFF66"；第3行拆分为两列，并在右边单元格中插入"T□\images"文件夹中的图片"tu1.jpg"，置于单元格顶端。（6分）

(3) 在"【评析】"段首插入命名锚记,命名为"a1",设置表格第 2 行中的文本"评析"超链接到该命名锚记。(4 分)

(4) 在页脚文本"页面制作:"后接着输入考生本人的姓名;在该行的上一行中插入一条水平线,并设其宽为"95%"。(4 分)

(5) 保存退出。

计算机等级考试（一级）机试模拟题 2

考试时间：50 分钟　　（闭卷）

准考证号：_____　姓名：_____　选做模块的编号□

注意：（1）试题中"T□"是文件夹名（考生的工作目录），"□"用考生自己的准考证号（11 位）填入。

（2）本试卷包括第一卷和第二卷。第一卷各模块为必做模块，第二卷各模块为选做模块，考生必须选做其中一个模块，多选无效。请考生在本页右上方"选做模块的编号□"方格中填上所选做模块的编号。

（3）答题时应先做好必做模块一，才能做其余模块。

第一卷　必做模块

必做模块一　文件操作（15 分）

打开"资源管理器"或"计算机"窗口，按要求完成下列操作：

（1）在"F:\"下新建一个文件夹"T□"，并将"E:\EE3"文件夹中的所有文件和文件夹复制到"T□"文件夹中。（4 分）

（2）在"T□"中建一个子文件夹"mysub3"，将"T□"文件夹中除扩展名为".htm"外的其他所有文件移动到"mysub3"文件夹中。（4 分）

（3）把"T□\mysub3"文件夹中的所有".txt"文件压缩到文件"mysub3.rar 中"，并保存在同一文件夹中。（3 分）

（4）将"T□\mysub3"文件夹中的"wj31.txt"文件重命名为"bf3.txt"，并设置其属性为"只读"。（4 分）

必做模块二　Word 操作（25 分）

打开"T□\mysub3"文件夹中的 Word 文档"ssm3.docx"，完成下列操作：

（1）页面设置：设置纸张大小为"A4"，页边距上、下、左、右各为"2.2 厘米"。（3 分）

（2）将标题段文字"苗族"设置为"三号字、倾斜、居中"。（3 分）

（3）输入如下文字作为正文的第二段，并将字体颜色设置为"蓝色"：（7 分）

目前广西苗族人口 43 万人左右。广西苗族主要分布在三江、龙胜等自治县。服饰方面：服饰面料、颜色、款式千姿百态，绚丽多姿，可分为 5 大类型 480 余种。各种首饰琳琅满目，异彩纷呈。

（4）将正文各段落行距设为"最小值 20 磅"。（2 分）

（5）将"T□\mysub3"中的图片"ins3.jpg"插入正文第 3 段中，版式为"紧密型"。（4 分）

（6）在文档末尾制作如下表格，设置所有单元格内容"水平、垂直居中对齐"。（6 分）

苗族		
节日	音乐舞蹈	工艺

(7) 保存退出。

必做模块三 Excel 操作（20 分）

打开"T□\mysub3"文件夹中的 Excel 文件"EX3.xlsx"，完成以下操作：

（1）在 Sheet1 中最左边插入 1 列"编号"，并输入各同学的编号：001、002、003、004、005、006。（3 分）

（2）在 Sheet1 中用公式或函数计算：各次月考的最高分、最低分及平均分（平均分取两位小数）。（7 分）

（3）在 Sheet1 工作表中建立如下图所示各同学"月考4"的簇状条形图。（6 分）

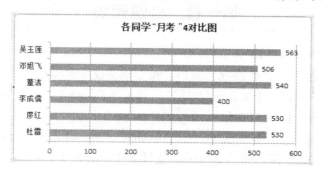

（4）在 Sheet2 工作表中按"性别"分出男、女同学的各次月考成绩的最大值。（4 分）

（5）存盘退出。

必做模块四 网络操作（20 分）

（1）打开"T□"中的"wy3.html"文件，将该网页中的全部文本以文件名"net3.txt"保存到"T□"文件夹中。（5 分）

（2）启动收发电子邮件软件，编辑电子邮件。（7 分）

收件人地址：js03@sina.com

主题：T□稿件

正文如下：

白老师：您好！

附件为我的作业。谢谢！

（考生姓名）

2012 年 12 月 15 日

（3）将"T□\mysub3"文件夹中的"wj33.txt"文件作为电子邮件的附件，另存电子邮件到考生的工作目录"T□"中。（3 分）

(4) 在"T□"文件夹中新建一个文本文档"ad3.txt",录入本机的 IP 地址和子网掩码。(5 分)

第二卷　选做模块

本卷各模块为选做模块,考生只能选做其中一个模块,多做无效。

选做模块一　数据库技术基础(20 分)

打开"T□\mysub3"文件夹中的数据库文件"cjxt3.accdb"。

(1) 修改基本表"zzcj3"结构,将"准考证号"字段设为主键,增加如下"专业方向"字段作为最后一个字段。(8 分)

字段名	数据类型	字段大小
专业方向	文本	10

(2) 删除表中"招考职位"为空的两条记录。(3 分)

(3) 将表中"招考职位"字段为"临床医学"的改为"卫生检验"。(1 分)

(4) 创建一个名为"最终成绩"的查询,包含准考证号、招考职位、笔试成绩、面试成绩、最终成绩,其中最终成绩 = 笔试成绩 × 0.6 + 面试成绩 × 0.4,并要求按照最终成绩从高到低排序。(5 分)

(5) 在同一数据库中,为基本表"zzcj3"做一个备份,其表名为"bak3"。(3 分)

(6) 关闭数据库,退出 Access。

选做模块二　多媒体操作(20 分)

打开"T□\mysub1"文件夹中的演示文稿"pssm3.pptx",完成以下操作:

(1) 将"波形"设计主题应用到所有幻灯片上。(3 分)

(2) 在第 1 张幻灯片前面插入一张新的幻灯片,选定其版式为"空白",在幻灯片中插入艺术字"苗族",使用艺术字库中的第 3 行第 2 列的样式,字体为"黑体",文字大小"72 磅"。(6 分)

(3) 为第 2 张幻灯片的图片设置自定义动画,用"百叶窗"效果展示,方向为"垂直",速度为"中速",在上一个动画之后开始,不变暗。(4 分)

(4) 为第 3 张幻灯片标题"苗族村寨"设置超链接,链接到网址:http://www.yahoo.com。(4 分)

(5) 设置所有幻灯片的切换效果为"推进",换片方式为"单击鼠标时"和"每隔 5 秒"。(3 分)

(6) 保存退出。

选做模块三　信息获取与发布(20 分)

启动 Dreamweaver CS5,打开"T□"文件夹中的"wy3.html"文件,完成以下操作:

(1) 修改页面属性,将页面字体大小设为"12 像素";左右边距均设为"0";链接始终无下划线;标题 2 的大小设为"16 像素",颜色为"红色";文档标题设为"柳宗元作品《江雪》"。(6 分)

(2) 设置表格边框为"0";单元格间距设为"0"。将第 3 行拆分为两列,设置右边单元格背景色为"#CCFFFF",并在该单元格中插入"T□\mysub3\images"文件夹中的图片"tu3.jpg",将其置于单元格顶端。(6分)

(3) 在"【评析】"段首插入命名锚记,命名为"a3",设置表格第2行中的文本"评析"超链接到该命名锚记。(4分)

(4) 在页脚文本"页面制作:"段首插入版权符号"©",段尾输入考生本人的姓名;在该行的上一行中插入一条水平线,并设其宽为"92%"。(4分)

(5) 保存退出。

计算机等级考试（一级）机试模拟题 3

考试时间：50 分钟　　（闭卷）

准考证号：_____　姓名：_____　选做模块的编号□

注意：(1) 试题中"T□"是文件夹名（考生的工作目录），"□"用考生自己的准考证号（11 位）填入。

(2) 本试卷包括第一卷和第二卷。第一卷各模块为必做模块，第二卷各模块为选做模块，考生必须选做其中一个模块，多选无效。请考生在本页右上方"选做模块的编号□"方格中填上所选做模块的编号。

(3) 答题时应先做好必做模块一，才能做其余模块。

第一卷　必做模块

必做模块一　文件操作（15 分）

打开"资源管理器"或"计算机"窗口，按要求完成下列操作：

(1) 在"F:\"下新建一个文件夹"T□"，并将"E:\CC1"文件夹中的所有文件和文件夹复制到"T□"文件夹中。（4 分）

(2) 在"T□"中建一个子文件夹"my1"，将"T□"文件夹中除扩展名为".htm"外的其他所有文件移动到"my1"文件夹中。（4 分）

(3) 把"T□\my1"文件夹中的所有".docx"文件压缩到文件"my1.rar"中。（3 分）

(4) 将"T□\my1"文件夹中的"tab1.docx"文件重命名为"new1.docx"。（4 分）

必做模块二　Word 操作（25 分）

打开"T□\my1"文件夹中的 Word 文档"ww1.docx"，完成下列操作：

(1) 页面设置：设置纸张大小为"A4"，页边距上、下、左、右各为"2.1 厘米"。（3 分）

(2) 将标题段文字"瓦良格号航空母舰"设置为"三号字、加粗、居中"。（3 分）

(3) 输入如下文字作为正文的最后一段，并将字体颜色设置为"蓝色"：（7 分）

1990 年 7 月，里加号正式更名为瓦良格号。到 1991 年 11 月，该舰的总体工程进度达到 68%，由于苏联的解体，使 1143.6 型"瓦良格"号原定于 1993 年装备苏联太平洋舰队的计划成为了泡影。

(4) 将正文各段落行距设置为"固定值 20 磅"。（2 分）

(5) 将"T□\my1"中的图片"wtu1.jpg"插入本文档中，设置图片大小缩放为"80%"，版式为"四周型"，位于正文第 3 段文字的中间。（4 分）

(6) 在文本末尾制作如下表格，设置表格各单元格内容"水平、垂直居中对齐"。（6 分）

瓦良格	
参考价格	2 000 万美元
最高时速	80 海里①

(7) 保存退出。

必做模块三　Excel 操作（20 分）

打开"T□\my1"文件夹中的 Excel 文件"cce1.xlsx"，完成以下操作：

(1) 在 Sheet1 工作表中的"姓名"列左侧插入一列"学号"，输入各记录学号值：16201、16202、…、16206。(4 分)

(2) 在 Sheet1 工作表中，用函数计算各门课程的最高分和每位同学三门课程的平均分。(7 分)

(3) 在 Sheet1 工作表中建立英语成绩的数据点折线图，并嵌入本工作表中，如下图所示。(5 分)

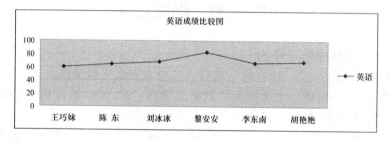

(4) 对"汇总"工作表中的数据进行分类汇总：按"性别"求出男生、女生各门课程的平均分。(4 分)

(5) 保存退出 Excel。

必做模块四　网络操作（20 分）

(1) 打开"T□\my1"中的"web1.mht"文件，将该网页中的全部文本，以文件名"wsh1.txt"保存到"T□"文件夹中。(5 分)

(2) 启动收发电子邮件软件，编辑电子邮件。(7 分)

收件人地址：qzxy01@163.com

主题：T□稿件

正文如下：

张老师：您好！
　　附件为我的作业。谢谢！
　　　　　　　（考生姓名）
　　　2011 年 12 月 10 日

(3) 将"T□\my1\cc.txt"文件作为电子邮件的附件，将电子邮件保存到"T□"文

---

① 1 海里 = 1.852 千米。

件夹中。(3分)

(4) 在"T□"中新建一个文本文档"net1.txt",录入本机的 IP 地址和 DNS 服务器地址。(5分)

第二卷 选做模块

本卷各模块为选做模块,考生只能选做其中一个模块,多做无效。

选做模块一 数据库技术基础(20分)

打开"T□\my1"文件夹中的数据库文件"sjk1.accdb"。

(1) 修改基本表"xscj1"结构,在"姓名"前增加"学号"字段,类型是"自动编号",并设为主键,在"高等数学"字段后面增加如下"大学语文"字段。(10分)

字段名	数据类型	字段大小
大学语文	数字	整型

(2) 删除第三条记录,其姓名为"李华"。(2分)

(3) 输入各同学的大学语文成绩,分别为:65、75、72、85。(3分)

(4) 创建一个名为"总分"的选择查询,其包含姓名、高等数学、大学语文、英语、体育和总分,其中总分=高等数学+大学语文+英语+体育,并要求按照高等数学从高到低排序。(5分)

(5) 关闭数据库,退出 Access。

选做模块二 多媒体操作(20分)

打开"T□\my1"文件夹中的演示文稿"ppt1.pptx",完成以下操作:

(1) 将"都市"设计主题应用到所有幻灯片上。(3分)

(2) 设置所有幻灯片的切换效果为"分割"、声音为"风铃",换片方式为"单击鼠标时"和"每隔6秒"。(3分)

(3) 为第1张幻灯片标题"景点介绍"设置超链接,链接到网址:http://www.qq.com。(4分)

(4) 为第3张幻灯片的图片设置自定义动画,进入效果为"飞入",在上一个动作之后自动开始,方向为"自右侧",速度为"中速"。(4分)

(5) 在演示文稿后面添加一张新的幻灯片,选定其"版式"为"空白"版式,在幻灯片中插入艺术字"世界自然奇观",使用艺术字库中的第3行第1列的样式,字体为"黑体",文字大小为"60磅"。(6分)

(6) 保存退出。

选做模块三 信息获取与发布(20分)

启动 Dreamweaver CS5,打开"T□"文件夹中的"Page1.htm"文件,完成以下操作:

(1) 设置网页标题为:世界自然奇观;背景色为"#99FFFF";页面字体为"宋体、13像素"。(4分)

(2) 设置表格宽度为"700像素",单元格间距为"0",单元格边距为"5",边框粗细为"0",表格居中对齐,表格背景色为"#FFFFFF"。(5分)

(3) 将第1行中的文本设为"标题1"、居中对齐。(1分)

(4) 在第 2 行单元格中输入文本：南非桌山 | 下龙湾 | 济州岛 | 科莫多公园，为文本"南非桌山"建立超链接，链接到网页文件 web1.mht。(4 分)

(5) 将第 3 行拆分为两列，将右列宽度设为"210 像素"，将"T□ \ my1 \ page1.txt"文件中的文本复制到左边单元格中。(3 分)

(6) 在第 4 行单元格中插入一条宽度为"90%"的水平线；在第 5 行单元格中输入文字："工作室"。(3 分)

(7) 保存退出。

计算机等级考试（一级）机试模拟题 4

考试时间：50 分钟　（闭卷）

准考证号：_____ 姓名：_____ 选做模块的编号□

注意：(1) 试题中 "K□" 是文件夹名（考生的工作目录），"□" 用考生自己的准考证号（11位）填入。

(2) 本试卷包括第一卷和第二卷。第一卷各模块为必做模块，第二卷各模块为选做模块，考生必须选做其中一个模块，多选无效。请考生在本页右上方 "选做模块的编号□" 方格中填上所选做模块的编号。

(3) 答题时应先做好必做模块一，才能做其余模块。

第一卷　必做模块

必做模块一　文件操作（15分）

打开 "资源管理器" 或 "我的电脑" 窗口，按要求完成下列操作：

(1) 在 "F:\" 下新建一个文件夹 "K□"，并将 "E:\CC2" 文件夹中的所有文件和文件夹复制到 "K□" 文件夹中。(4分)

(2) 在 "K□" 中建一个子文件夹 "my2"，将 "K□" 文件夹中除 "images" 文件夹及扩展名为 ".htm" 文件外的其他所有文件移动到 "my2" 文件夹中。(4分)

(3) 将 "K□\my2" 文件夹中的 "M2.rar" 文件解压到当前文件夹中。(3分)

(4) 将 "K□\my2" 中的 "mst2.txt" 文件重命名为 "new2.txt"，并将其属性设为 "只读"。(4分)

必做模块二　Word 操作（25分）

打开 "K□\my2" 文件夹中的 Word 文档 "ccw2.docx"，完成以下操作：

(1) 页面设置：设置纸张大小为 "16开"，页边距上、下、左、右各为 "2.2厘米"。(3分)

(2) 将标题文字 "苏绣" 设置为 "小二号、居中"。(2分)

(3) 将正文各段落设置首行缩进 2 字符，段前间距为 0.5 行。(3分)

(4) 在文档末尾插入 "K□\my2\t2.docx" 文件，然后完成以下操作：(6分)
①在表格的第 3 列右侧插入一列；
②将整个表格边框线设为 "红色"。

(5) 交换第一段和第三段的位置；插入页眉 "苏绣"。(4分)

(6) 在表格下方输入如下文字。(7分)

一件艺术价值高的苏绣艺术品一般是图案秀美，做工精细，色彩典雅，富有深远的意境。而价值低劣的苏绣工艺品，图案一般比较呆板，缺乏艺术性，做工也相对粗糙。

(7) 保存退出。

必做模块三　Excel 操作（20分）

打开 "K□\my2" 文件夹中的 Excel 文件 "cce2.xlsx"，完成以下操作：

(1) 在 Sheet1 工作表中，将 A1：F1 合并及居中。(3分)

(2) 在 Sheet1 工作表中，用公式或函数计算"总计"，用函数求各项的"最大值"。(7 分)

(3) 在 Sheet1 工作表中建立如下图所示的分离形饼图，并嵌入本工作表中。(6 分)

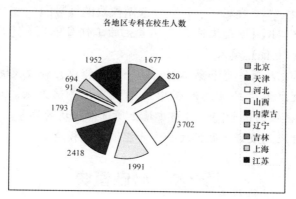

(4) 在"筛选"工作表中，筛选出本科在校生大于 1 000 人的记录。(4 分)

(5) 存盘退出 Excel。

必做模块四　网络操作（20 分）

(1) 打开"K□"中的"web2. htm"文件，将该网页中"爱，在考研中成长"的图片以文件名"wsh2. jpg"保存到"K□"文件夹中。(5 分)

(2) 启动收发电子邮件软件，编辑电子邮件。(7 分)

收件人地址：qzxy02@ gxqzu. edu. cn

主题：K□稿件

正文如下：

张老师：您好！

作业我已完成，具体见附件。谢谢！

（考生姓名）

2011 年 12 月 10 日

(3) 将"K□ \ my2 \ bg2. jpg"文件作为电子邮件的附件，将电子邮件保存到"K□"中。(3 分)

(4) 在"K□"文件夹中新建一个文本文档"net2. txt"，录入本机的 IP 地址和网关地址。(5 分)

第二卷　选做模块

本卷各模块为选做模块，考生只能选做其中一个模块，多做无效。

选做模块一　数据库技术基础（20 分）

打开"K□ \ my2"文件夹中的数据库文件"sp2. accdb"。

(1) 修改基本表"djks2"结构，将"序号"字段设置为主键，将"销售单价"字段修改为：(10 分)

字段名	数据类型	字段大小	格式	小数位数
销售单价	数字	单精度型	标准	1

(2) 删除品名为"CPU"的记录。(2分)

(3) 在表末尾追加如下记录：(3分)

序号	品名	规格	数量	销售单价
3	显示器	17英寸	30	1800.0

(4) 创建一个名为"销售额"的选择查询，其包含序号、品名、规格、数量、销售单价和销售额字段，其中，销售额＝数量×销售单价，并要求按照销售额从低到高排序。(5分)

(5) 关闭数据库，退出 Access。

选做模块二　多媒体技术基础（20分）

打开"K□\my2"文件夹中的演示文稿"p2.pptx"，完成以下操作：

(1) 将"顶峰"的设计主题应用到所有幻灯片上。(3分)

(2) 在演示文稿最后添加一张新的幻灯片，选定其版式为"标题和内容"，在标题栏中键入"典型结构"，在内容框插入"K□\my2"文件夹中的图片"photo2.jpg"。(5分)

(3) 为第1张幻灯片标题"海底光缆"设置超链接，链接到第3张幻灯片中。(4分)

(4) 设置所有幻灯片的切换效果为"自顶部揭开"，换页方式为"单击鼠标时"和"每隔6秒"。(4分)

(5) 设置自定义放映顺序为：第1张→第4张→第3张，幻灯片放映名为："海底光缆"。(4分)

(6) 存盘，退出 PowerPoint。

选做模块三　信息获取与发布（20分）

(1) 启动 Dreamweaver CS5，打开"K□"文件夹中的"page2.htm"网页文件，设置该网页标题为："广运门"。(2分)

(2) 设置第1行单元格的背景图像为"K□\my2\bg2.jpg"，并在其中输入文字："2011西安世界园艺博览会"，并将其格式设为"标题1"、字体颜色为"白色"。(6分)

(3) 设置第2行中的文本居中，并将文本颜色设为"白色"；建立文本"创意馆"超链接到网页文件"web2.htm"中，并使目标网页在新窗口中打开。(3分)

(4) 在第3行插入图像"K□\my2\men2.jpg"，并居中显示。(3分)

(5) 将"K□\my2\page2.txt"文件中的文本复制到第4行第2列单元格中。(3分)

(6) 在最后一行中输入文字："筹备委员会"；文字居中显示。(3分)

(7) 保存退出。

计算机等级考试（一级）机试模拟题 5

考试时间：50 分钟　（闭卷）

准考证号：_____ 姓名：_____ 选做模块的编号□

注意：（1）试题中"C□"是文件夹名（考生的工作目录），"□"用准考证号填入。

（2）本试卷包括第一卷和第二卷。第一卷各模块为必做模块，第二卷各模块为选做模块，考生必须选做其中一个模块，多选无效。请考生在本页右上方"选做模块的编号□"方格中填上所选做模块的编号。

（3）答题时应先做好必做模块一，才能做其余模块。

第一卷　必做模块

必做模块一　文件操作（15 分）

打开"资源管理器"或"计算机"窗口，按要求完成下列操作：

（1）在"F:\"（或指定的其他盘符）下新建一个文件夹"C□"，（2 分）并将"E:\KSA3"（网络环境为"W:\KSA3"）文件夹中的所有文件和文件夹复制到"C□"文件夹中。（2 分）

（2）在文件夹"C□"中建立一个子文件夹"MMS3"，（2 分）将"C□"文件夹中的所有文件复制到"MMS3"中。（2 分）

（3）将"F:\C□"中的"SEE3.TXT"文件进行压缩，压缩后的文件名为"SEE3.rar"，并保存到"F:\C□\MMS3"文件夹中。（3 分）

（4）将"F:\C□"中的文件"dell.gif"的文件属性设为"只读"，（2 分）并将文件夹"F:\C□"中的文件"TU3.JPG"重命名为"SGTU3.JPG"。（2 分）

必做模块二　Word 操作（25 分）

（1）在"C□\MMS3"文件夹中打开文档"sbh3.docx"，将文件另存为"NEsbh3.docx"，保存位置为"C□\MMS3"文件夹中。（1 分）对"NEsbh3.docx"文档按要求完成下列操作。

（2）输入如下文字，作为正文第一段：（7 分）

维也纳世博会组织者，为了使展品分类越加合理，将展品分成 26 种，分类数增加到 162 个，其目的是"将创造发明、工业化生产与人类教育、生活品位和生活质量的发展相适应"。

（3）将标题文字"布展独特展品丰富"设置为"三号、蓝色、居中"。（3 分）

（4）将正文最后两段合并为一段，（2 分）并将合并后的段落设置为等宽的两栏、显示分隔线。（2 分）

（5）在文本末尾插入"C□\MMS3"中的"TAB3.docx"文件，（2 分）然后完成以下操作：

①在第 2 列的右边插入一列，将插入列的所有单元格合并，并输入"相片"。（3 分）

②将表格的第 1 列单元格设置为"绿色底纹"；表格内文本在单元格居中。（2 分）

（6）页面设置：设置纸张大小为"16 开"，页边距上、下各为"2.3 厘米"，左、右各

为"2.0厘米"。(3分)

(7) 存盘退出。

必做模块三　Excel 操作（20 分）

打开"C□\MMS3"文件夹中的 Excel 文档"SS3.xlsx"。

(1) 在"手机 30"行的上面插入一行，输入相应数据"手机 1，上海，1450，1690，110"。(3 分)

(2) 利用公式求出每种商品的"销售利润"，"销售利润" =（销售单价 – 进货单价）×销售数量。(4 分)

(3) 为 Sheet1 工作表做一个副本，副本工作表名称为"备份"，(3 分) 对"备份"工作表的数据按销售单价降序排序，(3 分) 用条件格式把销售数量大于 100 的数据设为"蓝色"。(2 分)

(4) 在 Sheet1 工作表中建立如下图所示的销售数量情况的圆环图，并嵌入本工作表中。(5 分)

(5) 保存后退出 Excel。

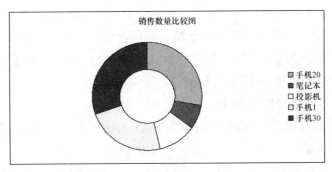

必做模块四　网络操作（20 分）

(1) 打开"C□\WWW3"中的"NET3.htm"文件，将该网页中的全部文本以文件名"WEB3.TXT"保存到"C□\MMS3"文件夹中。(5 分)

(2) 启动收发电子邮件软件，编辑电子邮件。

收件人地址：abc@163.com（2 分）

主题：C□稿件（2 分）

正文如下：

张老师：

　　您好！

本机 IP：(请考生在此输入本机的 IP 地址)。(3 分)

本机 DNS：(请考生在此输入本机的 DNS 服务器地址)。(3 分)

　　此致

敬礼！

（考生姓名）

2010 年 6 月 26 日　　　(1 分)

(3) 将"C□\MMS3\"中的"sbh3.docx"文件作为电子邮件的附件，将电子邮件保存到"C□"中。(4 分)

第二卷 选做模块

本卷各模块为选做模块,考生只能选做其中一个模块,多做无效。

选做模块一 数据库技术基础(20分)

(1) 打开"C□\MMS3"文件夹中的数据库文件"SJK3.accdb"。

(2) 修改基本表"djks3"结构,在"姓名"字段前增加"编号"字段,数据类型为"自动编号",并设为主键。(3分) 将"最高评价"字段修改为:(3分)

字段名	数据类型	字段大小	格式
最高评价	数字	单精度型	标准

(3) 删除"姓名"为"刘梦"的记录。(2分)

(4) 在表末尾追加如下记录:(3分)

姓名	性别	星座	职业	最高评价	最低评价
陈小小	女	双子座	上班族	89.50	67

(5) 创建一个名为"综合评价"的查询,其包含编号、姓名、性别、职业、最高评价、最低评价及综合评价等字段,其中,综合评价=最高评价×0.6+最低评价×0.4,(6分) 并要求按照综合评价从低到高排序。(3分)

选做模块二 多媒体操作(20分)

(1) 打开"C□\MMS3"文件夹中的"yswg3.pptx"文件,将"沉稳"设计模板应用到所有幻灯片上。(3分)

(2) 在第1张幻灯片前添加一张新的幻灯片,选定其版式为"两栏内容"版式,(3分) 在标题栏中键入"联想(lenovo)",并设为"黑体、40磅、居中",在文本框中输入"联想(lenovo)介绍"。(4分) 在内容框中的图标处插入"C□"文件夹中的图片"lenovo.jpg"。(3分)

(3) 设置所有幻灯片的切换效果为"覆盖",换页方式为"单击鼠标时"和"每隔3秒"。(3分)

(4) 在第2张幻灯片中插入两个动作按钮,分别链接到上一张和下一张幻灯片。(4分)

选做模块三 信息获取与发布(20分)

启动 Dreamweaver,打开"C□"文件夹中的"Page3.htm"文件,完成以下操作:

(1) 设置网页标题为:"亚马孙雨林";页面字体为"宋体、14像素",背景色为"#CCFFFF"。(4分)

(2) 设置表格宽度为"760像素",单元格间距为"1",单元格边距为"4",边框粗细为"0",表格居中对齐,表格背景色为"#FFFFFF"。(5分)

(3) 将第1行中的文本设为"标题1"、居中对齐。(1分)

(4) 在第2行单元格中输入文本:亚马孙雨林 | 公主港 | 科莫多公园,为文本"公

主港"建立超链接,链接到网页文件"web3.mht"中。(3分)

(5) 将第3行拆分为两列,将左列宽度设为"250像素";将"C□\ MMS3 \ yl.jpg"图像文件插入到左边单元格中;将"C□\ MMS3 \ page3.txt"文件中的文本复制到右边单元格中。(4分)

(6) 在第4行单元格中插入一条宽度为"90%"的水平线;在第5行单元格中插入系统日期。(3分)

计算机等级考试（一级）机试模拟题 6

考试时间：50 分钟　（闭卷）

准考证号：_____　姓名：_____　选做模块的编号□

注意：（1）试题中"D□"是文件夹名（考生的工作目录），"□"用准考证号填入。

（2）本试卷包括第一卷和第二卷。第一卷各模块为必做模块，第二卷各模块为选做模块，考生必须选做其中一个模块，多选无效。请考生在本页右上方"选做模块的编号□"方格中填上所选做模块的编号。

（3）答题时应先做好必做模块一，才能做其余模块。

第一卷　必做模块

必做模块一　文件操作（15 分）

打开"资源管理器"或"计算机"窗口，按要求完成下列操作：

（1）在"F:\"（或指定的其他盘符）下新建一个文件夹"D□"，（2 分）并将"E:\A6"（网络环境为"W:\A6"）文件夹中的所有文件复制到"D□"文件夹中。（2 分）

（2）在文件夹"D□"中建立一个子文件夹"Sub6"，（2 分）将"D□"文件夹中除扩展名为".mht"的文件外的其他所有文件移动到"Sub6"文件夹中。（2 分）

（3）将"D□\Sub6"中的三个文本文件"T1.txt"、"T2.txt"、"T3.txt"进行压缩，压缩文件名为"tcc.rar"，并保存在"D□\Sub6"文件夹中。（2 分）

（4）在"D□\Sub6"中建立一个文本文档"Txt6.txt"，录入考生本人姓名并保存退出。（3 分）

（5）将"D□\Sub6"中的文件"jzp6.jpg"重命名为"myjzp6.jpg"。（2 分）

必做模块二　Word 操作（25 分）

（1）在"D□\Sub6"文件夹下打开文档"W6.docx"，将文件另存为"new6.docx"，并保存在"D□\Sub6"文件夹中。（1 分）对"new6.docx"文档按要求完成下列操作。

（2）在第一段的"……"后输入如下文字，并将字体颜色设置为"蓝色"，删除"……"：（7 分）

是一所以理、工科为主，兼有多学科的综合大学，是国家重要的高等教育、科学研究与技术开发基地之一，担负为国家培养高层次人才，促进国民经济建设的重任。

（3）将标题文字"清华大学"设置为"三号、加粗、居中"。（3 分）

（4）将正文各段落设置为首行缩进 2 字符。（2 分）

（5）在页面底端插入页码，页码居中对齐。（2 分）

（6）在文档末尾插入"D□\Sub6\Tab6.docx"文件，（2 分）然后完成以下操作：

①在表格第一行的上边插入一行，合并单元格并输入"清华大学"。（3 分）

②设置表格内所有文本水平和垂直均居中对齐。（2 分）表格样张如下：

清华大学			
科学院院士	工程院院士	正高级职务	副高级职务
25 人	24 人	900 人	1 200 人

(7) 页面设置：设置纸张大小为"16 开"，页边距上、下各为"2.2 厘米"，左、右各为"2.0 厘米"。

(8) 保存退出。(3 分)

必做模块三　Excel 操作（20 分）

打开"D□\Sub6"文件夹中的 Excel 文档"Ex6.xlsx"。

(1) 为 Sheet1 工作表中 A1：G10 区域的所有单元格加上框线。(2 分)

(2) 利用函数计算出各门课程的最低分(3 分)和每位同学三门课程的平均分。(4 分)

(3) 为 Sheet1 做一个副本，起名为"备份"。(3 分)

(4) 将"汇总"工作表进行分类汇总：按性别求出男生、女生各门课程的平均分。(3 分)

(5) 在 Sheet1 中建立如下图所示的计算机成绩的簇状柱形图，并嵌入本工作表中。(5 分)

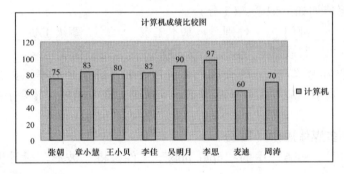

(6) 保存退出 Excel。

必做模块四　网络操作（20 分）

(1) 打开"D□"中的"Web6.mht"文件，将网页中的主图片以默认文件类型和以"Web6"为文件基本名保存到"D□\Sub6"文件夹中。(5 分)

(2) 启动收发电子邮件软件，编辑电子邮件。

收件人地址：student@sina.com （2 分）

主题：D□作业 (2 分)

正文如下：

张老师：

　　您好！

本机 IP：（请考生在此输入本机的 IP 地址）。(3 分)

本机 DNS：（请考生在此输入本机的 DNS 服务器地址）。(3 分)

　　此致

敬礼!

(考生姓名)

2010 年 12 月 25 日　　　(1 分)

(3) 将"D□\Sub6\"中的"T1.txt"文件作为电子邮件的附件,将电子邮件保存到"D□"文件夹中。(4 分)

第二卷　选做模块

本卷各模块为选做模块,考生只能选做其中一个模块,多做无效。

选做模块一　数据库技术基础(20 分)

打开"D□\Sub6"文件夹中的数据库文件"SJK6.accdb"。

(1) 修改基本表"工资"的结构,在"姓名"前增加"员工号"字段,类型是"自动编号",(2 分)并设为主键。(2 分)

(2) 在"姓名"字段后面增加如下"性别"字段。(3 分)

字段名	数据类型	字段大小
性别	文本	1

(3) 输入各员工的性别,分别为:男,男,女,男,女,女。(2 分)

(4) 在表末尾追加如下记录:(3 分)

姓名	部门	性别	基本工资	薪级工资	津贴
柯严	行政部	男	2 300	620	1 260

(5) 创建一个名为"yggz"的查询,其包含姓名、部门、基本工资、薪级工资、津贴和应发工资字段,其中,应发工资=基本工资+薪级工资+津贴,并要求按照应发工资从高到低排序。(8 分)

选做模块二　多媒体操作(20 分)

(1) 打开"D□\Sub6"中的"ppt6.pptx"文件,将"波形"设计模板应用到所有幻灯片上。(3 分)

(2) 在第 3 张幻灯片后添加一张新的幻灯片,选定其版式为"标题和内容"版式,在标题框中输入文字"金玲海",在内容框内插入"D□\Sub6"中的"pic6.jpg"图片。(7 分)

(3) 设置所有幻灯片的切换效果为"自右侧擦除",换页方式为"每隔 5 秒"。(3 分)

(4) 在第 2 张幻灯片中插入两个动作按钮,分别链接到上一张和下一张幻灯片。(4 分)

(5) 设置自定义放映,要求顺序为:第 1 张→第 2 张→第 4 张→第 3 张,幻灯片放映名称为:"九寨沟"。

(6) 保存退出。(3 分)

选做模块三　信息获取与发布(20 分)

(1) 启动 Dreamweaver,新建一个"HTML"网页文件,并以"index.html"为文件名保存到"D□"文件夹中。(2 分)

(2) 将文档的标题设为:"九寨沟主要景点"。(2 分)

(3) 插入一个宽度为"750 像素"的 2 行 2 列表格，单元格间距设为"1"，单元格边距设为"4"，边框设为"0"，将表格对齐方式设为"居中对齐"。(4 分)

(4) 将表格的背景色设为"绿色"，所有单元格背景色设为"白色"。(2 分)

(5) 将第一行的两个单元格进行合并，在合并后的单元格中输入文字"九寨沟"，并将文字大小设为"40 像素"，居中对齐。(3 分)

(6) 将"D□\Sub6\leftf.txt"文件中的文本复制到左下角的单元格中；将"D□\Sub6"文件夹中的图片"pf.jpg"插入到表格的右下角单元格中。(2 分)

(7) 将表格右下角单元格的水平对齐方式设为"居中对齐"，宽度设为"600 像素"，保存网页。(2 分)

(8) 将"index.html"文件另存为"pageg.html"文件，并保存到"index.html"所在的同一个文件夹中。将表格第一行文字修改为"镜海"，样式不变。将表格的右下角单元格中的图片删除后插入"D□\Sub6\rightf.txt"中的文本。(3 分) 保存网页。

附录 1

第 2 篇的计算机基础知识训练题参考答案

第 1 章 计算机基础知识习题答案

一、填空题

1. 存储程序，逐条执行   2. 冯·诺依曼体系结构
3. 美国信息交换标准代码（ASCII 码）   4. 2020H，8080H   5. 1001，1111
6. ASCII 码   7. $(221)_{10}$、$(335)_8$、$(DD)_{16}$ 8. 两个   9. 字节
10. 1024×1024 即 2^{20}，$1024 \times 1024 \times 1024$ 即 2^{30} 11. 系统软件、应用软件
12. 只读存储器（ROM）、随机存储器（RAM）   13. CPU、内部存储器
14. 字长、时钟频率   15. 高速缓冲存储器
16. 点阵式（针式）打印机、喷墨打印机、激光打印机   17. 程序、文档
18. 操作码、操作数地址码   19. 程序   20. 源程序、目标程序

二、单项选择题

1	2	3	4	5	6	7	8	9	10	11	12	13	14	15	16	17	18	19	20
C	C	D	D	A	D	B	D	C	A	B	B	D	B	B	C	B	D	D	A
21	22	23	24	25	26	27	28	29	30	31	32	33	34	35	36	37	38	39	40
A	A	A	B	B	B	A	D	D	A	A	D	B	C	B	C	A	B	A	B
41	42	43	44	45	46	47	48	49	50	51	52	53	54	55	56	57	58	59	60
B	D	C	A	D	D	A	A	C	A	C	C	B	B	A	A	C	C	B	B
61	62	63	64	65	66	67	68	69	70	71	72	73	74	75	76	77	78	79	80
B	B	D	D	C	B	D	B	D	D	D	A	C	A	B	B	D	D	C	B

第 2 章 中文操作系统 Windows 7 习题答案

一、填空题

1.【Shift】+【空格】   2.【Ctrl】+【Alt】+【Delete】   3.【Alt】+【F4】   4. 桌面
5. 控制面板   6.【Caps Lock】   7. 左上角   8.【Ctrl】   9. 清空回收站
10. 处理器管理、存储管理   11. 任务栏   12.【Alt】+【F】   13. 文件夹选项
14. ∗.BMP   15. Fonts   16. 关闭   17. 空格   18. 桌面的空白处

19. 反向选择   20.【Win】+【D】

二、单项选择题

1	2	3	4	5	6	7	8	9	10	11	12	13	14	15	16	17	18	19	20
C	A	D	C	B	C	C	A	C	A	A	D	D	B	C	C	B	D	B	D
21	22	23	24	25	26	27	28	29	30	31	32	33	34	35	36	37	38	39	40
D	A	A	B	C	B	A	C	C	B	A	D	B	D	C	A	A	C	D	A
41	42	43	44	45	46	47	48	49	50										
D	A	A	B	B	C	C	B	B	A										

三、判断题

1	2	3	4	5	6	7	8	9	10
×	√	√	×	×	×	√	×	√	√
11	12	13	14	15	16	17	18	19	20
×	×	√	√	×	×	√	√	×	×

第3章 文字处理软件 Word 2010 习题答案

一、填空题

1. 打印预览   2.【Ctrl】   3. 文件   打印   4. 页面布局   5.【Ctrl】+【V】
6. 当前活动   7. Word 选项   8. 双击   9. .docx   10. 标尺   11. 插入
12. 页面   13.【Ctrl】+【V】   14.【Ctrl】   15. 首行缩进   悬挂缩进
16. 分隔符   17. 首行   首行   18. 嵌入式   19. 插入、【Shift】   20. 题注
21.【Shift】、组合   22. 页面设置、打印预览   23. 注释标记、注释文本
24. =、计算上方数值的平均值   25. 查找和替换   26. 整篇文档
27. 插入、符号   28. 插入、插图   29. 引用、脚注   30. 引用、目录

二、单项选择题

1	2	3	4	5	6	7	8	9	10	11	12	13	14	15	16	17	18	19	20
A	B	C	B	C	C	B	A	C	D	D	A	A	D	C	A	B	B	B	A
21	22	23	24	25	26	27	28	29	30	31	32	33	34	35	36	37	38	39	40
B	D	C	A	B	B	C	B	C	B	A	D	C	A	A	A	B	D	C	A
41	42	43	44	45	46	47	48	49	50	51	52	53	54	55	56	57	58	59	60
B	D	B	D	A	C	B	C	C	A	D	C	B	D	B	B	B	D	A	C
61	62	63	64	65	66	67	68	69	70	71	72	73							
B	A	A	D	C	B	C	D	A	A	C	C	D							

第4章 电子表格软件 Excel 2010 习题答案

一、填空题

1. 工作簿 1   2. 工作簿，工作表   3. 3   4. .xls，.xlsx

5. 65535, 256, 1, 048, 576, 16, 384　　6. A, F, AA, IV, XFD
7. 工作表复制, 工作表移动　　8. 移动工作表　　9. Sheet1 (2)　　10. 单元格
11. 列标行号, E3　　12. 当前工作表, 活动单元格　　13.【Ctrl】　　14. 上, 3
15. 水平拆分, 垂直拆分, 水平与垂直同时拆分
16. 水平冻结, 垂直冻结, 水平与垂直同时冻结
17. 确认输入, 取消输入　　18. 左, 右　　19. 50%
20.【Ctrl】+【+】;,【Ctrl】+【Shift】+【+】;
21. 填充　　22. 2 年期, 3 年期　　23. =, 操作数, 运算符　　24. &
25. 冒号, 逗号, 空格　　26. 36　　27. 公式中有被 0 除的表达式
28. = B4 + $ B5 + D3　　29. 打开"插入函数"对话框
30. 相对引用, 绝对引用, 混合引用　　31. A101, $ A $ 101, $ A101 或 A $ 101
32. B5：E10, 3：5, C：E　　33. SUM, AVERAGE, MAX, COUNT
34. 求工作表 Sheet1 至 Sheet3 中单元格区域 B1：C2 内的数值之和
35. 及格, = IF (AVERAGE (B $ 1：B $ 4) > = 60,"及格","不及格")。
36. 将选中的单元格区域合并为一个单元格并设置为居中对齐方式
37. 嵌入图表, 独立图表　　38. 饼图　　39. 也相应地发生变化　　40. 必须相同
41. 排序, 筛选, 分类汇总　　42. 自动筛选, 高级筛选　　43. 高级筛选　　44. 排序
45. 部门, 排序, 分类汇总　　46. 设置打印区域　　47. 页面设置, 页边距
48. 页面设置　　49. 视图, 分页预览　　50. 单击"打印预览"按钮

二、单项选择题

1	2	3	4	5	6	7	8	9	10	11	12	13	14	15	16	17	18	19	20
C	C	B	C	D	D	C	B	D	C	C	D	D	A	B	C	C	D	A	C
21	22	23	24	25	26	27	28	29	30	31	32	33	34	35	36	37	38	39	40
B	A	D	D	C	B	B	C	D	B	C	B	C	B	D	C	A	D	D	D
41	42	43	44	45	46	47	48	49	50										
D	C	D	C	A	B	A	C	D	D										

三、多项选择题

1	2	3	4	5	6	7	8	9	10
ABC	ABD	BC	ABC	ACD	AB	BCD	AC	BD	AD

四、判断题（正确的打"√", 错误的打"×"）

1	2	3	4	5	6	7	8	9	10	11	12	13	14	15
×	×	×	√	×	√	√	×	√	×	√	√	×	×	√
16	17	18	19	20	21	22	23	24	25	26	27	28	29	30
√	×	×	×	×	√	√	×	×	√	√	×	√	×	×

第5章 计算机网络基础和Internet应用习题答案

一、填空题

1. 局域网、城域网、广域网   2. 软件共享、数据共享
3. 数据通信、分布式处理、负载均衡、提高系统可靠性   4. 通信子网、资源子网
5. 电话线、双绞线、同轴电缆、光纤   6. 红外线、微波、卫星   7. 32
8. 星型、环型、总线型、树型、网状型   9. 电子邮件、万维网、文件传输、新闻讨论组
10. 应用层、传输层、网络互联层、网络接口层   11. 1 126；128 191；192 223
12. 10. X. X. X   13. 172. 16. X. X   172. 31. X. X   14. 192. 168. X. X   15. 128
16. 电话拨号、ISDN 拨号、DDN 专线接入、局域网接入、ADSL 接入、无线网接入
17. Administrator、标准用户、Guest   18. 文件传输协议   19. 接收邮件、发送邮件
20. 物理安全、网络安全、数据安全
21. 防火墙、身份认证、访问控制、入侵检测、数字签名、虚拟私有网络   22. 加密
23. 是指编制或在计算机程序中插入的破坏计算机功能或毁坏数据，影响计算机使用，并能自我复制的一组计算机指令或程序代码
24. 破坏性、隐蔽性、潜伏性、可激发性、传染性
25. 引导型病毒、操作系统型病毒、文件型病毒、宏病毒
26. 单机病毒、网络病毒   27. 软盘、硬盘、光盘、U 盘、网络

二、单项选择题

1	2	3	4	5	6	7	8	9	10	11	12	13	14	15	16	17	18	19	20
B	D	B	A	C	C	A	A	D	C	A	D	A	B	B	A	A	B	D	D
21	22	23	24	25	26	27	28	29	30	31	32	33	34	35	36	37	38	39	40
A	B	C	C	B	B	D	A	A	B	A	A	C	A	D	C	B	C	A	A
41	42	43	44	45	46	47	48	49	50	51	52	53	54	55	56	57	58	59	60
B	A	C	D	A	A	A	A	B	A	C	A	A	C	C	A	A	A	B	A
61	62	63	64	65	66	67	68	69	70	71	72	73	74	75					
A	D	A	B	A	C	A	A	D	B	D	A	D	D	C					

第6章 数据库软件Access 2010习题答案

一、填空题

1. 基本表   2. .accdb   3. 参照完整性
4. 报表页眉、页面页眉、主体、页面页脚、报表页脚   5. 表或查询
6. 表设计视图   7. 输入格式
8. 选择查询、交叉表查询、参数查询、操作查询、SQL 查询
9. 报表、宏、模块   10. 第一页顶部

二、单项选择题

1	2	3	4	5	6	7	8	9	10	11	12	13	14	15	16	17	18	19	20
A	B	D	A	B	AC	B	B	A	B	C	D	D	A	C	A	A	D	B	A
21	22	23	24	25	26	27	28	29	30	31	32	33	34	35	36	37	38	39	40
B	C	A	A	D	B	B	C	A	C	C	C	DDA	C	B	D	B	D	D
41	42	43	44	45	46	47	48	49	50	51	52	53	54	55	56	57	58	59	60
C	B	C	D	B	D	C	A	C	B	C	B	D	A	B	A	B	A	D	A

三、判断题

1	2	3	4	5	6	7	8	9	10
√	×	×	×	√	√	×	√	×	×

第7章 多媒体技术基础习题答案

一、填空题

1. Multimedia；计算机；视频   2. 图像；视频   3. 信息媒体；媒体设备
4. 集成性、多样性和交互性   5. 留声机   6. MPEG-1；MPEG-2
7. 图像编辑   8. Authorware   9. Powerpoint   10. 音调、音色、响度
11. 输入显示媒体、输出显示媒体   12. 显示空间
13. 滚筒式扫描仪、便携式扫描仪   14. 淡化叠加；混合叠加
15. 亮度   16. 红、绿、蓝   17. RGB   18. DVD
19. 智能超媒体；协作超媒体   20. 时间冗余

二、单项选择题

1	2	3	4	5	6	7	8	9	10	11	12	13	14	15	16	17	18	19	20
C	B	D	D	A	A	D	C	B	A	C	B	A	B	D	B	B	B	C	C	B
21	22	23	24	25	26	27	28	29	30										
A	D	C	C	C	B	D	C	B	A										

第8章 演示文稿制作软件PowerPoint 2010习题答案

一、单项选择题

1	2	3	4	5	6	7	8	9	10	11	12	13	14	15	16	17	18	19	20
D	A	C	B	B	B	D	D	D	C	B	A	A	C	D	B	D	A	C	B
21	22	23	24	25	26	27	28	29	30	31	32	33	34	35	36	37	38	39	
B	D	C	C	D	B	C	D	C	D	A	B	D	B	C	B	D	A		

二、多项选择题

1	2	3	4	5	6	7	8	9	10
BC	ABC	ACD	ACD	ABCD	ABCD	ABD	ABC	AC	ABD
11	12	13	14	15	16	17	18	19	20
ABC	ABCD	AB	ABCD	ABCD	AD	ABCD	AD	ABC	AC

三、判断题

1	2	3	4	5	6	7	8	9	10	11	12	13
×	×	√	×	×	√	√	×	√	√	×	×	√

四、填空题

1. 设置换片时间　2. .pptx　3. 不能　4. 幻灯片浏览　5. 大纲
6. 新建幻灯片　7.【Delete】"删除幻灯片"　8. 自动放映方式
9. 页脚区，页码区　10. 复制幻灯片　11. 备注页视图　12. 备注，大纲
13. 幻灯片放映　14. 图片　15. 设计　16. 动画，预览

第9章　信息获取与发布习题答案

一、填空题

1. TCP/IP　2. 收集　3. 检索　4. Levitan　5. 作者　6. 目录　7. 全文
8. WWW　9. 文献　10. 发布　11. 本地　12. 两端　13. 1　14. CSS 样式
15. HTML　16. 新开　17. 页面属性　18. 客户端　19. 设计　20. 页面属性

二、单项选择题

1	2	3	4	5	6	7	8	9	10	11	12	13	14	15	16	17	18	19	20
C	B	A	A	A	D	D	D	B	A	D	B	C	B	D	C	D	C	C	C
21	22	23	24	25	26	27	28	29	30										
A	A	D	C	A	C	B	D	D	B										

第10章　图像处理软件Photoshop CS6入门知识习题答案

一、单项选择题

1	2	3	4	5	6	7	8	9	10
C	B	B	B	A	B	A	C	D	B
11	12	13	14	15	16	17	18	19	20
B	A	A	B	C	C	C	A	C	B
21	22	23	24	25	26	27	28	29	30
B	B	D	B	A	C	A	C	D	B
31	32	33	34	35	36	37	38	39	40
A	B	D	A	A	D	D	B	C	C

二、填空题

1. 【Tab】　　2. 用菜单栏中的"文件"→"退出"命令、按键盘中的【Alt】+【F4】键
3. 红、绿、蓝　　4. 位图/点阵图像、矢量图像　　5.【Shift】　　6. 72　　7.【D】
8.【Shift】、【Alt】　　9. 套索工具、磁性套索工具、多边形套索工具
10. 颜色通道、专色通道、Alpha 通道　　11. RGB、CMYK　　12. 前景色
13.【Shift】　　14.【Alt】、【Shift】　　15. 文字图层　　16. 段落文字
17. 图像分辨率、分辨率高　　18. 视图中的标尺　　19. 显示其他部分
20. 黑色、白色

三、判断题

1	2	3	4	5	6	7	8	9	10
×	√	×	√	√	√	×	×	×	√
11	12	13	14	15	16	17	18	19	20
√	√	√	√	×					

附录2

第3篇 计算机等级考试一级笔试模拟试题参考答案

全国高校计算机联合考试一级笔试模拟题1参考答案

1	2	3	4	5	6	7	8	9	10	11	12	13	14	15	16	17	18	19	20
B	C	A	C	D	B	A	C	B	D	D	D	C	A	A	C	A	C	B	B
21	22	23	24	25	26	27	28	29	30	31	32	33	34	35	36	37	38	39	40
B	D	B	B	C	A	D	B	D	B	B	D	B	A	D	C	B	D	A	C
41	42	43	44	45	46	47	48	49	50	51	52	53	54	55	56	57	58	59	60
B	D	C	B	A	A	C	C	D	D	A	B	A	D	D	A	D	C	D	D
61	62	63	64	65	66	67	68	69	70	71	72	73	74	75	76	77	78	79	80
B	D	A	B	D	C	C	A	B	A	C	D	A	D	A	C	C	D	A	B
81	82	83	84	85	86														
A	D	D	B	A	B														

全国高校计算机联合考试一级笔试模拟题2参考答案

1	2	3	4	5	6	7	8	9	10	11	12	13	14	15	16	17	18	19	20
D	C	B	B	D	A	B	C	A	A	B	D	A	A	A	C	A	C	B	C
21	22	23	24	25	26	27	28	29	30	31	32	33	34	35	36	37	38	39	40
B	A	B	D	A	C	A	B	A	A	B	A	C	C	D	C	A	B	C	B
41	42	43	44	45	46	47	48	49	50	51	52	53	54	55	56	57	58	59	60
B	A	B	A	C	A	D	D	D	C	A	C	D	B	B	A	D	A	D	B
61	62	63	64	65	66	67	68	69	70	71	72	73	74	75	76	77	78	79	80
D	C	D	B	A	D	C	B	C	D	A	D	A	B	C	C	C	D	A	C
81	82	83	84	85	86														
D	B	B	C	D	A														

全国高校计算机联合考试一级笔试模拟题 3 参考答案

1	2	3	4	5	6	7	8	9	10	11	12	13	14	15	16	17	18	19	20
D	D	D	B	B	D	A	C	D	A	A	B	C	C	D	A	D	C	B	D
21	22	23	24	25	26	27	28	29	30	31	32	33	34	35	36	37	38	39	40
B	A	D	C	D	A	C	A	A	B	A	B	C	D	D	A	A	D	C	D
41	42	43	44	45	46	47	48	49	50	51	52	53	54	55	56	57	58	59	60
D	D	C	A	D	D	C	B	C	A	D	A	B	B	D	B	C	B	A	C
61	62	63	64	65	66	67	68	69	70	71	72	73	74	75	76	77	78	79	80
D	D	B	C	D	B	B	A	C	A	D	A	A	C	B	D	B	C	D	D
81	82																		
A	B																		

参考文献

[1] 卢湘鸿. 计算机应用教程(第7版)[M]. 北京:清华大学出版社,2011.
[2] 胡德昆,罗福强. 大学计算机应用基础[M]. 北京:人民邮电出版社,2011.
[3] 孙新德. 计算机应用基础实用教程[M]. 北京:清华大学出版社,2011.
[4] 王斌,袁秀利. 计算机应用基础案例教程[M]. 北京:清华大学出版社,2011.
[5] 秦光洁,张炽华,王润农. 大学计算机应用基础实验指导与习题集[M]. 北京:清华大学出版社,2011.
[6] 叶曲炜,李华. 计算机应用基础案例分析与实训教程[M]. 北京:科学出版社,2011.